国家级职业教育规划教材

人力资源和社会保障部职业能力建设司推荐

服装材料应用

袁传刚　主编

高等职业技术院校服装类专业任务驱动型教材

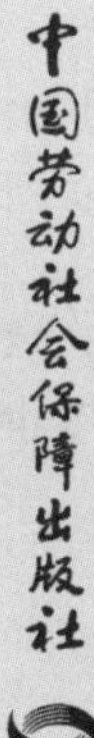

图书在版编目（CIP）数据

服装材料应用 / 人力资源和社会保障部教材办公室组织编写．—北京：中国劳动社会保障出版社，2010

ISBN 978-7-5045-8467-0

Ⅰ．①服…　Ⅱ．①人…　Ⅲ．①服装工业－原料－教材　Ⅳ．①TS941．15

中国版本图书馆CIP数据核字（2010）第189835号

中国劳动社会保障出版社出版发行

（北京市惠新东街1号　邮政编码：100029）

出 版 人：张梦欣

*

国铁印务有限公司印刷装订　新华书店经销

787毫米×1092毫米　16开本　18印张　382千字

2010年9月第1版　2023年5月第10次印刷

定价：46.00元

营销中心电话：400-606-6496

出版社网址：http://www.class.com.cn

http://jg.class.com.cn

前言

为了推动全国高职高专院校服装类专业的教学改革，促进服装类专业示范建设，满足高等职业技术院校服装类专业课程改革的需要，人力资源和社会保障部教材办、中国纺织服装教育学会合作，组织编写了高等职业技术院校服装类专业任务驱动型教材。

本专业教材包括：《服装材料应用》《实用时装表现图技法》《中外服装简史》《服装设计》《服装样板与制作工艺基础》《女装样板与制作工艺技术》《男装样板与制作工艺技术》《童装样板与制作工艺技术》《服装专业英语》《服装生产管理》《服装品牌策划与管理》。

1．以工业化服装企业生产实践需要为依据，分析服装行业企业的设计、制作、生产管理、质量检验等岗位的工作内容，确定所必需的职业活动。教材编写贯彻任务驱动的思路，以培养职业核心能力为主线，选取服装企业的贸易、设计、制作、生产管理和跟单等岗位的典型工作项目，以任务的形式呈现工作项目的实施过程和必要的相关知识，激发学生的学习兴趣，建立学生的学习成就感。

2．以《服装设计定制工》《服装制作工》国家职业标准为依据，涵盖国家职业标准的技能要求和知识要求，以满足高等职业技术院校推动“双证书”制度的需要。

3．教材中提供了大量服装设计、制作的实例，配合丰富的图片，以图表结合的生动形式，从感性到理性引导学生的学习，大大促进了学生的学习积极性，提升了教学效果。

在本系列教材的编写过程中，中国纺织服装教育学会给予了指导，在此表示衷心的感谢！同时，恳切希望广大读者对教材提出宝贵的意见和建议，以便修订完善。

人力资源和社会保障部教材办公室

中国纺织服装教育学会

2010年5月

内容简介

本书包括九个课题：认识服装材料及服用性能，棉型面料及其服装应用，麻型面料及其服装应用，丝绸面料及其服装应用，毛型面料及其服装应用，针织面料及其服装应用，毛皮、皮革及其服装应用，服装材料的选配，服装新材料。本书提供了大量的服装面料及服装应用的实例图片，好学易懂。

本书可作为高等职业技术院校服装类专业的教材，或作为从事服装设计、服装制作工作人员的参考书、自学用书。

本书由常州纺织服装职业技术学院高秋香（课题一、课题六）、安徽职业技术学院袁传刚（课题二、课题三、课题七、课题八、课题九）、江西服装职业技术学院陈娟芬（课题二、课题五）、盐城纺织职业技术学院王林玉（课题四）编写。袁传刚任主编，负责教材主要内容的编写，及统稿工作；高秋香、陈娟芬任副主编，协助教材的修改。济南工程职业技术学院高娜任主审。本书编写得到了安徽省服装质量研究所、合肥市明东纺织有限公司、安徽安天服饰有限公司、合肥天慧制衣公司等单位的支持，和安徽职业技术学院教务处花冬梅科长、宣传办摄影师林士俊老师的协助，在此表示感谢。

目 录

CONTENTS

CONTENTS

目录

课题一　认识服装材料及服用性能

任务一　认识服装材料

知识点： 1. 服装材料及分类。

2. 服装面料及其分类。

3. 服装辅料及其分类。

4. 不同季节服装的构成。

技能点： 能识别服装面料与辅料的大类。

任务描述

图1-1-1所示为日常所穿服装。试分析这些服装的构成，说出服装构成材料的类别，以及这些服装主要材料的穿着特点。

女式衬衫

女式针织衫

牛仔短裤

男式西服

夹克衫

运动式休闲服

风衣 　　呢子大衣 　　皮夹克

仿毛皮大衣 　　薄棉服 　　羽绒服

图1-1-1　各种常见服装

任务分析

图1-1-1中所示服装的材料质地、厚薄不同，这些服装的组成、层次等也不同。

女式衬衫、女式针织衫、牛仔短裤、运动式休闲服等由不同的单层材料组成。并且，女式针织衫的领部添加了花边，牛仔短裤挂有吊牌。

男式西服、呢子大衣、夹克衫、皮夹克由两层材料组成。并且，它们的表面和里面的材料都不同。呢子大衣、男式西服上钉有扣子，而夹克衫、皮夹克安装了拉链。

薄棉服、羽绒服由多层材料组成。它们在外层、里层材料之间填充了一层棉花或者羽绒。

这些差异主要是因为上述服装要适应不同季节的穿着要求。不同的穿着目的决定其服装的功能有差异，从而造成了这些服装选料不同。

要分析图1-1-1所示的服装的构成，及相关构成的材料，首先要认识什么是服装材料，然后掌握服装材料的类别（按照用途划分），并了解它们的基本特点。

相关知识

一、服装材料及分类

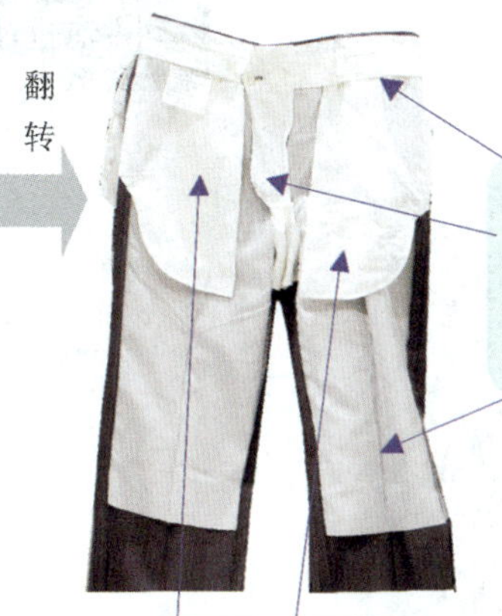

图1－1－2　西服的外层材料、里层材料

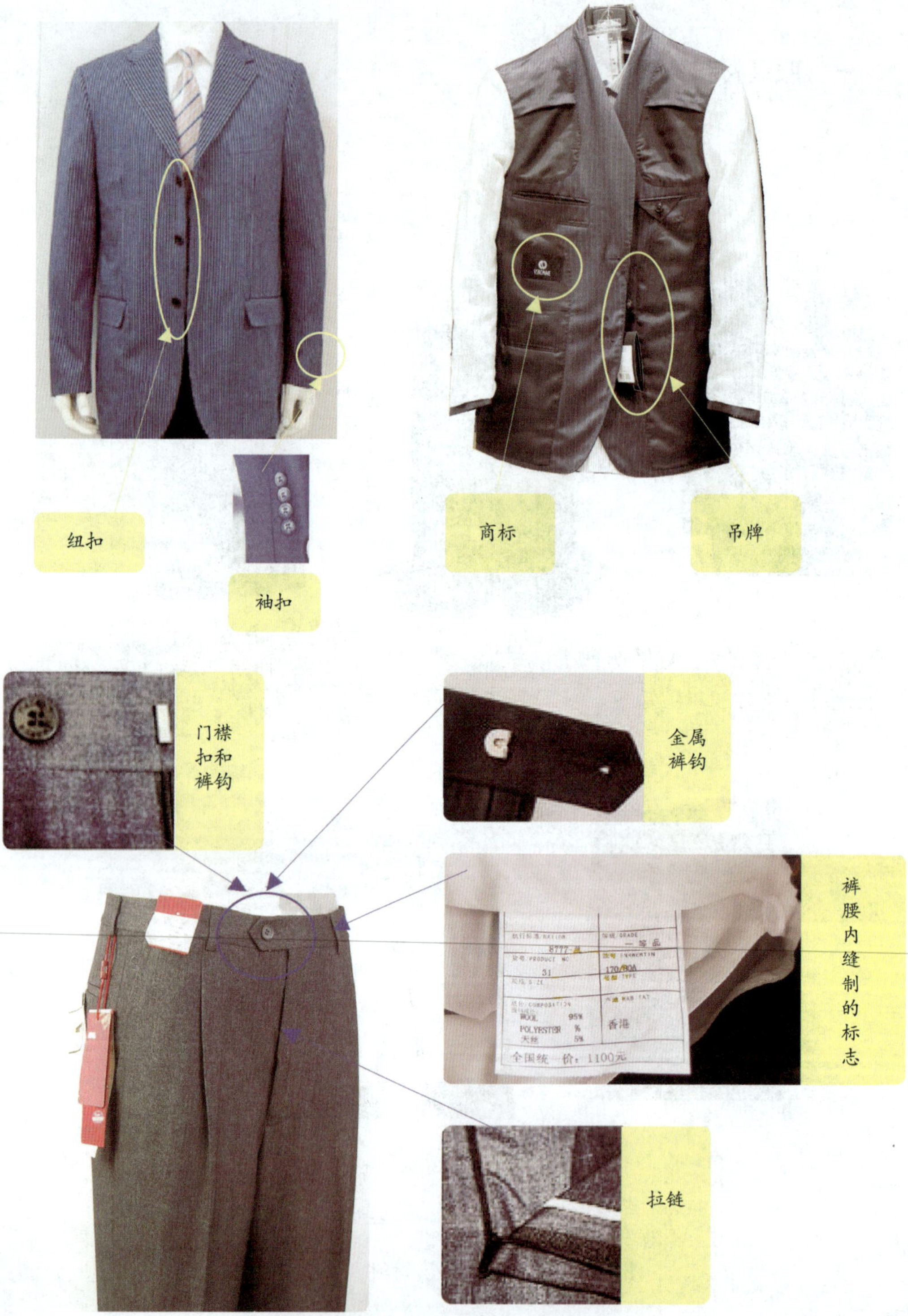

纽扣

袖扣

商标

吊牌

门襟扣和裤钩

金属裤钩

裤腰内缝制的标志

拉链

图1-1-3　西服上的其他材料（扣子、拉链、商标、吊牌等）

图1-1-2、图1-1-3所示为西服套装翻转以及拆开后展示出来的各种材料。通过观察可以知道，西服套装以外层的布料为主。它呈现西服的美观、挺括，同时承担保暖功能。这层布料是西服套装的主材料，被称为面料。

而将西服上装、西裤翻转过来，发现西服的内里缝制着一层薄型的布料。西服上装的布料完全覆盖了面料的背里，西裤的腰部、裆部至膝盖处也同样包覆了另一层薄型布料。它们可以避免面料在人体或内衣上的磨损，增强服装的保暖性和穿着舒适性。西服套装里层的布料，被称为里料。

再拆开西服上装的里料，可以看到在西服外层的面料从肩部、胸部，以及领子一直延伸至上装底部狭长的一条薄而硬挺的材料。它可以保持西服肩部、胸廓部、领子、前襟处的挺括、平整，保证这些部位的形态和尺寸稳定。这些衬在西服面料、里料之间的材料，被称为衬料。

除了上述材料外，西服套装上还有其他许多不同用途的材料。例如，上装门襟上的纽扣和西裤前裆的拉链、门襟扣、金属裤钩，起到连接作用，是西服的连接件；西服上装夹层中、西裤侧兜口和后兜口内缝制的口袋布，起到提供收纳空间的作用，被称为袋料；西服上装里层左侧胸口部位缝制的商标，起到标示厂家和品牌的作用；西裤裤腰内缝制的带有服装品牌、型号、色泽、产地的标志等。

可以看出，西服的里料、衬料、连接件、袋料、商标、标志等都附着在面料上，它们就是服装的辅料。除面料之外的各种材料被称为服装辅料。

制作服装的所有材料都统称为服装材料。按照材料在服装中的用途划分，服装材料可以分成服装面料和服装辅料两大类。服装面料是制作服装的主体材料。面料是诠释服装的风格和特性，直接决定服装的色彩、造型的表现效果，体现了服装主体特征的材料，如图1-1-1所示的各类服装的外表面材料。

二、服装面料及其分类

服装面料作为服装三要素之一（款式、工艺和材料），不仅可以诠释服装的风格和特性，而且直接左右着服装的色彩、款式和表现效果。服装面料既可以按照其在服装使用中的性能分类，也可以按照服装的用途、对象进行分类，以及按照季节进行分类。本任务主要介绍第一种分类方式。

图1-1-4　纯棉面料、棉型化纤面料和服装

（一）棉型面料

棉型面料是以棉及棉型化纤为主要原料制成的服装材料。棉型面料包括纯棉面料、棉混纺或棉交织面料和化纤仿棉面料。棉型面料一般吸湿性较强，透气性较好，柔和贴身，耐碱而不耐酸，耐光性一般（阳光照射下缓慢变化），易缩水，易起皱，外观不够挺括。棉型面料多用于制作衬衫、外套、休闲裤、牛仔裤、薄外套等。棉型面料及应用服装如图1-1-4所示。

（二）麻型面料

图1-1-5　苎麻面料、亚麻面料和服装

麻型面料是指以麻及化纤为主要原料制成的服装材料。麻型面料包括纯麻面料、麻混纺或麻交织面料以及化纤仿麻面料。麻型面料与棉型面料性能相似。麻型面料一般具有强度高、吸湿性好、导热强的特性，色泽鲜艳，不易褪色，对碱、酸都不太敏感，抗霉菌性好，不易受潮发霉。 麻型面料多用于制作夏季、春秋季服装。麻型面料及应用服装如图1-1-5所示。

（三）丝绸面料

图1-1-6　柞蚕丝面料、桑蚕丝面料和服装

丝绸面料是以蚕丝及化纤长丝为主要原料制成的服装材料。丝绸面料包括真丝面料（以100%真丝为原料）、真丝与其他原料的交织面料以及化纤仿真丝面料。丝绸面料轻薄、柔软、滑爽、透气，色彩绚丽、高贵典雅、富有光泽，易吸湿、耐热、耐水、耐碱，不耐光。丝绸面料主要用于夏季服装，可制作晚礼服、舞台服装、各类中式服装等。丝绸面料及应用服装如图1-1-6所示。

（四）毛型面料

图1-1-7　仿毛面料、纯毛面料和服装

以羊毛或其他动物毛及毛型化纤为主要原料制成的服装材料统称为毛型面料（俗称呢绒）。毛型面料包括纯毛面料、毛混纺或毛交织面料和化纤仿毛面料。毛型面料一般坚韧耐磨、保暖，有弹性、抗皱，不易褪色。纯毛、毛混纺面料多用于制作西服套装等中、高档服装，化纤仿毛面料常用于制作中、低档服装。毛型面料及应用服装如图1-1-7所示。

（五）针织面料

针织面料是由纱线成圈相互串套编织而成的。按照编织工艺不同，针织面料可以分为纬编针织面料和经编针织面料，它们的特性有明显的区别。针织面料及应用服装如图1-1-8所示。

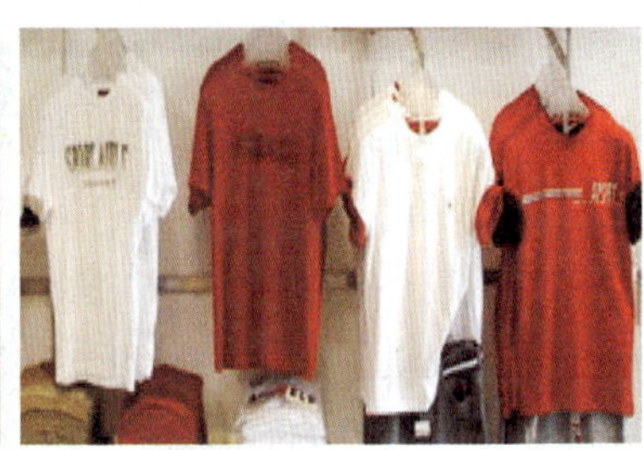

图1-1-8　纬编针织面料、经编针织面料和针织服装

1. 纬编针织面料

纬编针织面料透气性好，弹性好，伸缩性好，柔软、吸湿、防皱，但易脱散、易变形（即尺寸稳定性差），易勾丝及起毛、起球。纬编针织面料适合制作内衣、运动装、休闲装等。

2. 经编针织面料

与纬编针织面料相比，经编针织面料具有挺括、尺寸稳定性好、抗皱、不易缩水、易洗快干、脱散性小、不卷边、透气性好等优点，但其横向延伸性、弹性、柔软性、透气性均不如纬编针织面料。经编针织面料可制作泳装、运动服、外套等。

（六）皮革与裘皮

图1-1-9　毛皮和皮革服装

1. 毛皮

毛皮包括天然毛皮和人造毛皮。天然毛皮是由动物的带毛皮经鞣制加工而成的高级天然服装材料。其特点是轻盈保暖，雍容华贵。它具有轻、软、美的优点，但价格昂贵，储藏、护理方面要求较高，主要用于御寒服装，如毛皮大衣。人造毛皮是指人工制造的、外观类似动物毛皮的服装材料。其外观丰满、绒毛蓬松、花色品种丰富，价格较低，容易储藏和清洗，但防风性差，容易掉毛，主要用于冬季御寒服装。现代社会提倡环保、低碳的生活理念，而且科技的发展使人造毛皮无论外观还是功能都越来越接近天然裘皮，因此人造毛皮正在迅速代替天然毛皮，更加广泛地应用于服装设计与制作中。

2. 皮革

皮革包括天然皮革和人造皮革。天然皮革是经过去毛鞣制而成的动物皮（如猪皮、牛皮、羊皮），多用于制作时装、冬装，如皮夹克。人造皮革是指人工制造的、外观和手感酷似天然皮革的服装材料。其透气性、耐磨性、耐寒性都不如天然皮革。人造皮革一般包括合成革和人造革。

毛皮和皮革服装如图1-1-9所示。

三、服装辅料及其分类

根据功能的不同，服装辅料主要分为连接件、填充件、装饰件、标志件。服装的缝纫线、纽扣、拉链、钩、带和绳属于连接件；里料、衬料、垫料、填充料、胆料是填充件；花边、珠花、水钻、流苏、烫片等属于装饰件；商标、吊牌属于标志件。服装辅料对于服装起着辅助和衬托的作用。现代服装设计、制作中，特别重视辅料的功能以及与面料的协调搭配。服装辅料对现代服装的影响力越来越大，成为服装材料不容低估和忽视的重要组成部分。

（一）连接件

缝纫线、纽扣、拉链、钩、环等在服装中起封闭、扣紧、连接和装饰作用。服装用连接件如图1-1-10所示。

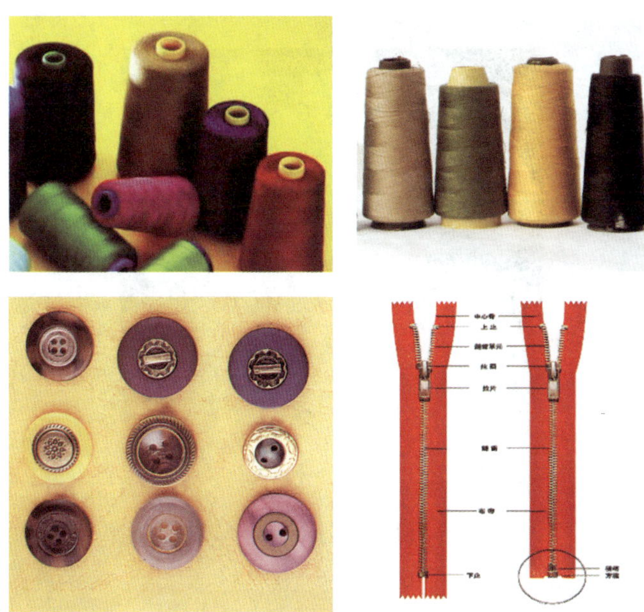

图1-1-10　缝纫线、纽扣、拉链

1. 缝纫线

缝纫线是指在服装中主要用于缝合衣片、连接各部件的线。缝纫线可以刺成套结等，在服装的开衩处或受力较大处起加固作用。美观的针迹、漂亮的缝纫线可以对服装起装饰作用，如图1-1-11所示。

2. 纽扣

纽扣是闭合和开启服装的扣件，主要用于服装上衣的门襟、袖口，下装的腰部、门襟等处，起到连接作用。纽扣除了连接功能外，还具有装饰功能，能够对服装的造型设计起到画龙点睛的作用，如图1-1-12所示。

图1-1-11　缝纫线的装饰作用（明线装饰）

图1-1-12　纽扣的装饰作用

3. 拉链

拉链是用于服装上衣的门襟、袋口，裤、裙的门襟或侧胯部位的紧扣件，在服装中起重要的开启和闭合的作用。拉链除了实用功能之外，还可起到一定的装饰作用，如图1-1-13所示。

图1-1-13 拉链的装饰作用

（二）填充件

1. 服装里料

服装里料是指位于服装最里层的、用来部分或全部覆盖服装背里的材料，通常称里子或夹里，如图1-1-14所示。它们用于中、高档的呢绒服装，有填充料的服装，需要加强支撑的面料的服装和一些比较精致、高档的服装中。图1-1-2所示的西服上装里层全部覆盖的里子和西裤膝盖以上覆盖的里子就属于服装里料。

2. 服装衬料

服装衬料是指服装的领部、两肩、前胸、门襟等部位的垫衬材料，是附在服装面料和里料之间的材料，如图1-1-14所示。

服装里料　　服装衬料

图1-1-14 服装里料与服装衬料

3. 垫料——肩垫

肩垫又称垫肩（图1-1-15），是随着西服的产生而产生的。其规格按长×宽×厚来表示。按材料和生产工艺的不同，垫料可分为针刺肩垫、定型肩垫、海绵肩垫。

4. 服装填充料

服装面料、里料之间的填充材料被称为填充料，如羽绒服中填充的白鸭绒、棉袄中铺的涤纶棉等，如图1-1-15所示。其主要目的是赋予服装保暖、保形以及其他特殊功能。服装用填充料品种繁多，可按照原材料、形态、加工方法等分类。

垫肩

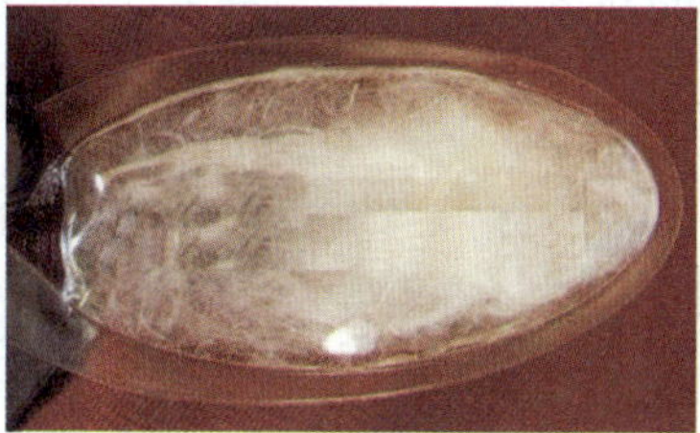

白鸭绒

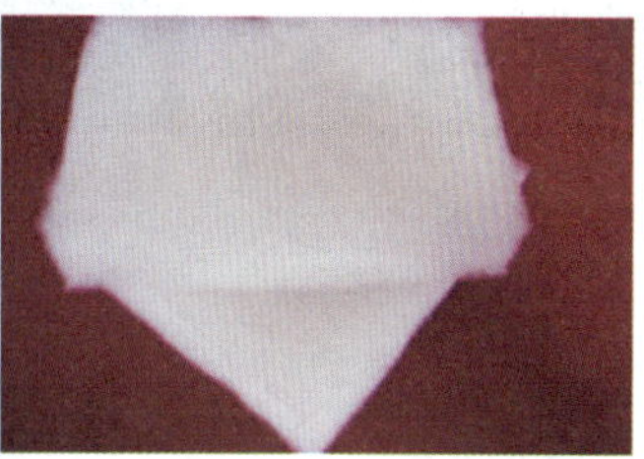

涤纶棉

图1-1-15　垫肩、白鸭绒、涤纶棉

5. 胆料

胆料是填充料的套件。保暖类服装依靠胆料来稳定呈松散状态的填充料形态。例如，图1-1-16所示分别为活里活面的羽绒上装和裤子的内胆，内胆外面包裹羽绒成型的布料就是胆料。

图1-1-16　胆料——包裹羽绒服内胆的布料

（三）装饰件

装饰件属于服饰性辅料，是指专用于装饰服装的附件，其作用主要是点缀和装饰服装。服饰性辅料过去一般用于礼服、戏服和少数民族服装上，现已广泛用于时装、职业装和运动服等服装上，但用得最多的还是女装、童装、内衣和少数民族服装上。装饰件按其使用性能分为花边、珠花、流苏等，如图1-1-17所示。

花边　　珠花　　流苏

图1-1-17　花边、珠花与流苏

（四）标志件

1. 商标

服装商标（俗称服装的牌子）代表服装生产厂家及其服装品牌，是服装生产、经销企业专用在其所生产、销售的服装上的标志，如图1-1-18所示。商标一般用文字、图形、字母、数字、颜色及其组合等表示。服装的生产、经销单位要对使用商标的服装质量负责。

2. 标志

服装标志采用图案表示。它方便服装的使用者快速、准确地理解有关服装的使用、保养等信息。一般情况下，标志采用国际通用的图形和文字，包括以下内容：成分组成（品质表示）、使用说明、尺寸规格、原产地（国）、条形码、缩水率、保养标志等，如图1-1-18所示。

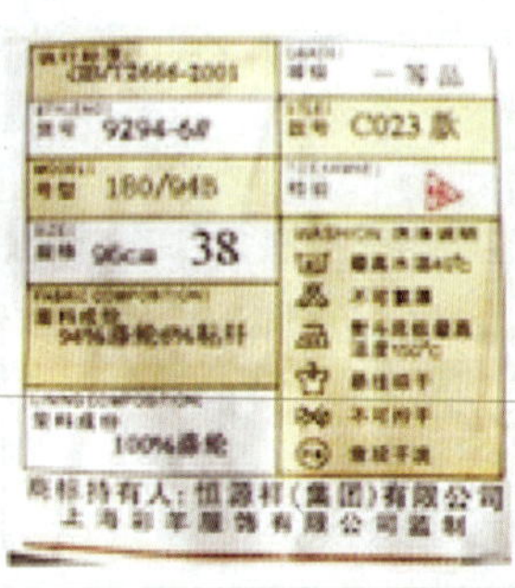

商标　　标志

图1-1-18　商标与标志

3. 吊牌

服装制成并经检验合格后，吊牌作为合格的标记挂在服装上，如图1-1-19所示。大多数吊牌是纸制的。吊牌上的信息主要是服装标志检验的内容，有的印有精美的图案和品牌标记，有的印有服装有关的信息（如尺码、款号）。

吊牌

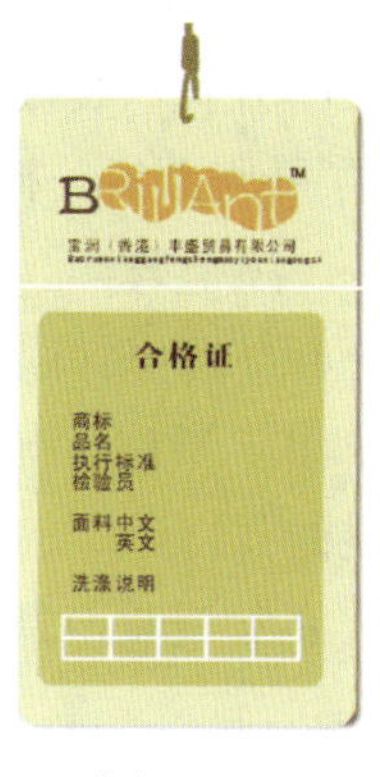

合格证正面

合格证背面

图1-1-19　吊牌

四、不同季节服装材料的构成

服装材料的构成形式根据季节变化有所不同。由于夏季高温，因此服装主要是由单层材料构成，如衬衫、针织衫。面料要轻薄、透气、吸汗。由于春秋季气候凉爽、温度适宜，因此服装多为双层，主要由面料、里料构成，如西服、夹克衫。面料要具有一定的保暖性、舒适性。冬季气候寒冷，为了达到保暖的主要目的，服装为多层材料构成。一般在面料、里料之间增加填充料，隔绝外界的冷空气，如薄棉服、羽绒服等；或者选择具有保暖、挡风功能的毛皮类面料制作服装，如毛皮大衣。

任务实施

下面将任务中所涉及的服装分成三类，以便于认识这些服装的构成及材料类别。

一、夏季服装

1. 服装准备（图1-1-20）

女式针织衫

男式衬衫

牛仔短裤

图1-1-20　夏季服装

2. 分析上述三种服装的构成，面料的种类、性能，辅料的种类

这三种服装都是由单层面料构成的。

女式针织衫采用了针织面料，棉型材质。面料舒适、有弹性、透气、吸汗。辅料包括领口的装饰材料（花边和钉珠）、缝纫线、商标。

男衬衫采用了棉型面料。面料舒适、透气、吸汗，易起折痕等。辅料包括缝纫线、门襟的纽扣、袖口的袖扣、领标及胸袋外侧的商标、口袋布。

牛仔短裤采用了棉型面料。面料有良好的吸湿性，穿着舒适，易起折痕等。辅料包括缝纫线、门扣、前裆的拉链（口袋布）及腰部的商标、吊牌。

二、春秋季服装

1. 服装准备（图1-1-21）

男式西服

风衣

夹克衫

图1-1-21　秋季服装

2. 分析上述三种服装的构成，面料的种类、性能，辅料的种类

这三种服装都是由双层材料构成，即面料和里料。

男式西服的面料是毛型面料。面料手感柔软，高雅挺括，富有弹性，防皱耐磨，保暖性强。辅料包括光滑的里料、领部和胸廓的衬料（衬布）、肩部垫料（垫肩）、缝纫线、门襟的纽扣、袖口的袖扣、口袋布、商标（领标、胸标、袖标）。

风衣的面料是棉型面料。面料挺括、防皱、耐磨，保暖性强。辅料包括柔软的里料、领部的衬料（领衬）、缝纫线、门襟的纽扣、袖口的装饰带和袖扣、口袋布、领标。

夹克衫的面料是针织面料。面料有弹性，并且透气、吸汗、柔软、舒适。辅料包括里料、缝纫线、拉链、口袋布、商标（领标、袖标）等。

三、冬季服装

1. 服装准备（图1-1-22）

薄棉服

羽绒服

仿毛皮大衣

图1-1-22　冬季服装

2. 分析上述三种服装的构成，面料的种类、性能，辅料的种类

薄棉服、羽绒服这两种服装都是由三层材料构成的，即面料、里料和填充料。仿毛皮大衣属于毛皮类服装，是由两层材料构成的，即面料、里料。

薄棉服的面料是棉型面料，面料防皱、耐磨，手感柔软，高雅、挺括，富有弹性，保暖性强。羽绒服的面料是仿丝绸面料，面料光滑、致密，色彩淡而亮，防静电、吸湿排汗，并且，根据冬季常雨雪的特点，羽绒服的面料进行了常规的防水、防油等处理。裘皮大衣的面料是由仿动物毛皮的人造毛皮制成的服装面料，具有轻、软、华美等特点。

辅料包括缝纫线、里料、填充料（涤纶棉、羽绒）、按扣、拉链、口袋布、装饰绒毛圈、商标。

一、填空题（请将正确答案填在空白处）

1. 由于夏季高温，因此服装主要是由单层面料构成，而且面料要__________。

2. 棉型面料包括__________、棉混纺交织面料和棉型化纤面料。

二、判断题（判断正误并在括号内填“√”或“×”）

1. 面料可以诠释服装的风格和特性，直接决定服装的色彩、款式的表现效果，体现了服装主体特征的材料。（　）

2. 服装辅料对于服装起着辅助和衬托的作用，现代服装特别重视辅料的功能以及与面料的协调搭配。（　）

3. 服装材料主要分为面料与辅料两大类。（　）

三、简答题

1. 分析题图1-1-1中的呢子大衣和皮夹克所用的面料和辅料分别有哪些？

题图1-1-1　呢子大衣和皮夹克

2. 什么是服装材料？面料和辅料分别是如何分类的？

四、实训题

5～8个学生一组，从身边找寻5件不同季节的服装，并完成以下分析和记录：

（1）每件服装是几层材料构成？具体由哪些服装材料组成？

（2）对上述服装材料列表划分面料、辅料。

（3）将辅料按照连接件、填充件、装饰件和标志件进行分类。

（4）查看服装标志上的成分标志，记录面料类别。

任务二　认识服装标志和服用性能

知识点： 1. 服装标志的主要内容。

2. 服装材料的成分、纱线和面料的类型。

3. 服装保养标志及含义。

4. 服装材料服用性能的基本知识。

技能点： 能够正确识别服装的成分、服装洗涤、熨烫、干燥等保养标志。

任务描述

1. 图1-2-1所示为服装的标志，试说出这些标志所标示的内容及其含义。

2. 试辨认图1-2-2～图1-2-5所示棉、麻、丝、毛型面料服装上的标志，并说出它们所代表的含义。

3. 按照上述标志的要求，掌握棉、麻、丝、毛型面料服装的保养要点。

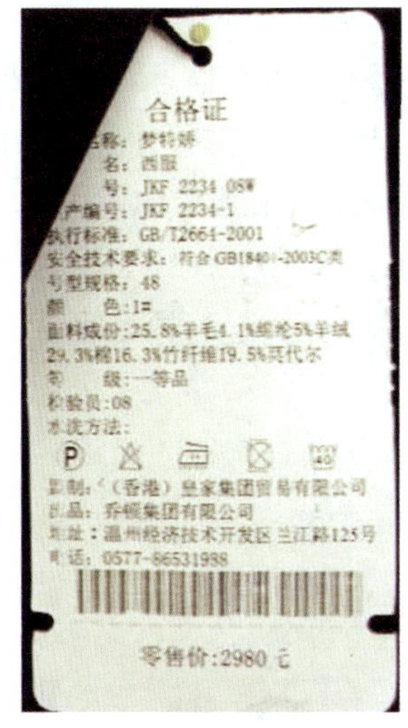

西服吊牌

西服面料标签

图1-2-1　常见服装标志

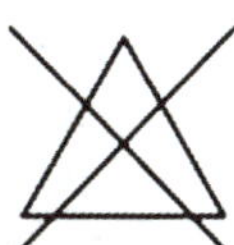

图1-2-2　棉型面料服装的常用保养标志

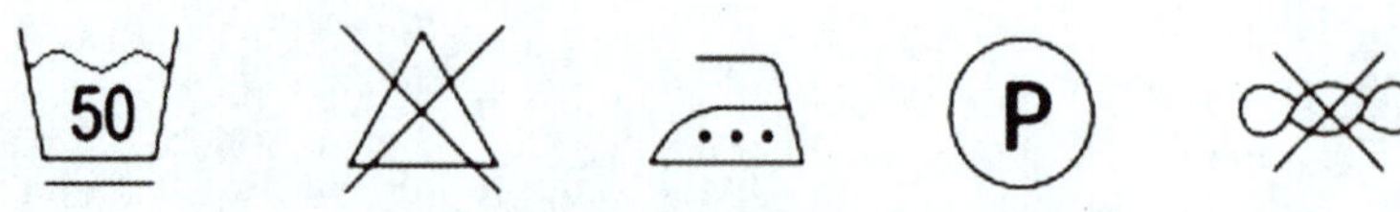

图1-2-3　麻型面料服装的常用保养标志

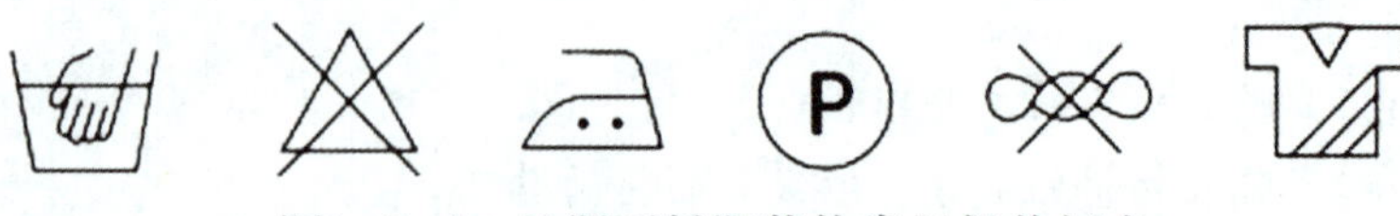

图1-2-4　丝绸面料服装的常用保养标志

图1-2-5　毛型面料服装的常用保养标志

任务分析

虽然图1-2-1所示的西服吊牌和面料标签形式不同，但是两种标志都共同强调了两类信息：面料信息，如面料成分；服装保养信息，如洗涤方法。

这两种信息是指导消费者购买、使用并保养服装的关键信息。面料成分信息，可以帮助消费者在购买服装时掌握服装材料的基本情况，从而选择；而保养信息（如洗涤、熨烫方法等），可以指导消费者正确穿着和保养服装，延长服装的使用寿命。

要真正掌握各类材料的服装的保养要求，需要掌握图1-2-2～图1-2-5所示的国际通用图形标志所代表的含义，即该材质的服装的洗涤、熨烫、晾晒等使用、保养信息及其注意事项。

各类典型面料服装的保养要求主要由服装材料的特性决定。应该掌握对应的正确保养方法。

相关知识

一、服装标志的主要内容

图1-2-6所示为某服装内缝制的标志，包含了四类信息。第一类，是服装的基本信息，包括服装的品牌“MONTAGUT”、服装的品名“西服”、等级“一等品”、货号“05K1”、服装的规格“46”。这些信息可以帮助购买者了解服装成品的情况。第二类，是

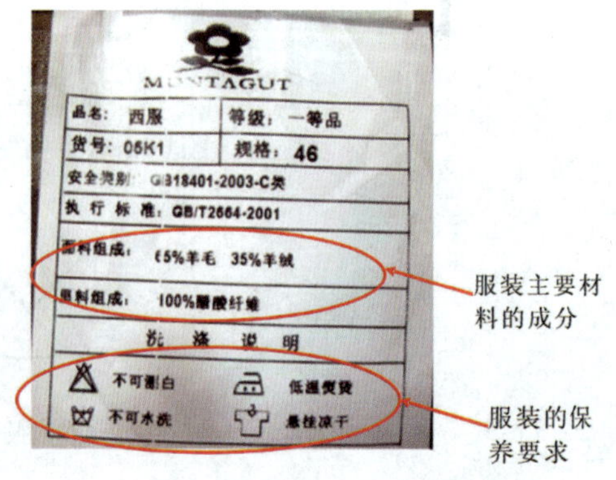

图1-2-6　某西服的标志

服装制作过程中必须遵守的有关国家标准（属于国家强制执行标准），如卫生、安全方面的强制执行标准。第三类，是服装材料的成分信息，如面料的成分“65%羊毛、35%羊绒”，里料的成分“100%醋酯纤维”。第四类，是服装保养信息，即用通用的图形标志表示洗涤、熨烫、晾晒等的保养要求。

二、服装材料的成分、纱线和面料的类型

服装材料多由纺织纤维加工而成。纺织纤维的性能对服装面料、里衬料的性能起决定作用。

（一）纺织纤维及其表示方法

纤维是直径几~几十微米，长度比直径大百倍~上千倍的细长物质。只有具有一定长度和细度、一定的强力及良好的可纺性能和服用性能的纤维才是纺织纤维。

依据来源不同，纺织纤维分成天然纤维和化学纤维。天然纤维是指自然界生长的或形成的、可以用于纺织的纤维，如棉、亚麻、蚕丝、羊毛纤维等，如图1–2–7所示。化学纤维主要分为两类，一类是利用天然纤维（如棉、麻、丝）经过化学和物理加工而成的纤维，属于再生纤维，如粘胶、醋酯、天丝等；一类是利用人工合成高分子物质为原料，经一系列化学和物理加工而制成的纤维，属于合成纤维，如涤纶、锦纶、腈纶。纺织纤维的分类如下：

图1–2–7　棉纤维、苎麻、亚麻、蚕丝和绵羊毛

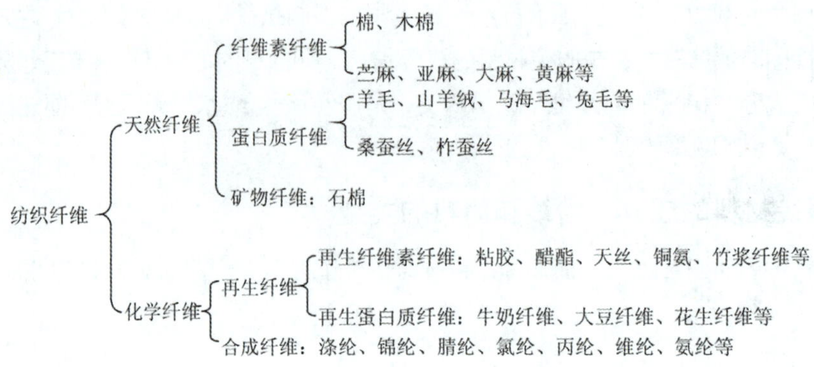

我国规定用中文名称表示服装及面料的纤维成分。但是，在市场上进口服装和面料，一般使用纤维材料的英文名称或者缩写代码，因此需要了解常用纺织纤维的英文名称与缩写代码，具体见表1-2-1、表1-2-2。

表1-2-1　　常见天然纤维的英文名称与缩写代码

名称	英文名称	缩写代码	名称	英文名称	缩写代码
棉	Cotton	C	桑蚕丝	Mulberry silk	Ms
黄麻	Jute	J	羊毛	Wool	W
亚麻	Linen	L	兔毛	Rabbit hair	RH
苎麻	Ramine	Ram	驼毛、驼绒	Camel hair	CH
真丝	Silk	S	马海毛	Mohair	M
柞蚕丝	Tussah silk	Ts	羊绒	Cashmere	WS

表1-2-2　　常用化学纤维的英文名称、英文缩写与缩写代码

名称	英文名称	英文缩写	缩写代码
涤纶	Polyester	PET	T
锦纶（尼龙——商品名）	Nylon	PA	N
腈纶	Acrylic	PAN	A
氨纶	Spandex	PU	SP，EL，OP
莱卡（美国杜邦公司生产的氨纶）	lycra		Ly
莱塞尔(天丝——商品名)	Lyocell	Tencel	Tel
粘胶（人造棉——商品名）	artificial silk，rayon	CV	R
醋酯	Viscose Acetate	CA	CA
莫代尔	Modal	CMD	MD
铜氨纤维	Cupro	CUP	CUP

（二）纱线与服装面料类型

纱线是由纺织纤维经过纺纱形成的。按照成分的组成，纱线可以分为纯纺纱线（纯天然纱线、纯化纤纱线）和混纺纱线。

1. 纯纺纱线与纯纺面料

用同种纤维纺纱而成的纱线是纯纺纱线，如天然纤维纺成的纯棉纱线、苎麻纱线、蚕丝线、纯毛纱线；化学纤维纺成的粘胶纤维纱线、腈纶纱线、涤纶纱线、锦纶纱线等。

纯纺面料是由纯纺纱线织造而成的。按照纯纺纱线的原材料成分，纯纺面料可以分为纯天然面料（如由棉纱线织成的纯棉面料）和纯化纤面料（如由涤纶纱线织成的涤纶面料）。

2. 混纺纱线与混纺面料

由两种或两种以上纤维混合纺成的纱线是混纺纱线，包括不同种类的天然纤维混纺纱线，如丝/棉交捻纱（蚕丝纤维和棉纤维混合）、棉/麻混纺纱线（棉纤维和麻纤维混合）；或是天然纤维和化学纤维混纺纱线，如涤/棉混纺纱线（涤纶纤维和棉纤维混合）、毛/涤混纺纱线（毛纤维和涤纶纤维混合）、毛/腈混纺纱线（毛纤维和腈纶纤维混合）；或者是再生纤维和化学纤维混纺，如涤/粘/腈混纺纱线（涤纶、粘胶、腈纶纤维混合）等。

混纺面料是由混纺纱线织造而成的，如棉/麻混纺面料、涤/棉混纺面料、毛/涤混纺面料等。

3. 交织面料

除了上述面料外，还有一种典型的服装面料——交织面料。交织面料是指使用不同种类的纱线交织成的面料，如用棉纱线、毛纱线交织而成的棉/毛交织面料；用丝线、毛纱线交织而成的丝/毛交织面料；用锦纶长丝、粘胶纱线交织而成的锦/粘交织面料等。

综上所述，可以知道图1-2-6中所示面料成分为羊毛和羊绒，都是天然纤维的毛发类成分，因此，属于纯毛面料；里料成分为100%醋酯纤维，属于纯化纤里料。

三、服装保养标志

图1-2-6所示标志中的一个重要内容是四个保养图形标志及其旁边的文字，表示了该纯毛面料西服的洗涤、熨烫、晾晒的保养要求。一般情况下，服装上都缝制有类似的标志，其上印有说明洗涤方法、熨烫、晾晒方法的图案。这种标志为国际通用，便于使用者识别。服装使用者能够根据其要求采用合适的保养方法，从而减少服装面料的外观和性能的损失，并保持服装的穿着舒适性。为了正确保养服装，应该掌握常见的洗涤、干燥、熨烫等标志。服装洗涤、干燥、熨烫的常用标志见表1-2-3、表1-2-4。

表1–2–3　服装洗涤的常用标志

方式	项目					
水洗方式	图形标志			℃	手洗 30 中性	40
	图形含义	须小心手洗	只能手洗	可用机洗	可轻轻手洗，不能机洗；洗涤液温度30℃以下	水温40℃；机械常规洗涤
	图形标志	40	40	50	60	60
	图形含义	水温40℃；机械作用弱，常规洗涤	水温40℃；洗涤和脱水时，强度要低	最高水温50℃；洗涤和脱水时，强度要逐渐降低	水温60℃；机械常规洗涤	最高水温60℃；洗涤和脱水时，强度要逐渐降低
	图形标志					
	图形含义	洗涤时不能用搓板搓洗	不能干洗			
干洗方式	图形标志		A	F	F	P
	图形含义	不能水洗；在湿态时须小心	适合所有干洗溶剂洗涤	仅能使用轻质汽油及三氯三氟乙烷洗涤，干洗过程无要求	仅能使用轻质汽油及三氯三氟乙烷洗涤，干洗过程有要求	适合用四氯乙烯、三氯氟甲烷、轻质汽油及三氯乙烷洗涤
	图形标志	P	P	P		
	图形含义	干洗时间短	低温干洗	干洗时要降低水分		

续表

使用洗涤设备和洗涤剂	图形标志	弱		30 中性	40	弱 40
	图形含义	可以用洗衣机洗，但必须用低档洗	不能使用洗衣机洗涤剂	使用30℃以下洗涤液温度，机洗用弱水流或轻轻手洗，用中性洗涤剂	洗涤液温度40℃以下，可机洗也可手洗，不考虑洗涤剂种类	洗涤液温度40℃以下，机洗用弱水流，也可轻轻手洗，用中性洗涤剂
	图形标志	60	95	Cl		
	图形含义	洗涤液温度60℃以下，可机洗也可手洗，不考虑洗涤剂种类	洗涤液温度95℃以下，可机洗也可手洗，家用洗衣机不可承受	可以氯漂	不可以氯漂	

表1-2-4　　服装干燥、熨烫的常用标识

干燥	图形标志					
	图形含义	可以拧干	不可以拧干	悬挂晾干	平摊干燥	阴干
	图形标志					
	图形含义	滴干	衣物须挂干	衣物须阴干	可以在低温设置下翻转干燥	可在常规循环下翻转干燥

续表

干燥	图形标志					
	图形含义	可放入滚筒式干衣机内处理	不可放入滚筒式干衣机内处理			
熨烫	图形标志					
	图形含义	可以熨烫	熨烫温度不能超过110℃	熨烫温度不能超过150℃	熨烫温度不能超过200℃	须垫布熨烫
	图形标志					
	图形含义	须蒸汽熨烫	不能蒸汽熨烫	不可以熨烫		

四、服装面料的服用性能基本知识

不同面料的服装有不同的特点。例如，纯毛料西服外形挺括，不容易起皱；纯麻衬衫透气、凉爽；纯棉衣裤轻柔舒适，但是容易缩水和起皱等。这些服装之所以在外观、穿着使用方面各有特点，是因为制作这些服装的面料具有各自的特点和性能。服装材料特别是服装面料的特点、性能，决定了其裁剪、缝纫是否容易，制成的服装穿着中能否保持良好的外观形态，以及能否使人体获得舒适感等。服装材料的这些特性就是它们的服用性能。

服装材料的服用性能就是指用其制作的服装在穿着和使用过程中所表现出来的一系列性能，如吸湿性、透气性、保形性、收缩性、坚牢度、色牢度、洗涤性、熨烫性等。这些都是服装材料，尤其是服装面料服用性能的具体表现。上述服用性能概括起来可分为耐用性、舒适性、外观性、保养性和安全卫生性。

（一）外观性

面料的外观性决定其表面结构与光泽、挺括感、保形性、悬垂感、免烫性等，影响穿着的外观效果。

1. 面料表面颜色、图案与光泽

面料颜色、图案主要来自于染色与印花。面料光泽与面料的纤维种类、纱线种类、面料组织和染整紧密相关。一般，天然纤维的面料光泽自然、柔和，化纤面料的光泽鲜艳、明亮，如图1-2-8所示。但是，纱线结构、面料组织和处理工艺（如染整）都可改变面料光泽。尤其是染整工艺，可以将光泽明亮的面料变得自然、柔和，也可以将光泽自然、柔和的面料变得明亮。

纯棉印花面料（色泽柔和、淡雅）

化纤印花面料（色彩鲜艳、明亮）

图1-2-8 面料的颜色、图案与光泽

2. 抗皱性

从图1-2-9 左图所示可以看到裤子的前面较平整，而从图1-2-9右图所示可以看到裤子后面，特别是膝盖后侧出现了很深的、难于平复的褶皱痕迹。人们日常穿着的针织服装，洗涤或放置后可直接上身，一般不会有明显的折痕；而棉麻类梭织服装洗涤或放置后，会出现俗称的“死褶”，必须经过熨烫才能平整。 这是因为针织面料具有抗皱性。面料经受折皱而变形，当外力去除后能恢复原状至一定程度的性能称为抗皱性。

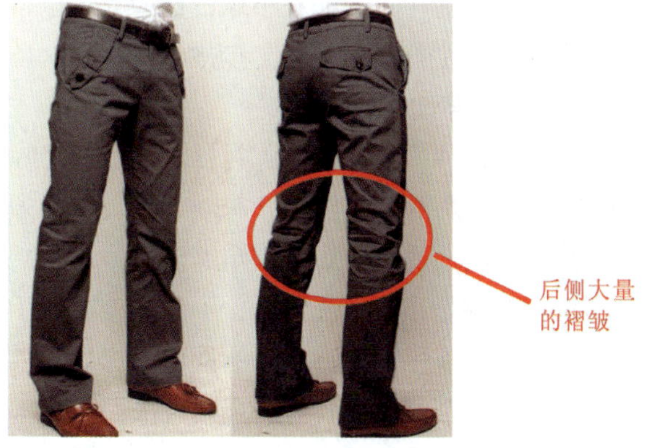

图1-2-9 衣服的褶皱

各种纯天然面料中，纯棉、纯麻、真丝面料的抗皱性差，而纯羊毛面料的抗皱性优良；纯化纤面料中，醋酯、腈纶面料抗折皱性一般，粘胶的抗皱性较差，其他化纤面料抗皱性较好。各种混纺面料的抗皱性取决于各种纤维所占的比例。

3. 悬垂性

图1-2-10所示的真丝裙顺畅地包裹人体，面料自然下垂；而棉质裙不能服帖地罩住身体，部分向外撑起。真丝的垂感明显好于棉面料，更加柔软、下垂。这就是两种材料的悬垂性的不同表现。悬垂性是面料在自然悬挂状态下，受自身质量及刚柔程度等影响而表现的下垂特性。悬垂性好的面料能充分显示出人体曲线的美感。某些服装要求具有较好的悬垂性，如裙装、风衣、西服等。

真丝裙（下垂感强，贴身）

棉质裙（不贴身，裙身向外蓬起）

图1-2-10　不同质地的睡裙

4. 抗起毛起球性

面料在穿着和洗涤过程中，不断受到摩擦和揉搓等外力的作用，使纤维端露出面料表面，呈现毛茸茸的状态，这一过程称为“起毛”。若这些绒毛不及时脱落，继续摩擦，则互相纠缠在一起形成小球，称为“起球”。面料起毛、起球会影响其外观和耐磨性，降低服用性能，最终导致无法穿着。

5. 洗可穿性

涤纶（俗称“的确良”）衬衫洗涤后一经晾挂，干得快而且不需熨烫整理，能够立即穿着；而毛料服装洗涤后，晾晒时间长，必须熨烫平整才可以穿着。这是由这两种面料的洗可穿性（又称免烫性）所决定的。

洗可穿性是指面料洗涤后，不经熨烫整理（或稍加熨烫）而保持平整状态，且形态稳定的性能。洗可穿性直接影响面料洗涤后的外观性。涤纶面料的洗可穿性最好，合成纤维洗可穿性都比较好。有些面料洗涤后表面不平整，皱痕明显，必须经熨烫整理后才能恢复洗涤前的平挺外观。纯棉面料洗涤后必须经熨烫整理才能穿着。天然纤维和合成纤维混纺有助于提高面料的洗可穿性。这种面料洗涤后稍加熨烫即可恢复平整、挺括的外观。

（二）舒适性

现代的生活条件越来越好，人们对服装的要求从追求“一衣穿十年”的耐久、耐磨，转向了舒适。化纤面料的服装逐步让位于纯棉、纯麻、真丝、纯毛等天然、舒适的面料制作的服装。舒适性成为面料服用性能中最重要的性能。

舒适性可细分为触觉、视觉和生理舒适等方面。触觉舒适方面，如干爽、滑爽、柔软、蓬松、弹性、轻质等；视觉舒适方面，如光泽、悬垂性、形态稳定性等；生理舒适方面，如吸湿、放湿、透气、保暖、轻质等。生理舒适性是服装材料为满足人体生理卫生需要所必须具备的重要性能。舒适性指标主要如下：

1. 通透性

服装材料的透气、透湿及透水的能力通称为通透性，不同服装对通透性要求不一样。

（1）透气性

20世纪80年代，“的确良”衬衫曾经风靡中国，但是，人们发现“的确良”衬衫穿在身上感觉肌肤憋闷，它的通透感觉远远不如纯棉衬衫；如今，纯棉衬衫再次成为人们日常穿着的首选。这是由于“的确良”的透气能力远远差于纯棉。

人体皮肤每时每刻都在呼吸，和外界进行气体交换，当内衣和皮肤之间的二氧化碳超过一定量时，人们就会感觉不舒适。服装尤其是内衣必须具有一定的透气性。什么是服装的透气性呢？当面料两侧空气存在压力差时，空气从一侧通向另一侧的性能称为透气性。夏季服装面料应有较好的透气性，使人感觉透气、舒适。冬季外衣面料透气性要小，防止人体热量散失，提高保暖能力。一般针织面料比机织面料透气性要好，皮革、裘皮服装透气性较小。橡胶、塑料等则不具备透气性，多用于劳保和特殊服装。

（2）透湿性

夏天穿着棉针织T恤衫、真丝衬衫会感觉到很凉爽。而穿着涤纶衬衫会感觉到闷热，汗水都被涤纶衬衫挡在里面，也就是不透气。

究其原因，棉针织面料和真丝面料有优良的透湿性。所谓透湿性是水汽从面料高湿的一侧向低湿的一侧发散的能力，也称为透汽性。面料的透湿性与纺织纤维的吸湿性、面料的种类、面料的紧密程度等相关。麻和真丝面料的透湿性好于棉、毛；天然纤维的透湿性好于合成纤维面料；针织面料透湿性好于机织面料；结构稀松、轻薄面料的透气性好于结构紧密、厚实的面料。苎麻纤维吸湿性高，而且吸、放湿速度快，是较好的夏季衣料；羊毛纤维虽然吸湿性好，但放湿速度慢，其透湿性不如其他天然纤维面料。

2. 防水性

雨天，人们穿雨衣是因为雨衣不透水，能够防雨。面料防止水分渗透的性能称为防水性。在寒冷、潮湿的冬季，服装面料如果不具备防水性，则会大量吸水，热传导增大，导致体热大量流失，使人体感觉寒冷潮湿而不舒适。雨衣、帐篷等要求面料具备极好的防水性。例如，卡其、华达呢密度较大，经防水整理后能够防水、防风，可制作风雨衣。

3. 保暖性

冬天，人们穿棉服、羽绒服、毛皮大衣，是因为这些服装比其他服装保暖。服装材料具有的能保持人的体温、防止体热向外界散失的性能称为保暖性。冬季服装及低湿环境工作服、运动装的保暖性能十分重要。

4. 刚柔性

用手抚摸真丝衬衫和毛料西服，可以感觉到真丝面料很柔软、光滑，而毛料比较挺括、温暖。面料的硬挺和柔软程度称为刚柔性。面料越柔软、光滑，人体感觉越舒适。内衣、睡衣以及其他紧贴肌肤的服装，柔软感是非常重要的。纤维越细，其面料的柔软性越好；纤维越粗，其面料刚性越大。例如，细羊毛与粗羊毛的面料刚柔性差异就极为明显。

5. 静电性

如果在黑暗中穿脱毛线类服装，能听到“叭叭”声，并看到短促的闪光，这就是服装上积聚电荷而引起的静电现象。纺织纤维是电的不良导体。当人体活动时，皮肤与衣料间、衣料与衣料间相互摩擦，导致电荷积聚的性能称为静电性。各种纤维的静电性不同，棉、麻、毛、丝、粘胶等纤维吸湿性好，导电性较强，不易产生静电现象。而合成纤维吸湿性差，特别是涤纶、腈纶、丙纶，几乎不导电，带电现象严重。易产生较大静电的服装穿着很不舒适，因此内衣等贴身服装最好采用天然纤维织成的面料；当同时穿两件或两件以上服装时，至少其中一件为纯天然面料服装。

6. 伸缩性

当人们蹲下一段时间再站起时，经常会发现裤子的膝盖部分被拉出“鼓包”，下蹲时间越久，“鼓包”越明显；一旦将裤子放入水中清洗后，膝盖部分的面料还能够回缩到正常状态。裤子膝盖部分的变化，是因为面料具有一定的伸缩程度，可以容纳人体活动对其拉伸的要求。

服装面料应该具有一定的伸缩性。过紧的、缺乏伸缩性的服装，限制了人体的活动而使人感到不舒适。伸缩性大小常用延伸率表示。不同的服装需要不同的伸缩性。例如，穿着礼服时人体的活动量较小，礼服面料的延伸率达15%～25%即可；而内衣需要贴身穿着，运动服要适应大幅度的运动，因此内衣、运动服面料的延伸率要达到40%左右。合成纤维的延伸率均大于天然纤维；针织面料的延伸率大于机织面料；含有氨纶等弹力丝的面料延伸率比不添加此类纱线的面料有所提高。

（三）耐用性

服装在穿着过程中，要受到拉伸、撕裂、顶破、磨损及化学品、日晒等因素的破坏。耐用性指标的好坏直接关系到服装材料的使用性能和使用寿命。服装的耐用性指标包括强力、耐磨性、耐晒性、色牢度、收缩性。

1. 强力

穿着棉衬衫不小心碰到尖硬的东西，棉面料就会被剐破；穿着针织衫不小心碰到尖硬的东西，会被勾丝或被剐破。这是因为不同面料的强力不一样。面料的强力包括拉伸强力、撕裂强力和顶破强力。强力大的服装耐用性好。

2. 耐磨性

裤子的裤口边容易磨破，衬衫的后领也容易磨破，因为这些部位经常与肢体及外界发生摩擦。面料抵抗由于与物体摩擦而逐渐引起的磨损的性能称为耐磨性。不同种类的面料耐磨性不同。

3. 耐晒性

真丝服装不能在阳光下曝晒，只能阴干；纯棉服装可在暴露阳光下晾晒，但时间不能过久。这是因为面料的纤维耐日晒的性能不同。在阳光照射下，面料会发生裂解、氧化、强力损失、变色、耐用性降低等质的变化。耐晒性就是面料能够抵抗因日光照射而引起性质变化的性能。面料日晒后氧化裂解，其强度损失与光照强度及时间、纤维种类等有关。

4. 色牢度

人们发现，印花或染色的纯棉服装在水中洗涤后颜色溶入了水中，而同样工艺的化纤服装在水中洗涤后颜色并不溶入水中。这是因为面料染色的牢固程度不同。面料的色牢度是指染料与面料结合的坚牢程度，以及染料发色基因的化学稳定程度。在各种外界因素作用下，如果面料能保持原有的印染色泽或色泽改变程度（即褪色）较轻，则染色牢度较好。

5. 收缩性

在湿、热或洗涤情况下，面料发生尺寸收缩的特性称为收缩性，它影响面料的尺寸稳定和外观，降低耐用性。面料的收缩有自然收缩、缩水和热收缩三种情况。在服装设计、制作和使用中，面料收缩主要为后两种情况。

（1）缩水

我们在购买纯棉的服装或真丝的服装时，往往考虑买大一号尺码。因为买回的服装放在水中洗涤后长度或宽度会变小。面料在常温的水中浸泡后尺寸收缩的现象称为缩水。面料缩水程度以缩水率表示。

（2）热收缩

熨烫服装时，如果不小心将熨斗的温度设置过高，会发现熨后的衣服收缩了，甚至有的衣服面料变黄甚至发焦。这是因为熨烫温度过高导致面料受损而发生变化。面料受热发生不可逆的收缩现象称热收缩。在热作用下，面料保持不发生变化所能承受的最高温度称耐热度。它代表了面料对热作用的承受能力。合成纤维及以合成纤维为主的混纺面料均有热收缩性，故洗涤或熨烫时要掌握适当温度。

（四）保养性

服装材料在洗涤、晾晒、熨烫和储存中所表现出来的性能称为保养性。有些服装面料易洗快干；有些服装面料洗涤时对水温、洗涤剂的酸碱性、揉搓的方式与强度、漂白剂的成分等有严格的要求；有些服装面料必须干洗。不同的服装面料对晾晒、熨烫和储存都有不同的要求，需要的熨烫温度也不相同，可参见表1–2–5。由于不同的服装面料的保养性不同，所以制定出具体的保养标志，以指导人们正确保养服装。

表1–2–5　各种面料熨烫的适宜温度　（℃）

面料种类	直接熨烫温度	垫干布熨烫温度	垫湿布熨烫温度
棉	175～195	195～220	220～240
麻	185～205	200～220	220～250
羊毛	160～180	185～200	200～250
桑蚕丝	165～185	190～200	200～230
粘胶	160～180	190～200	200～220
涤纶	150～170	180～190	200～220
锦纶	125～145	160～170	190～220
腈纶	115～135	150～160	180～210

（五）安全、卫生性

随着人们生活水平的日益提高，现代服装应以舒适、美观为基础，以安全、卫生为前提。这就要求：服装材料中不能含有可能对人体产生危害的物质，或者所含对人体危害物质不能超过规定限量，并且在穿着过程中不能隐藏着不安全因素。服装的安全、卫生性主要涉及服装纺织品的微量有害物质、燃烧性和卫生性。

1. 微量有害物质

服装材料的染整加工过程中仍然应用含有甲醛的整理剂，可分解芳香胺染料仍然被使用，服装材料上可能残留重金属。这些物质对人体构成不同程度的伤害，轻则导致过敏、减弱人体的免疫功能，重则可诱发各种疾病，甚至是癌症。因此，服装材料必须严格控制可能含有的有害物质。

Oeko-Tex Standard 100 是全球最早推出的生态纺织品标签认证标准，已成为有一定知名度的国际生态纺织品标签认证。Oeko-Tex Standard 100标准规定对纺织品禁止和限制使用已知的可能存在的有害物质。Oeko-Tex Standard 100标准主要审核项目包括：纺织品的pH值（即直接与皮肤接触的纺织品的pH值应保持在弱酸性和中性之间，将不会引起皮肤的搔痒， 不会破坏皮肤表面的弱酸性环境）、色牢度（纺织品的色牢度不佳，其中的染料分子、重金属离子等都有可能通过皮肤为人体吸收， 从而危害到人体的健康）；需要控制的有毒物质的来源，包括甲醛（对生物细胞有害的有毒物质）、可萃取重金属（如纺织品印染加工过程中带入的重金属，对人体有累积毒性）、杀虫剂/除草剂（天然植物纤维带入纺织品的残留有害物质）、含氯苯酚（有毒害的防霉防腐剂）、可分解芳香胺染料（引起人体病变和诱发癌症的有害物质）、致敏染料（造成人体肌肤、呼吸系统等敏感的有害物质）、有机氯化导染剂（对环境是有害的化合物，而且对人体有潜在的致畸和致癌性）、有机锡化物（TBT/DBT，用于纺织品的防腐剂和增塑剂，破坏人体的免疫系统和荷尔蒙系统的毒性化合物）等。

Oeko-Tex Standard 100标准将纺织品分为婴儿用、直接与皮肤接触、不直接与皮肤接触、装饰用四个等级。由于婴儿皮肤非常的娇嫩、敏感，因此Oeko-Tex Standard 100中所有的测试项目对婴儿产品有最严格的规定。

我国于2003年颁发了《国家纺织产品基本安全技术规范》（GB 18401—2003）， 并于2005年强制实施。该规范将服装分成三类：A类纺织产品，为婴幼儿用品；B类纺织产品，为直接接触皮肤的产品；C类纺织产品，为非直接接触皮肤的产品。该规范中对各种染料、助剂等整理剂中对人体有害的物质提出了明确要求，具体见表1-2-6。

2. 燃烧性

除了有害物质以外，燃烧性（或称阻燃性）也是服装纺织品安全的重要指标之一。各种纤维的燃烧性能差别较大。除了石棉、玻璃纤维是不燃材料外，其他常见纤维均属于易燃或可燃材料。服装燃烧时，不仅会严重伤害皮肤，还可能引起火灾。因此，为了降低服装燃烧对人体或环境可能造成的危害，应对容易引起火灾的易燃纺织物进行阻燃或者防火整理。美国、日本等国法律规定，在高层建筑、公共场所、航空、海运、公路、铁路运输以及工矿企业的易燃区，人们穿着的服装都必须使用阻燃面料；对婴儿、老人的服装和特种工作服都提出了相应的阻燃指标。

表1-2-6　　纺织产品的基本安全技术要求

项目		A类	B类	C类
甲醛含量（mg/kg）≤		20	75	300
pH值		4.0～7.5	4.0～7.5	4.0～9.0
色牢度	耐水（变色、沾色）（级）	3～4	3	3
	耐酸汗渍（变色、沾色）（级）	3～4	3	3
	耐碱汗渍（变色、沾色）（级）	3～4	3	3
	耐干摩擦（级）	4	3	3
	耐唾液（变色、沾色）（级）	4	–	–
异味		无		
可分解芳香胺染料		禁用		

3. 卫生性

服装的生理卫生功能之一是抗御来自外界的各种危害，使肌体不受伤害。随着人们社交范围不断扩大，细菌引起交叉感染的几率增加。服装面料是微生物附着、繁殖和传播的良好介质，一些微生物因接触人体趁机而入，传染疾病，危害人体健康。同时，有些危害来自肌体本身，像人体分泌于皮肤表面的汗液、皮脂等容易使细菌繁殖，通过毛孔侵入肌体。据卫生组织测定，在一般人的上半身上，每平方厘米的皮肤上有无害的、有害的微生物50～5 000个；如果条件适宜，这些微生物会产生异常的繁殖，使贴身内衣产生恶臭味。因此，服装面料应当具有一定的抗菌、防霉和防臭性能。

服装面料要达到抗菌、防霉和防臭的目的，必须满足以下要求：

（1）具有高选择性，能有效地杀灭或抑制某些微生物。

（2）不应使服装面料失去固有性能，如透气、透湿性等。

（3）无毒无害，对人体没有危害和副作用。

（4）耐久性，是指经抗菌整理的织物，其抗菌活性应具备的耐水洗、耐干洗和其他卫生处理的能力。另外，还要考虑环境污染等问题。

任务实施

一、识别服装的标志

根据上述所学内容，识别图1-2-1所示的服装的标志，具体如图1-2-11所示。

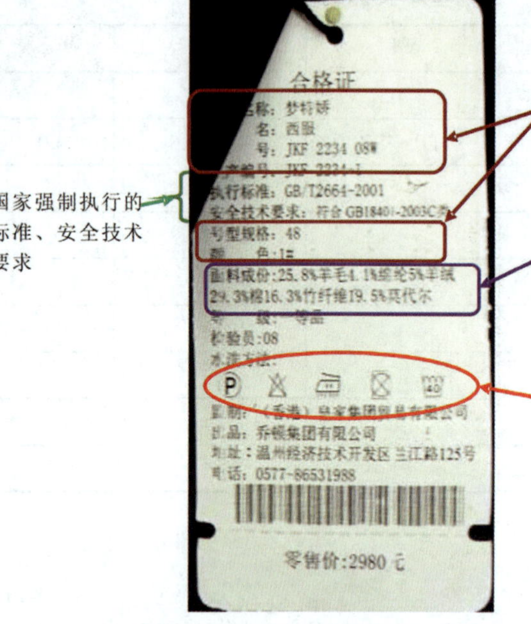

服装的信息：品牌、服装名称、产品编号、号型规格、颜色等

羊毛、羊绒、棉属于天然纤维，涤纶、竹纤维、莫代尔属于化学纤维

保养标志符号含义：四氯乙烯干洗剂干洗、不可以漂洗、蒸汽熨斗熨烫且温度不能超过150℃、不可放入滚筒或干衣机内处理、水温40℃、洗涤和脱水时强度要弱

西服吊牌

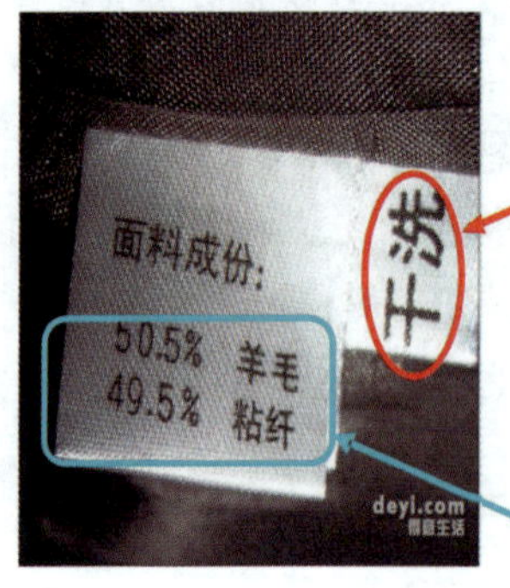

洗涤要求：干洗

羊毛属于天然纤维，粘纤即粘胶纤维，属于化学纤维

西服面料标签

图1-2-11　识读服装标志

二、棉型面料服装的保养

1. 棉型面料服装的保养标志（图1-2-12）

最高水温50℃常规洗涤　　不可氯漂　　底板最高温度150℃反面熨烫

图1-2-12　识别棉型面料的保养标志

2. 棉型面料服装的保养要点

（1）服装准备：高档纯棉男式衬衫（图1-2-13）。

（2）洗涤操作要点

这类服装的洗涤方法是“先局部，后整体”，即先将衣领和袖口等较脏的部位进行局部揉搓或刷洗，再按照洗涤程序洗涤。高档纯棉衬衫洗涤时要注意以下几点：

1）要用温水洗涤，避免长时间浸泡。

2）要选用优质的洗涤剂。洗涤时，要使用含碱性蛋白酶的洗涤剂。

3）不宜用力搓洗。

（3）熨烫要点

棉型服装应该垫湿布熨烫；熨斗温度控制在220～240℃；熨烫时避开纯棉面料正面，熨烫反面。

图1-2-13　高档纯棉男式衬衫

（4）存放要点

存放时，衣服须经过洗净、晒干、折平，并且衣橱、柜箱、包装袋都要保持清洁干净和干燥，防止霉变。白色服装与深色服装最好分开存放，防止沾色或泛黄。

三、麻型面料服装的保养

1. 麻型面料服装的保养标志（图1-2-14）

最高温度50℃
小心洗涤

不可氯漂

底板最高温度200℃
反面熨烫

四氯乙烯干洗
剂干洗

不可拧干

图1-2-14　识别麻型面料的保养标志

2. 麻型面料服装的保养要点

（1）服装准备：亚麻上衣（图1-2-15）。

（2）洗涤要点

麻型面料服装以亚麻制作的衬衣、单层外套较多，在洗涤时应该注意以下几个方面：

1）选用碱性洗涤剂。

2）洗涤液温度不能过高。

3）揉搓，不绞拧。

4）漂白前要浸泡彻底。

图1-2-15　亚麻上衣

（3）熨烫要点

亚麻上衣垫湿布熨烫；熨斗温度控制在220～250℃；熨烫时避开麻型面料正面，熨烫反面。

（4）存放要点

存放时，衣服须经过洗净、晒干、折平，并且衣橱、柜箱、包装袋都要保持清洁干净和干燥，防止霉变。白色服装与深色服装存入时最好分开，防止沾色或泛黄。

四、丝绸面料服装的保养

1. 丝绸面料服装的保养标志（图1-2-16）

须小心手洗

不可氯漂

底板最高温度150℃反面熨烫

四氯乙烯干洗剂干洗

不可拧干

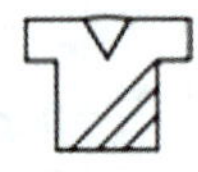
阴干

图1-2-16　识别丝绸面料的保养标志

2. 丝绸面料服装的保养要点

（1）服装准备：真丝女式短袖衫（图1-2-17）

图1-2-17　真丝女式短袖衫

（2）洗涤要点

真丝面料品质细薄，表面光滑。真丝面料在水洗时，要做到“四保护”，即保护质料、纹路、颜色及天然光泽。同时，要依据真丝面料组织结构、不同的颜色分别进行洗涤，避免发生翻丝、并丝、色花、色绺等现象。真丝服装应尽量避免洗衣机洗涤。由于一般真丝面料的色牢度都较差，如果洗涤温度过高，则会发生严重脱色，并会丧失真丝面料特有的天然光泽。真丝面料的服装在洗涤时要注意：

1）洗涤真丝面料时，水温不能过高，应控制在35℃左右，以有效地保护面料的颜色。单件洗涤效果较好。

2）应选用专用的丝毛洗涤剂或优质的中性洗涤剂，这样不损伤蚕丝纤维。

3）不能使用洗衣机，且不能用力搓或刷洗，手洗时应大把握住，轻轻揉搓。

4）不能用含氯的漂白剂漂白，清洗要彻底。

5）为了获得自然光泽效果，水洗后要进行浸酸处理，可以增加真丝面料的鲜艳光泽。

6）脱水时不能绞拧，可用洗衣机脱水桶轻脱水，在阴凉通风处晾干，不要在阳光下曝晒。

（3）熨烫要点

熨烫真丝面料服装的温度控制在150℃。一般情况下，要垫湿布熨烫真丝面料服装，应熨烫真丝面料的反面。

（4）存放要点

存放时，为了防潮、防尘，应在真丝服装面上盖一层棉布或包好。白色真丝面料服装既不能放在樟木箱内，也不能放樟脑丸，否则易泛黄。

五、毛型面料服装的保养

1. 毛型面料服装的保养标志（图1–2–18）

须小心手洗

不可氯漂

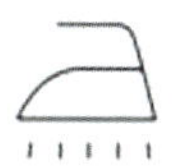
蒸汽熨烫

四氯乙烯干洗剂小心干洗

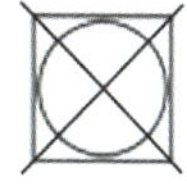
不可转笼翻转干燥

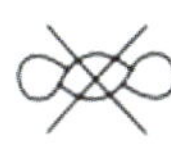
不可拧干

图1–2–18　识别毛型面料的保养标志

2. 毛型面料服装的保养要点

（1）服装准备：纯毛西服套装（图1–2–19）。

（2）洗涤要点

纯毛面料以羊毛纤维为主，羊毛纤维具有遇水后在外加力作用下产生“缩绒性”和“可塑性”的特点，宜干洗。因此，洗涤毛料服装应该注意这个特性。

1）洗涤操作：水洗毛型面料服装时，不能用力揉搓。手洗时应选择柔软的刷子，在洗刷台上顺着面料的纹路，轻而均匀地刷洗。洗涤后，对毛型面料服装不能拧绞，可采用挤压的办法排出水分；也可以叠好甩干并及时取出展平。毛型面料遇水会润湿膨胀，强度降低，因此从洗涤液中取出毛型面料服装时要用手托着取出，切勿只抓一小片衣料使劲向外拉取，这样会损坏毛型面料的组织结构。

图1–2–19　纯毛西服套装

2）选用中性洗涤剂：由于毛纤维具有耐酸、不耐碱的特性，因此洗涤毛型面料服装时应选用弱酸性或中性洗涤剂。

3）洗涤毛型面料服装时，水温不宜过高，应控制在40℃以内。

4）根据毛型面料的颜色、薄厚和污垢性质，应分类洗涤。

5）充分漂洗，用醋酸水处理。

（3）熨烫要点

熨烫毛型面料服装时，使用蒸汽熨斗并垫湿布熨烫。熨斗温度控制在200～250℃。熨烫毛型面料时，应避开毛型面料正面，熨烫反面。

（4）存放要点

毛型面料的服装穿着一段时间后，要拍打、晾晒，去除灰尘。存放前，应刷清（或洗净）、烫平、晒干，通风晾放一天。高档的毛型面料服装最好挂在衣橱内，不要叠压，以免变形而影响外观。存放时，宜悬挂在干燥处，并且将服装反面外翻，以防褪色风化，出现风印。在存放全毛或毛混纺面料的服装时，要将樟脑丸用薄纸包好，放在衣服口袋里或衣橱、箱子内。毛绒服装应与其他服装隔开存放，以免掉绒、掉毛，沾污其他服装。

棉、麻、丝、毛型面料的服装的保养要求，主要针对这些面料的洗可穿性、抗皱性、保养性提出的。

一、填空题（请将正确答案填在空白处）

1. 依据来源，纺织纤维分成__________和__________。

2. 纺织纱线是由纺织纤维经过纺纱形成的，按照其成分可以分为______________和______________。

3. 《国家纺织产品基本安全技术规范》（GB 18401—2003）中， 将服装分成三类：__________类纺织产品是指婴幼儿用品；__________类纺织产品是指直接接触皮肤的产品；__________类纺织产品是指非直接接触皮肤的产品。

二、判断题（判断正误并在括号内填“√” 或“×” ）

1. 纯纺面料是由纯纺纱线织造形成的面料；混纺面料是指采用混纺纱线织成的面料；交织面料是指使用不同种类的纱线交织成的面料。（　）

2. 服装面料应从外观、舒适、保养、耐用、安全卫生与价格方面选择。（　）

3. 涤纶的学名简称为聚酯（PET或T）；锦纶的学名简称为聚酰胺（PA）。（　）

4. 服装材料大多由纺织纤维织成，因此纺织纤维的性能决定了服装材料的性能。（　）

三、简答题

1. 分析题图1-2-1所示服装标志中的面料、里料的成分，以及保养标志的含义。

2. 什么是服用性能？它包含哪些具体内容？

3. 请举例说明天然纤维、再生纤维、合成纤维服装的服用性能。

四、实训题

找到身边服装内的标志， 说出其标志上面标明的内容及其含义，并说出有关的服装保养方法。

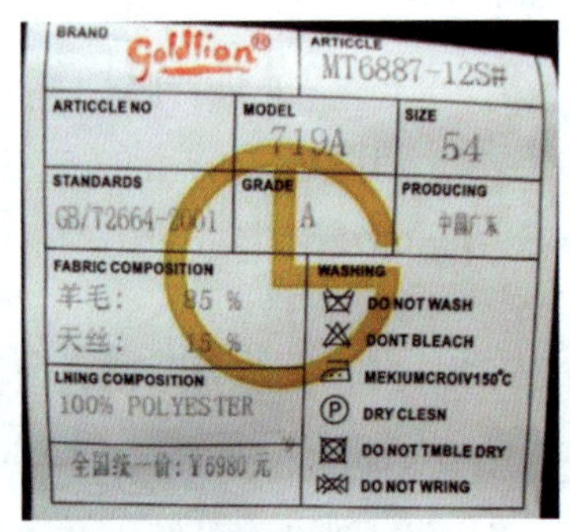

题图1-2-1

课题二　棉型面料及其服装应用

任务三　棉型面料的判别

知识点： 1. 面料的平纹、斜纹、缎纹组织。

2. 棉型面料按原料的分类及其服用性能。

3. 感官鉴别法、燃烧法。

技能点： 1. 能够通过面料的纹路特征判别面料的组织类型。

2. 能够用手感、目测法和燃烧法对棉型面料的类别进行判别。

任务描述

现在准备了六块棉型面料，每块面料长约50 cm的整幅面料各一块，如图2-3-1、图2-3-2所示。完成下列工作：

1. 观察1号、2号、3号棉型面料表面的纹路特征，判断面料的组织类型。
2. 判别4号、5号、6号棉型面料属于哪种类别：纯棉、棉混纺、棉型化纤。

1号面料

2号面料

3号面料

图2-3-1　不同组织的棉型面料

4号面料

5号面料

6号面料

图2-3-2　不同材料的棉型面料

任务分析

1. 仔细观察1号、2号、3号面料的表面，它们的纹路明显不同。服装面料表面的纹路是纱线在织机上按照一定交织规律形成的组织特征，不同的纹路代表不同的面料组织。要判别面料的组织，就要了解纱线形成面料的基本原理，掌握纱线形成的面料组织的基本类型，以及如何判别组织特征的方法。

2. 要按照棉型面料的材质来分辨4号、5号、6号面料，首先要明确棉型面料的概念、基本分类及其服用性能。然后，根据不同材质、服用性能的棉型面料所表现出来的特征，用方便易行的鉴别方法区分三种面料。

相关知识

一、机织面料组织的基础知识

机织面料是在织机上由经纱、纬纱按一定的规律交织而成的织物（又称梭织物），所有的机织面料都由经纱和纬纱交织而成。

（一）经纱与纬纱

机织面料都有长度和宽度，与布边平行的长度称为匹长，匹长的方向为织物经向；与布边垂直的长度称为幅宽，幅宽的方向为织物的纬向。织布时，用于经向的纱为经纱，用于纬向的纱称为纬纱。因此，经纱是沿织物长度方向配置的纱线，纬纱是沿织物宽度方向配置的纱线，如图2-3-3 所示。

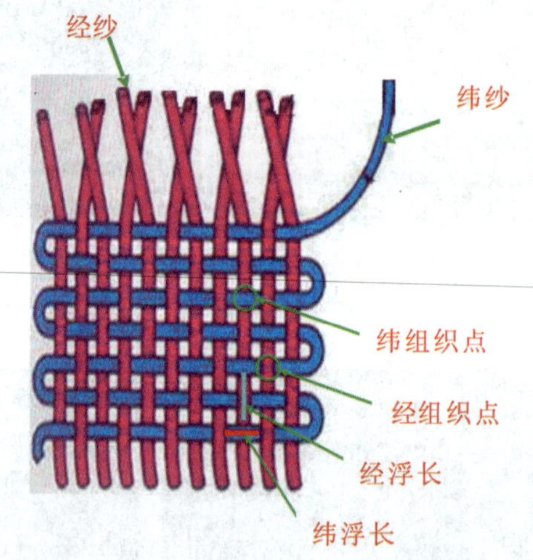

图2-3-3　经纱与纬纱、组织点、浮长

确认面料的经向、纬向时，如果面料有布边，经纱与布边平行，则便于确定；如果面料没有布边，则可通过拉伸实验来判断，即用两手握紧面料两端，双手用力向外左右横拉面料，然后再换垂直方向拉伸。抻拉时，手感紧密、硬直的多为面料的经纱方向，而手感轻松、有弹性的多为面料纬纱方向。此外，还可以通过纱线密度来确定，一般机织面料的经纱排列紧密，纬向排列稀疏。

（二）面料组织

经纱、纬纱按照一定规律彼此沉浮而交织在一起，在机织物表面形成一定的纹路，这种形成有规律的纹路的纱线结构被称为织物组织，也称为面料组织。

1. 组织点

机织面料中经纱和纬纱的交错点，即经纱、纬纱相交处，被称为组织点。经纱浮在纬纱上面的点称为经组织点；纬纱浮在经纱上面的点称为纬组织点。连续浮在纬纱上的经纱长度称为经浮长；连续浮在经纱上的纬纱长度称为纬浮长，如图2−3−3所示。

2. 组织图的形成

图2−3−4左侧所示为面料的实物图，用线模拟面料组织的经纱、纬纱交织的情况，然后绘制下来，得到面料组织的结构。为了更加方便地表示织物中经纱、纬纱的交织规律，用图2−3−4右侧的方格图代替面料组织的结构图。这种图被称为该面料组织的组织图。面料组织图一般用方格表示，其纵列代表经纱，横行代表纬纱。每个格子代表一个组织点(或称浮点)。当组织点为纬组织点时，即为空白格子，当组织点为经组织点时，以颜色或“×”表示。

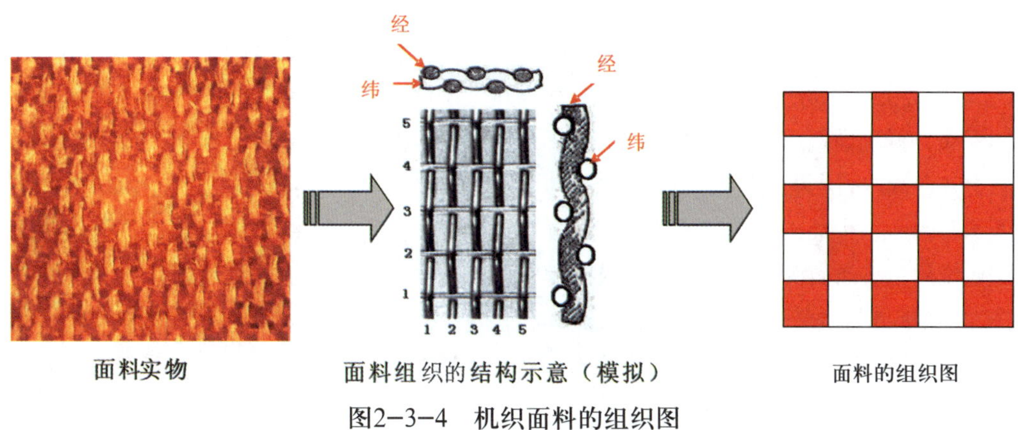

图2−3−4　机织面料的组织图

（三）机织面料组织的种类

机织面料组织的种类繁多，主要有五大类：原组织、变化组织、联合组织、复杂组织和提花组织。其中，平纹、斜纹和缎纹组织是机织面料的基本组织，又被称为机织面料的原组织。它们是面料组织中构成其他组织的基础。

1. 平纹组织

（1）形成

每根经纱与每根纬纱间隔地沉浮交织所形成的面料组织，就是平纹组织，如图2−3−5所示。其面料的组织图如图2−3−5右侧所示。

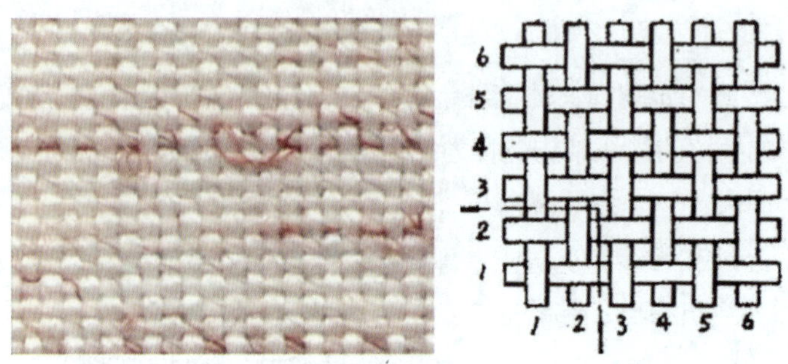

图2-3-5　平纹面料实物和平纹组织的结构图

（2）外观特性

平纹组织是所有面料组织中最简单且是使用最多的一种组织。平纹组织的面料表面平坦，正反面外观相同。并且，平纹组织的面料质地坚牢、耐磨而挺括，手感较硬挺，表面光泽较差。与相同规格的其他组织的面料相比，平纹组织的面料最轻薄。

由于经纬纱的粗细不同、密度不同、颜色不同时，平纹面料可以呈现横向凸条纹、纵向凸条纹、格子花纹、起皱、隐格等外观效果。

2. 斜纹组织

（1）形成

按照图2-3-6所示的面料实物，用线模拟面料组织的经纱、纬纱交织的情况，然后绘制下来，得到面料组织的结构，并绘制出对应的面料的组织图。可以看到，纬组织点向右上方连续排列成一条斜向纹路，这样的组织使面料整体呈现有规律的斜纹，如图2-3-6所示。因此，（经）纬纱连续地浮在两根（或两根以上）经（纬）纱上，且这些连续的线段排列呈一条斜向织纹，这样形成的组织就是斜纹组织。斜纹的纹路指向分为两种，由左下指向右上为右斜纹，以↗表示；由右下指向左上为左斜纹，以↖表示。1/2↗读作一上二下右斜纹；3/1↖读作三上一下左斜纹；3/1↗读作三上一下右斜纹。图2-3-7所示为3/1↗斜纹组织的全棉牛仔布。

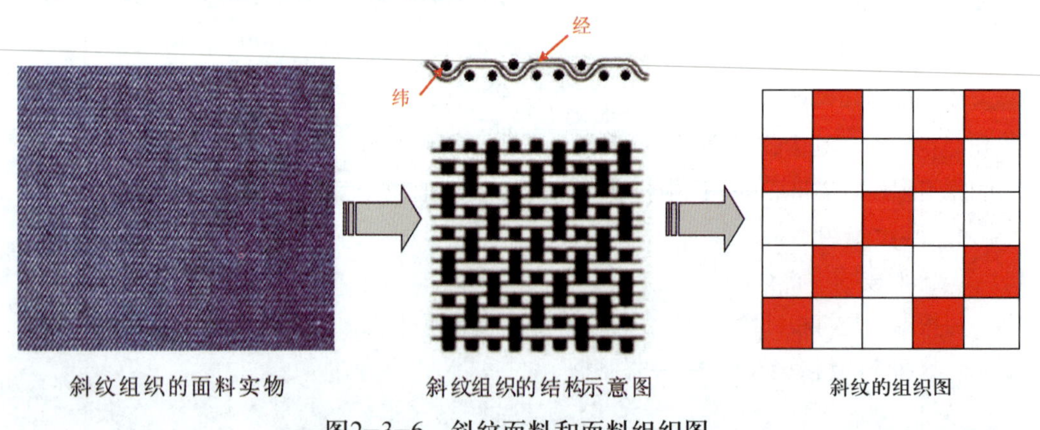

图2-3-6　斜纹面料和面料组织图

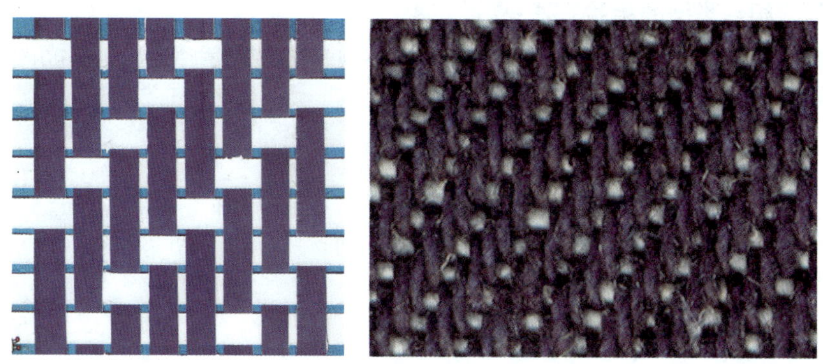

图2-3-7　3/1↗斜纹组织的全棉牛仔布的结构图与实物图

（2）特性

斜纹组织的面料表面呈现较清晰的左斜或右斜纹路。如果面料的正面呈右斜纹，有的反面呈左斜纹。与平纹组织的面料相比，斜纹组织的面料比较致密、厚实，面料光泽有所提高，手感较为松软，弹性较好，抗皱性能提高，具有良好的耐用性。

3. 缎纹组织

（1）形成

按照图2-3-8所示的面料实物，用线模拟面料组织的经纱、纬纱交织的情况，然后绘制下来，得到面料组织的结构，并绘制出对应的面料的组织图。可以看到，经组织点断续排列成斜向纹路，每间隔四根（或四根以上）的纱线才发生一次经纱与经纬的交错，如图2-3-8所示。这样的面料组织是缎纹组织。缎纹组织有经面缎纹和纬面缎纹之分。面料正面呈现经浮长居多的，称为经面缎纹组织；面料正面呈现纬浮长居多的，称纬面缎纹组织。

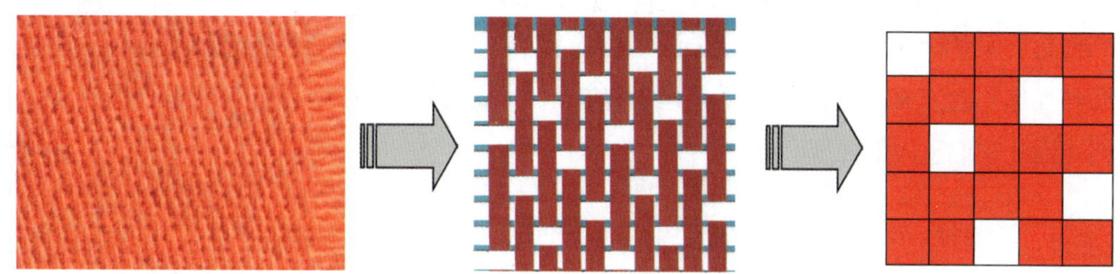

图2-3-8　5/3↖经面缎纹面料实物、结构图和组织图

（2）特性

缎纹组织是机织物的原组织中交错次数最少的一类组织。缎纹组织面料的正面和反面有明显的差别。其正面平整、光滑，富有光泽，易反射光线；而反面光泽差，纹路模糊。缎纹组织面料比平纹、斜纹组织面料厚实，质地柔软，悬垂性好，表面光滑，光泽好，最为富贵华丽；由于浮长线较长，坚牢度最差，容易勾丝、磨毛、磨损，耐用性能低。

4. 面料组织类型的检验方法

可以比较平纹布、斜纹布、缎纹布的面料外观和正反面差异。还可借助放大镜观察或用低倍显微镜观察，并绘制面料的组织图进行比较。

二、棉型面料的基本分类及服用性能

棉型面料一般分为纯棉面料、棉混纺或棉交织面料、棉型化纤面料。

（一）按照原材料分类

1. 纯棉面料及其服用性能

纯棉面料是用100%棉纤维纺成的纱线织成的面料。它有良好的吸湿性，穿着舒适，手感柔软，光泽柔和、质朴，保暖性较好，耐热性和耐光性良好，耐碱性较好。但是，纯棉面料弹性较差，容易产生皱褶，且折痕不易恢复，在潮湿有霉菌的环境里易发霉、变质。纯棉面料可用于制作的服装很多，如男女衬衫、外套、休闲裤、牛仔裤、工作服等。其中，纯棉针织面料是理想的内衣面料。

2. 棉混纺、棉交织面料

棉混纺面料是用棉纤维与棉型化纤混纺的纱线织成的面料，如涤/棉混纺面料、涤/粘混纺面料等。棉交织面料用棉纱线与非棉纱线交织成的面料，如锦/棉交织面料。棉混纺、棉交织面料既保持了纯棉面料的优点，又利用化纤提高了服用性能并扩大其服装的适用性。例如，棉混纺、棉交织面料可以用于制作薄棉服、风衣。

3. 棉型化纤面料

棉型化纤面料是用100%棉型涤纶或棉型粘胶纤维等棉型化学纤维纺成的纱线织成的面料，又称为化纤仿棉面料，如涤纶仿棉、粘胶仿棉（又称“人造棉”）面料。这类面料虽然不含有棉纤维，但由于使用的是棉型化学纤维，面料仍具有纯棉面料的外观风格，因此它们也属于棉型面料。

（二）典型类别的棉型面料的服用性能比较

纯棉、棉混纺与棉交织、棉型化纤面料服用性能的比较见表2-3-1。

表2-3-1　　纯棉、棉混纺与交织、棉型化纤面料的服用性能比较

面料种类 / 具体特性 / 服用性能		纯棉面料	棉混纺与棉交织面料		棉型化纤面料	
		纯棉	涤/棉混纺	锦/棉交织	涤纶仿棉	粘胶仿棉
外观	光泽	淳朴自然柔和	光泽柔和度下降	光泽柔和度下降	光泽柔和度下降	光泽可变

续表

服用性能＼具体特性＼面料种类		纯棉面料	棉混纺与棉交织面料		棉型化纤面料	
		纯棉	涤/棉混纺	锦/棉交织	涤纶仿棉	粘胶仿棉
外观	表面结构与悬垂性	纹路清晰，表面较光洁	纹路清晰，表面较光洁	纹路清晰，表面光洁	纹路清晰，表面光洁	纹路清晰，表面光洁，悬垂
	抗起球性	不易起球	基本不起球	基本不起球	起球	不易起球
	抗皱性	弹性差，易折皱	弹性改善，平挺	弹性好，平挺	弹性好，挺括	弹性差，易折皱
	免烫性	差	随涤纶的增加而变好	比纯棉面料好	好	差
舒适	通透性	透湿，穿着舒适	透湿性随涤纶的增加而下降	透湿性随锦纶的增加而下降	透湿性差，闷热	透湿，穿着舒适
	吸湿性与静电	吸湿性好，不易产生静电	吸湿性随涤纶的增加而下降，静电不明显	吸湿性随锦纶的增加而下降，但比涤纶好	吸湿性差，静电明显	吸湿性好，不易产生静电
	手感	柔软	随涤纶的增加，柔软度下降	比涤/棉面料柔软	硬	柔软
	保暖性	较好	随涤纶的增加而下降	随锦纶的增加而下降	差	较好
耐用	强力（抗拉、撕、顶程度）、耐磨	坚牢、耐穿度一般	较坚牢、耐穿	较坚牢、耐穿	坚牢、耐穿	坚牢、耐穿度差
	抗污与防污	较好	抗污性随涤纶的增加而下降	抗污性随锦纶的增加而下降	抗污性差	较好
	染色与色牢度	易染色，色牢度差	色牢度较纯棉有改善	色牢度比纯棉好	难染色，色牢度好	易染色，染色鲜艳，色牢度差
	尺寸稳定性（缩水性）	大	较小	较小	小	大

续表

面料种类 / 具体特性 / 服用性能		纯棉面料	棉混纺与棉交织面料		棉型化纤面料	
		纯棉	涤/棉混纺	锦/棉交织	涤纶仿棉	粘胶仿棉
保养	洗涤	水洗	易水洗且快干	易水洗	易水洗且快干	水洗
	晾晒	晾干或反面晒干	晾干或反面晒干	晾干或反面晒干	晒干	晾干或反面晒干
	熨烫	洗后皱，需熨烫	可不熨烫	可不熨烫，比涤/棉稍差	自然免烫	洗后皱，需熨烫
	储存	需防霉	防霉性较纯棉面料改善	防霉性较纯棉面料改善	不霉、不蛀	需防霉
价格		中	中偏低	中偏高	低	较高

三、棉型面料种类的简易鉴别

棉型面料重点是判别是属于纯棉面料、棉混纺面料、棉交织面料，还是棉型化纤面料。服装厂在进行面料入厂检验时，一般可以通过感官鉴别法、燃烧法快速鉴别。

（一）感官鉴别

1. 外观鉴别

由于不同的服装面料的服用性能（如外观性、舒适性）在其外观、手感等方面都有不同的表现，因此可以通过人的感官对面料的外观特点进行鉴别。鉴别方法是：观测整块样品的颜色、光泽、纹路，用手触摸感受面料，鉴别样品的质量、厚度、柔软度等，进行比较判别。棉型面料外观的感官特征比较见表2–3–2。

表2–3–2　　棉型面料的感官特征

项目 / 感官特征 / 面料种类	色泽与外观	手感	弹性
纯棉	光泽柔和。丝光纯棉面料的光泽比普通纯棉面料亮，外观不够细腻、光洁。低档面料有棉结、杂质	较软	褶皱多，且不易恢复
涤/棉混纺	光泽较纯棉面料好，表面细洁平滑	挺爽，平整	弹性较好，褶皱多，易恢复
粘胶仿棉	色泽鲜艳，光泽较好，表面光滑、细腻	平滑，手感柔软重垂，浸入水中变厚发硬	褶皱多，且不易恢复

2. 拆纱鉴别

鉴别棉型面料类别的最简单的方法是从面料中抽取纱线并退捻*，分离成若干单根纤维，然后观察纤维长度。如果面料的纤维与棉纤维的长度（细绒棉长度25～35 mm，长绒棉长度35～60 mm，粗绒棉长度20 mm以下）相当，而且纤维长度参差不齐，就属于纯棉面料；如果面料的纤维长度与棉纤维长度不同，而且纤维的长度较整齐，可能属于粘胶或涤纶等化纤纤维。此方法只适用各种纯纺面料和交织面料。

（二）燃烧法

燃烧法也是一种简单易行的面料纤维鉴别方法。鉴别时，将从样布上拆解下来的一小撮纱线慢慢靠近火焰，观察纤维靠近火焰、在火焰中和离开火焰时的燃烧情况、气味以及灰烬的颜色、形状和硬度。燃烧法只能粗略区分出纤维素纤维、蛋白质纤维、合成纤维三大类。要具体区分纤维素纤维中的棉、麻、粘胶纤维等就较困难。另外，燃烧法不适用于混纺面料，对于交织面料的经纱、纬纱要分别测试。棉、粘胶、涤纶纤维的燃烧特征见表2-3-3。

表2-3-3　　棉型面料常用纤维的燃烧特征

纤维名称	燃烧状态			气味	残留物特征
	接近火焰	在火焰中	离开火焰后		
棉	不熔，不缩	迅速燃烧	继续较快燃烧	烧纸气味	灰烬呈细状，灰色或黑色，量少而细软，手触呈粉末状
粘胶	立即燃烧	燃烧速度极快	继续极快地燃烧	烧纸气味	灰烬很少，呈灰白色，质细
涤纶	收缩，熔融	先熔后烧，缓慢燃烧，黄色火焰，冒烟，有落滴、拉丝现象	较难续燃，会自熄	特殊芳香味	玻璃状、黑褐色硬球，不易捻碎，可压碎

 任务实施

一、准备工作

1. 面料准备

准备纯棉、涤/棉、纯粘胶仿棉、纯涤纶仿棉的整幅面料各一块，长度不少于50 cm（最好都是同一种面料组织）。

*退捻是将纱线按照纺线形成的螺旋方向，进行反方向旋转，使纱线散开还原成纤维。

2. 工具准备

镊子、酒精灯、放大镜、实验台等，如图2-3-9所示。

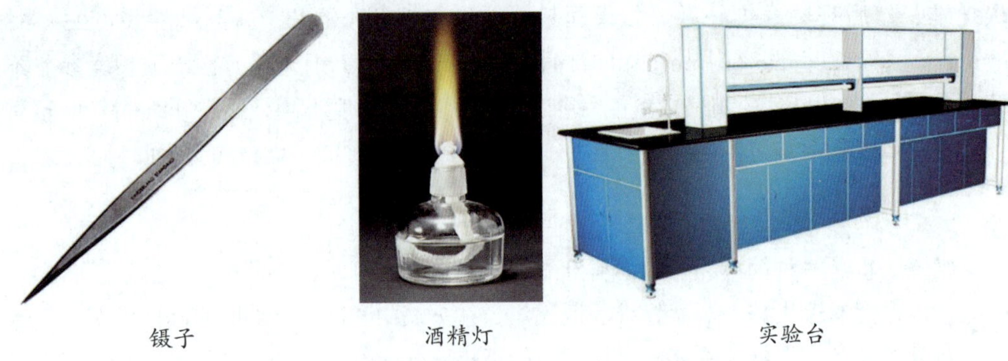

镊子　　酒精灯　　实验台

图2-3-9　判别用工具、设备

二、棉型面料的组织鉴别

将1号、2号和3号三块面料放在实验台上，利用放大镜观察面料表面的纹路，比较面料的正反面，同时通过手感进行区别。

1. 先比较面料两面的效果，1号布两面外观基本相同，而2号、3号布的两面外观差异明显，将2号、3号面料放大，效果见表2-3-4。

表2-3-4　1号、2号和3号三块面料的正反面比较

面料种类	正面	反面
1号		
2号		

续表

面料种类	正面	反面
3号		

2. 用放大镜放大观察面料表面的纹路，同时辅以手的触摸判断，三块面料的特征分别记录在表2–3–5。

表2–3–5　　　　三块面料外观效果与手感比较表

项目 面料序号	外观效果		手感		
	正反面对比	纹路	柔软度	厚度	垂坠感
1号	基本相同	明显可见经纱、纬纱垂直交织的纹路，且正反面纹路一样	平整、挺括	较薄	差
2号	有明显差异	正面有明显的斜向纹路，立体感强；反面平整，没有清晰的斜向纹路	比1号柔软，有弹性	比1号厚实	较好
3号	有差别	正面经纱浮长较长，没有明显纹路，反光效果好，优于另外两块；反面光泽比正面稍暗，可见纬纱浮长	最柔软	最厚实	更好

3. 结论：根据上述综合判断，1号为平纹组织的棉型面料，2号为斜纹组织的棉型面料，3号为经面缎纹组织的棉型面料。

三、棉型面料类别的判别

将4号、5号和6号面料进行外观鉴别和燃烧比较，以判别它们的纤维种类。

1. 通过摸、揉、看、攥、折来判断。抚摸、轻揉面料表面，感觉面料的厚度、刚柔度，观察面料的光泽。用两手将面料拉平并加一定拉力，面料与身体向下成45°，对着光源观察，面料表面是否闪现刺眼亮光。用手大力攥面料，保持一定压力，然后放开面料，将其平放在实验台上，观察面料表面残留的褶皱情况。将面料对折，用指甲刮对折位置，展开面料并观察其上残留的折痕程度。然后，将观察测试结果记录在表2-3-6 中。

表2-3-6　　棉型面料外观特征记录

项目 面料序号	手感	表面光泽、色彩	褶皱与折痕
4号	丰满、厚旦，挺实、有筋骨	光泽自然、柔和、朴素，没有闪现刺眼亮光	有明显的褶皱；折痕明显
5号	光滑程度较高，较紧实，较4号面料滑爽	比4号面料光泽好，介于4号和6号之间，刺眼亮光不明显	面料较舒展，弹性好，无褶皱；折痕不明显
6号	布面光滑、细腻、挺实，介于4号和5号面料之间，面料滑爽	光泽在三块面料中属最亮的一块，略微闪现刺眼亮光	面料活络，弹性好，无褶皱，几乎没有折痕

2. 从4号、5号、6号面料上各剪取一条2~3 cm宽的面料，在酒精灯上点燃。通过观察它们接近火焰、在火中、离开火焰时的燃烧烟色，闻气味，以及鉴别燃尽后的灰烬情况，来判别它们的纤维种类，并记录在表2-3-7中。

表2-3-7　　棉型面料燃烧特征记录

面料种类	燃烧状态			气味	残留物特征
	接近火焰	在火焰中	离开火焰后		
4号	不熔，不缩	迅速燃烧	继续较快地燃烧	有烧纸的气味	灰烬呈细状，灰色或黑色，量少而细软，手触呈粉末状
5号	似有收缩、熔融，但又不明显	先熔后烧，燃烧较快，黄色火焰，冒烟，有滴落、拉丝现象	继续能燃烧，没有4号面料燃烧迅速	有特殊芳香味和烧纸气味	黑褐色硬块，夹杂着灰白色灰烬
6号	收缩，熔融	先熔后烧，缓慢燃烧，黄色火焰，冒烟，有滴落、拉丝现象	较难续燃，会自熄	特殊芳香味	玻璃状黑褐色硬球，不易捻碎，可压碎

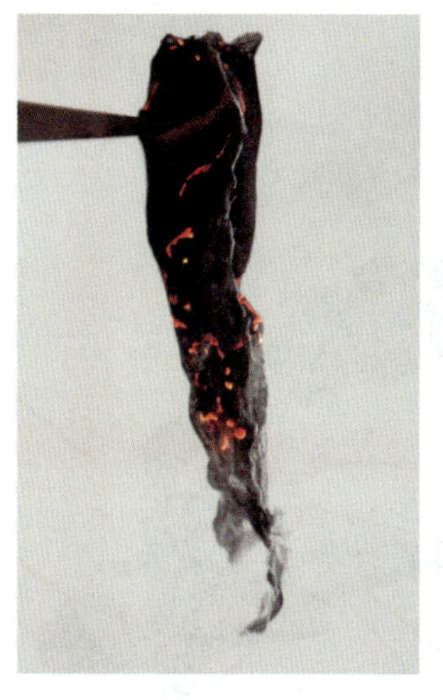
4号

6号

图2–3–10　4号面料和6号面料的燃烧情况

3. 图2–3–10所示为4号、6号面料的燃烧特征。4号面料燃烧后无异味，灰烬干净，无黑色化纤凝结，灰烬像烟灰一样，这是纯棉的面料。6号面料燃烧时熔融凝结，燃烧过程有较浓的黑烟产生，且有液滴往下滴，还伴随有特殊的芳香味，说明6号面料是纯涤纶面料，或者是涤纶含量很高的面料。5号面料既有明显的涤纶燃烧的状况，又有棉纤维燃烧的特征，和6号面料燃烧不完全相像，说明5号是涤/棉面料，至于所含涤纶、棉的成分各有多少，无法通过燃烧来确定，必须通过专业的方法进行检验，才能得到准确的成分。

另外，纯棉面料具有吸水性好和良好的保水性。纯棉面料吸水很强，而且保持含水的时间也很长；涤纶仿棉面料吸水性差，拧时有绞劲，明显感觉有弹性，而且保持含水的时间短，易干；涤棉面料介于两者之间，如果涤纶含量较多，则涤纶仿棉面料的特征明显，如果棉的含量较多，则纯棉面料的特征明显。因此，可以通过这种方法判断涤棉面料的含棉量的高低。

由以上分析可知，4号面料是纯棉面料，5号面料是涤/棉面料，6号面料是涤纶仿棉面料。

知识拓展

一、棉纤维的主要品种

棉纤维属植物纤维，主要组成物质是纤维素。按品种分，棉纤维主要有两类：

(一) 长绒棉

长绒棉又称海岛棉，是一种细长、富有丝光、强力较高的棉纤维，是织造高档纯棉面料和服装的原料。长绒棉的纤维长度特别长，一般为33～39 mm，最长可达64 mm。

(二) 细绒棉

细绒棉又称陆地棉或高原棉，其特点是丰产、早熟、适应性强、品质好，故被广泛种植。通常所说的棉纤维就是这种细绒棉。细绒棉比长绒棉粗且短，其长度为23～33 mm，

是纺制中档纯棉和其他棉型面料的原料。

二、显微镜观测棉型面料纤维

显微镜观察法是根据各种纤维的纵面、截面形态特征来识别纤维。天然纤维有独特的形态特征，因此用高倍显微镜（图2-3-11）可以鉴别出来。这种方法主要是在感官鉴别和燃烧鉴别后进行，通过微观纤维来进一步判断面料的类别。表2-3-8中列出了棉、粘胶、涤纶的纤维在显微镜下的形态特征。

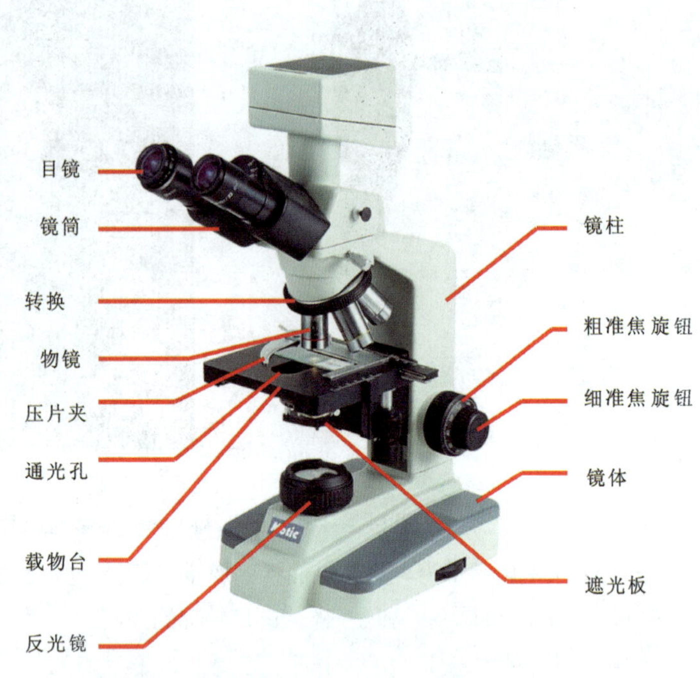

图2-3-11　高倍显微镜

表2-3-8　　棉、粘胶、涤纶纤维在显微镜下的形态特征

纤维名称	纵向形态特征	横截面形态特征
棉	呈扁平带状，有天然转曲 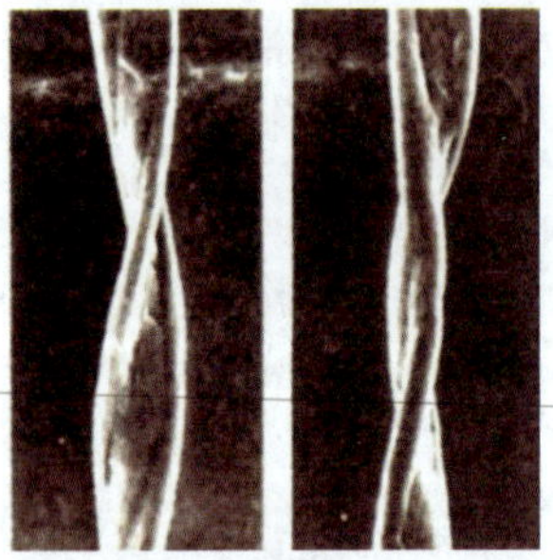	呈不规则的腰圆形，有中腔 
粘胶	有沟槽 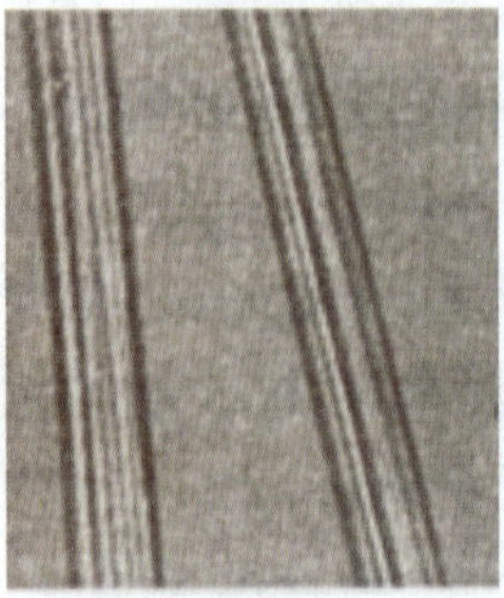	不规则锯齿形，有皮芯层 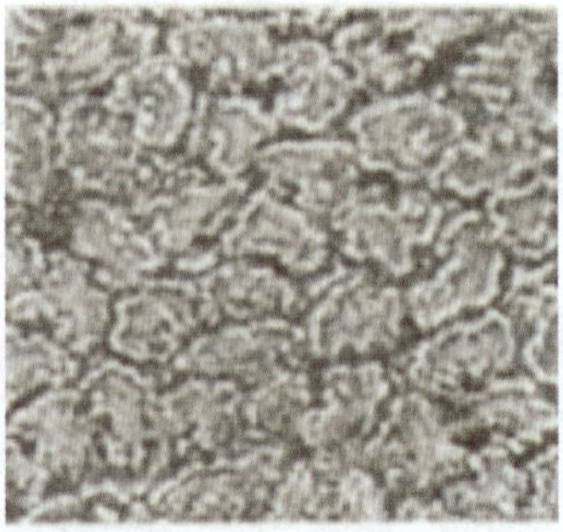

续表

纤维名称	纵向形态特征	横截面形态特征
涤纶	平滑	圆形

一、单项选择题（请在下列选项中选择一个正确答案并填在括号中）

1. 全棉面料缩水率较大的主要原因之一是（　　）。

A. 棉纱线遇水膨胀　B. 棉纱线遇水收缩　C. 棉不吸水　D. 棉纤维太短

2. 纯棉面料最大的特点是（　　）。

A. 淳朴、舒适、自然　B. 挺括、美观　C. 耐穿、耐用　D. 不霉、不蛀、易保养

3. 棉纤维面料中加入涤纶，随着涤纶比例的增加，棉型面料的（　　）得到改善。

A. 舒适性　B. 挺括性　C. 抗熔性　D. 抗静电性

二、判断题（判断正误并在括号内填“√”或“×”）

1. 棉型面料专指纯棉面料。（　　）

2. 纯棉面料的舒适性好，外观性和保养性一般，耐用性差，价格中等偏低。（　　）

3. 随着涤纶比例的增加，涤/棉面料的舒适性下降，保养性和耐用性提高。（　　）

三、实训题

1. 2～3位学生一组，每组准备3块长度不小于50 cm的不同类别的整幅面料。用感官鉴别法、燃烧法判别棉型面料的类别，并把上述检测结果记录入表（表格形式参照表2-3-2、表2-3-3）。

2. 在老师的指导下，10位学生一组，用两种不同颜色的粗腈纶毛线或纸片（一色代表经纱，另一色代表纬纱）进行编织，成品长10 cm、宽10 cm。分别按照下列面料组织进行编织：平纹、3/1斜纹和5/2经面缎纹，并标注上经纱纬纱和正反面。编织完成后，观察成品的两面纹路，然后进行小组间交流，讲出上述面料组织的纹路特征。

任务四　棉型面料的检验

知识点： 1. 面料的长度、幅宽与克重的测试。
2. 面料的密度与测试。
3. 缩水率性能与测试。
4. 色牢度、色差的概念与测试。
5. 外观检验。

技能点： 能够正确进行棉型面料的规格、内在质量、外观质量的检验。

任务描述

课题二任务三中的4号、5号、6号棉型面料是某服装厂的面料样品。试对这三块面料进行规格、内在质量、外观质量方面的进厂检验。

任务分析

要保证服装制作加工的质量，在面料进厂时必须进行必要的检验。首先，在确认了面料总体数量后，要抽取样料测量面料的规格，包括长度、幅宽、克重。

其次，面料内在质量直接影响服装的加工工艺和质量。要确保服装的质量，必须对棉型面料的缩水率、色牢度等内在质量进行检验。

最后，服装的外观质量与面料的外观质量直接相关。要确保服装的外观质量，必须对棉型面料的外观进行检验，在面料裁剪前剔除有明显疵点的部位。

相关知识

一、面料的规格检验

服装厂采购的面料入库前，要进行进厂检验，包括面料的长度、幅宽、厚度、质量、密度和纱线细度等。

（一）面料的长度

面料的长度是指同一规格所有面料匹长之和，单位用米或码来表示。棉型面料每一匹长一般在30～60 m。面料的匹长主要是根据面料用途、面料厚度与面料的卷装容量等因素而定。机织面料检验时，单匹长度不得低于36 m，实际匹长允许误差不得超过0.1%。单匹单卷中不得有接头，不允许存在拼匹、混匹现象。

（二）面料的幅宽

面料的幅宽是指面料横向（即经向）两边最外缘经纱之间的宽度，即面料的有效宽度，一般以厘米来表示。面料的幅宽根据面料的用途、生产设备、产量和节约用料等因素而定。常见的棉型面料幅宽有110 cm（43～44寸）和144 cm（56～57寸）两种。近年，随着纺织工业的发展、设备的不断改进，特别是无梭织机出现后，面料的幅宽可达300 cm以上。机织面料入厂时，检验员应该依据签订的采购面料合同检查，面料幅宽不得低于规定的订购要求。

（三）面料的厚度

面料的厚度与面料的服用性能（如坚牢度、保暖性、透气性、防风、悬垂性和刚度等）关系很大。表2-4-1列举了棉型面料的厚度。面料厚度一般用厚度仪测定，并以毫米为单位来表示。机织面料入厂时，要依据品种及合同对厚度进行测试。

表2-4-1　　棉型面料的厚度单位　　(mm)

面料类型	棉型面料
轻薄型	0.24以下
中厚型	0.24～0.40
厚重型	0.40以上

（四）面料质量

面料质量不仅影响服装的服用性能和加工性能，亦是价格计算的主要依据。面料质量以每米克重 (g/m) 、每平方米克重 (g/m^2) 或每平方码盎司（oz）计量，面料质量也称为面料克重。例如，棉型面料大多为70～250 g/m^2。近年来随着人们生活水平的提高，人们追求穿着更舒适，因此更加轻薄的服装面料受到欢迎。

（五）面料的密度

面料的经向（或纬向）密度，是指沿面料纬向（或经向）单位长度范围内经纱（或纬纱）排列的根数。面料的密度一般采用10 cm×10 cm面积内的经向及纬向纱线根数来表示(或1英寸中纱线根数表示)，即经向密度×纬向密度。例如，236×220表示面料经向密度为236根/（10 cm）（即纬向每10 cm长度内有236根经纱），纬向密度为220根/（10 cm）。面料密度的大小以及经向、纬向密度的配置，对面料的性能（如坚牢度、手感及透气性、透水性等）和其他规格要素（如质量）都有重要的影响，具体如下：

1. 在一定范围内，面料的强度随密度的增大而增大。但是，当经向、纬向密度过大时，面料强度反而降低。

2. 面料的密度与其质量成正比。

3. 经向、纬向密度的大小将影响面料的柔软程度，影响成衣穿着的舒适性。

4. 面料的弹性、吸湿性、透水性、透气性、传热性、保温性、悬垂性、手感等不同程度地受其密度的影响，同时也影响到面料的应用。

（六）面料的纱线细度

纱线的细度是指纱线的粗细程度。按照国家规定，纱线细度应该使用公制计量，但是，纺织面料行业及流通市场仍然沿用英制计量。因此，有必要在学习公制计量纱线细度的同时了解英制计量，及两种计量方式之间的换算。纱线的细度指标及换算如下：

1. 定长制

定长制是指具有一定长度的纱线（或纤维）所具有的质量。它是国家规定的公制计量单位。它的数值越大，表示纱线越粗。

（1）特克斯数（号数）

特克斯数是指1 000 m长的纱线，在公定回潮率*时的质量克数，单位“特克斯，特（tex）”。例如，1 000 m长的纱线的质量为18g，即该纱线的细度为18 tex。特克斯数越大，表示纱线越粗。一般用于纯棉纱线或棉型化纤及混纺纱线。

（2）旦数

旦数又称纤度，是指9 000 m长度的纱线（或纤维）在公定回潮率时的质量克数，单位“旦尼尔，旦（D）”。当纤维密度一定时，旦数越大，纱线越粗。一般用于天然长丝（如桑蚕丝、柞蚕丝等）和化纤长丝（如涤纶、锦纶、腈纶）。

2. 定重制

定重制是指具有一定质量的纱线（或纤维）所具有的长度。它的数值越大，表示纱线越细。

（1）公制支数

公制支数简称公支，是指在公定回潮率时每克重的纱线（或纤维）所具有的长度米数，单位符号“Nm或N”。例如，每克重纱线长度1 m，为1公支（1 N），每克重纱线长度2 m，为2公支（2 N），依此类推。公支数越大，纱线越细。一般用来表示棉纱、麻纱线及毛纱、毛型化纤纯纺、混纺纱线的粗细。

（2）英制支数

英制支数简称英支，是指在英制公定回潮率时每磅重的棉纱线所具有长度的840码的倍数，单位符号“Ne或s”。例如，1磅（0.4536 kg）的纱线，如果长度为840码（768.012 m），即为1英支（1 s）。英支数越大，纱线越细。一般用于棉纱。

3. 纱线细度指标之间的换算

纱线细度四种表示方法之间的换算关系如下：

特克斯数 =1000/ 公制支数 =0.111 × 旦数 =C/ 英制支数

式中 C——换算常数， 纯棉纱 C =583， 化纤纱 C = 590 。

---

*回潮率是指纤维含水量占纤维干重的百分比。纺织材料的回潮率不同时，其质量也不同。为了消除因回潮率不同而引起的质量不同，满足纺织材料贸易和检验的需要，国家对各种纺织材料的回潮率规定了相应的标准，称为公定回潮率。

（七）面料规格常用表示方法

机织面料的规格一般表示为：成分及含量、经纬密度、纱线密度、克重、门幅。

以棉型面料的规格表示举例如下：T/C 65/35 21×21/108×58 63"。

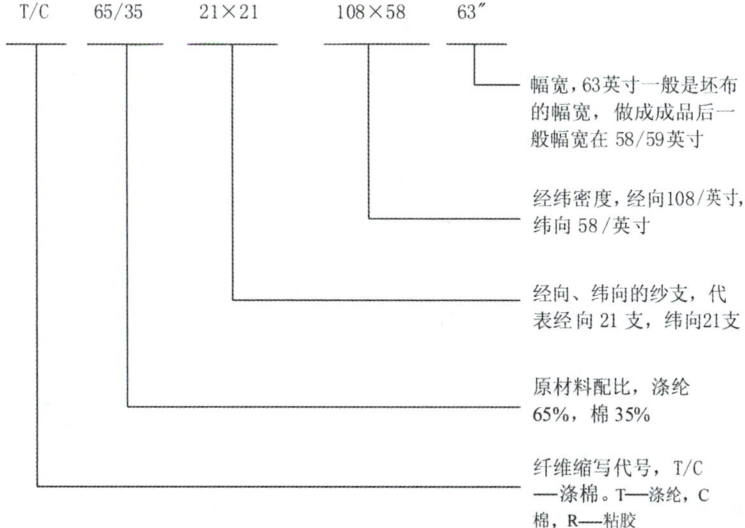

市场上，面料规格（以机织平纹面料为例）公制计量和英制计量的表示方法见表2–4–2。

表2–4–2　　机织平纹面料规格的公制、英制表示方法

计量方式	幅宽	经密×纬密（根/10 cm，或根/英寸）	经纱×纬纱（英制支数或特数）
公制	144 cm	472×299	C13 tex×C13 tex
英制	57～58 英寸	120×76	C40^s×C40^s

二、服装面料常规检验

（一）缩水率

一般，顾客购买棉质服装时，都会询问售货员此类服装是否会缩水。刚购买的纯棉服装经过水洗、晾晒后，可以看出服装的长度或宽度有较为明显的缩小，这就是纯棉面料出现了“缩水”现象。面料的缩水率是指面料在洗涤或浸水后面料收缩的百分数，即：

$$缩水率=\frac{缩水率前尺寸-缩水后尺寸}{缩水前尺寸}\times 100\%$$

缩水率直接影响着服装制作过程中，裁剪、缝制面料时的预留量。面料的缩水率不同，留出的预缩量也不同。一般，缩水率最小的是合成纤维面料，而天然纤维（如纯棉面料）和人造纤维（如人造棉——粘胶）的缩水率较大，混纺织面料（合成纤维与天然纤维或人造纤维混纺）的缩水率根据混纺比确定。

缩水率的一般检测方法如下：取一块50 cm×50 cm见方的面料，放入洗衣机里，加入50℃的温水，洗半小时，然后将面料拿出来烘干，再测量面料的长度、宽度，求出面料长度或宽度上缩短的尺寸，按照上述公式进行计算，得到面料的缩水率。

（二）染色牢度

在日常生活中，购买的深色、花色衣服一旦入水或者被肥皂（或其他洗涤剂）水浸泡，可以看到衣服的颜色浸入水中，而洗涤后衣物的花色褪色或者色泽暗淡，这说明衣物的染色不牢固。染色牢度是指染色的服装材料在染后加工或使用过程中，能保持其原来色泽的能力。正常情况下，面料的染色牢度一般要求达到3～4级才能符合穿着的需要。染色牢度包括日晒、皂洗、刷洗、摩擦、熨烫、烟气、海水、汗渍等牢度。下面介绍主要的染色牢度及其检测方法。

1. 皂洗牢度

皂洗牢度是指染色面料经过肥皂液洗涤后色泽变化的程度。将小块染色面料与白布缝合后放在肥皂及纯碱的水溶液中洗涤。规定温度有95℃及40℃两种，一般选用40℃水洗涤。经一定时间洗涤后，取出烘干。用灰色褪色样卡和沾色样卡分别对染色面料、白布比较进行评级（分为5级），1级最差，5级最好。例如，沾色牢度为5级，表示洗后的白布与洗前一样，没有沾上一点颜色；褪色牢度评为1级，表示洗后染色面料掉色多，与洗前差异很大。

2. 摩擦牢度

摩擦牢度是指染色面料经过摩擦后的掉色程度，可分为干态摩擦和湿态摩擦。将白布在染色面料上做相对摩擦，然后看白布上的沾色情况。这需要在摩擦色牢度测定仪上进行，有湿磨(白布浸湿)与干磨之分。用沾色样卡进行评级（分为5级），5级最好，1级最差；同时，用褪色样卡评定其摩擦处的褪色情况，如果毫无褪色是5级。5级表示摩擦牢度最好，1级则摩擦牢度最差。

3. 日晒牢度

日晒牢度是指染色面料受日光照射作用而变色的程度。目前，一般用人造光源在日晒牢度测试仪上进行试验。染色面料经受一定时间照射，然后与蓝色标样比较进行评级（共分8级）。8级表示染色面料经照射几乎没有褪色，日晒牢度最佳，而1级最差。

4. 熨烫牢度

熨烫牢度是指染色面料在熨烫时出现的变色或褪色程度。在染色面料正面覆盖五层白细布，用定温熨斗压烫15 s，取下试样放在暗处4 h，然后用褪色样卡评定等级。此实验可在专用的熨烫升华色牢度测试仪上进行。一般，棉染色面料采用（210±10）℃，涤棉混纺为（180±5）℃，其他棉型化纤为（110±10）℃。

5. 刷洗牢度

刷洗牢度指染色面料耐刷洗的程度。实验时，将试样在温的肥皂水中浸湿，然后平铺在摩擦牢度试验机上，用尼龙刷往复刷50次，取下试样，经温水洗涤、干燥，用褪色样卡评级。

不同的服装对染色牢度的要求不相同。例如，内衣与日光接触机会较少，而洗涤、摩擦的机会较多，因此对它的耐洗、耐磨牢度要高一些，而对日晒牢度的要求相对可低一些；夏季的服装要经常洗晒，应具有较高的日晒、皂洗和汗渍牢度；石磨牛仔服需要在染色后再经过水洗、石磨，达到褪色泛旧效果，因此对摩擦、水洗牢度的要求可适当降低。

三、服装面料的常见外观质量问题

服装面料进厂时，必须检验面料外观质量是否合格。面料一般分为优等品、一等品和二等品。优等品和一等品不允许有局部性疵点（是指面料上不应有的斑点或小毛病）。

面料的外观质量问题分局部性疵点和散布性疵点。局部性疵点主要有经向疵点、纬向疵点、破损和边疵；散布性疵点主要有幅宽偏差、色差、歪斜、花纹不符、纬移、条花、棉结杂质。

以色差为例，布匹在同一次印染加工中，无论是不同匹布之间还是同匹布上都会产生一定色差。如果一块面料左、中、右或前后存在着色差，出现在整件衣服上，会影响服装的档次。因此，要检查同匹布料幅宽的左、中、右，或者长度的前后位置是否存在色差。匹边和匹中色差、左右边色差及头尾色差不得低于4～5级，每匹布与标准色差不得低于4级。

目前，面料检验一般采用目测评定方法，按照《染色牢度褪色样卡》对照评定等级。有时也使用测色仪器进行颜色测量，评定其等级。如果仪器测定与目光测定有差异时，以目测为主。由于不同的检验人员的目测标准和目测条件不一致，判断结果常发生差异。为此，检验人员之间必须经常统一目测标准，并要求目测条件标准化。

图2-4-1所示为面料表面的一些常见疵点。

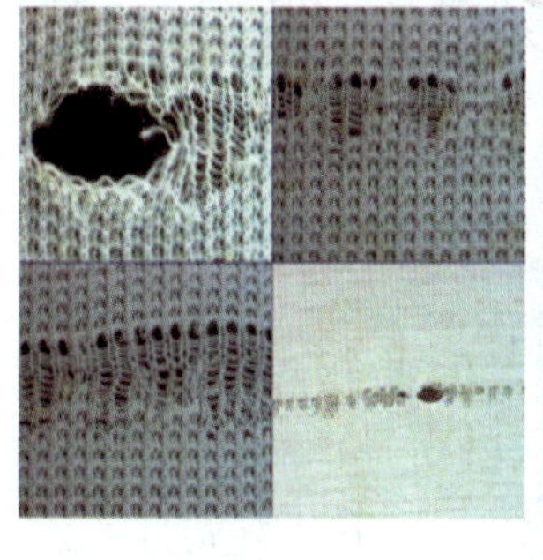

面料疵点—破洞

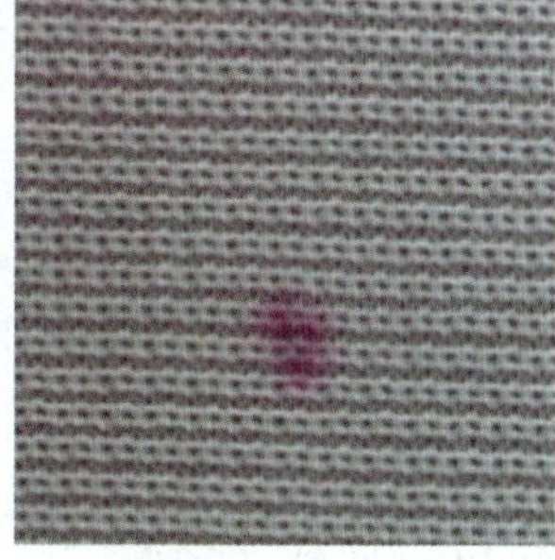

面料疵点—污染

面料疵点—粗纱

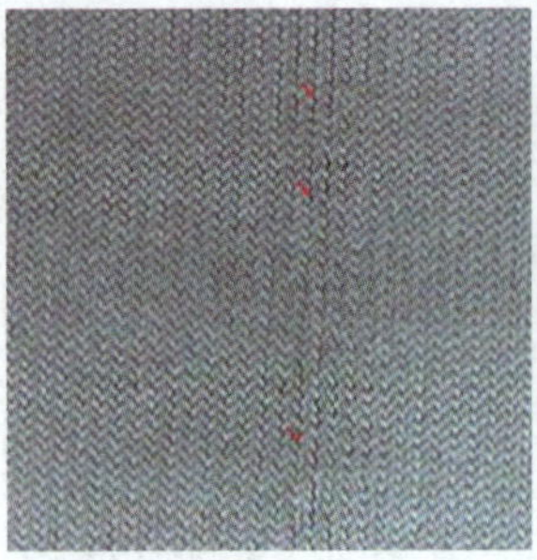

面料疵点—油渍 　　面料疵点—跳纱　　面料疵点—松经

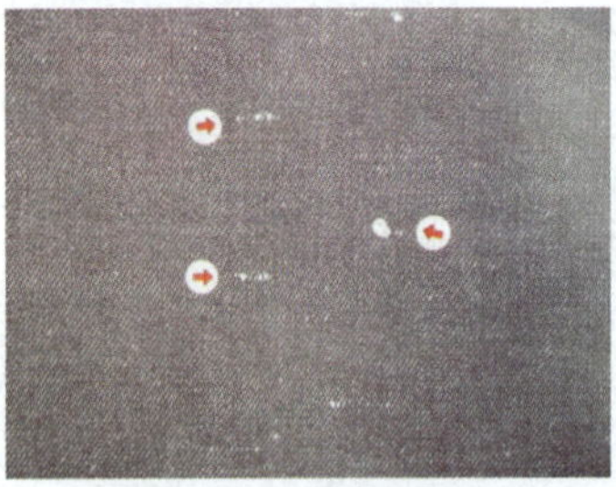

面料疵点—扭结纬纱 　　面料疵点—纬疵 　　面料疵点—飞纱

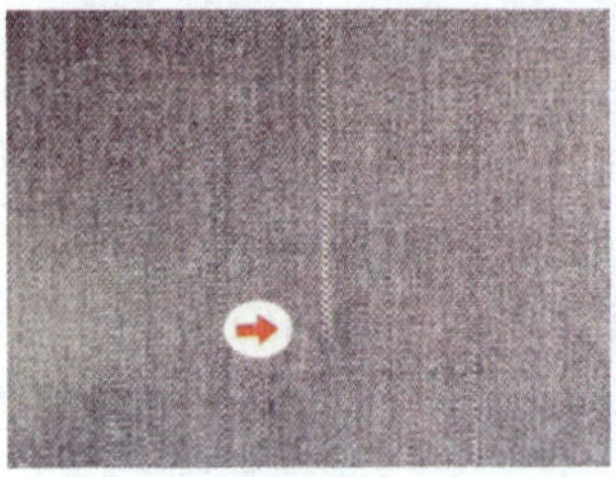

面料疵点—断经 　　面料疵点—双纬 　　面料疵点—断纬

印花疵点—露白 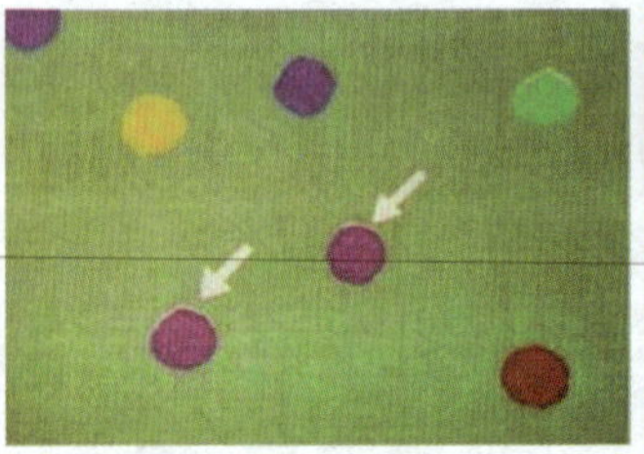　　印花疵点—花板错位 　　印花疵点—接缝搭色

图2-4-1　面料表面的常见疵点

任务实施

一、面料准备

准备纯棉、棉混纺、纯化纤仿棉的整幅面料各一块，长度不小于50 cm（最好都是同一种面料组织）。

二、面料规格测试

1. 长度和幅宽测试

（1）工具

长度不短于2 m长的卷尺，1.2 m×2.4 m测试台一张、直尺、划笔、剪刀、计算器。

（2）测试步骤

将面料平铺在测试台上，捋平面料，避免对面料拉伸。测试经纱方向和纬纱方向的长度各3次，求其平均值，得其平均长度（m）和幅宽（cm）。

2. 厚度测试

（1）工具

如图2-4-2所示手提式织物测厚仪，厚度测量范围为0～10 mm，精度为0.01 mm。

（2）测试步骤

将面料放到测厚仪的上下测试头之间，直接从指示盘上读取厚度数据，测试如图2-4-3所示。在每块面料距离布边15 cm以上的位置，随机测量3次，求其平均值，得到面料的厚度。将三块面料的测试值填入表2-4-3。

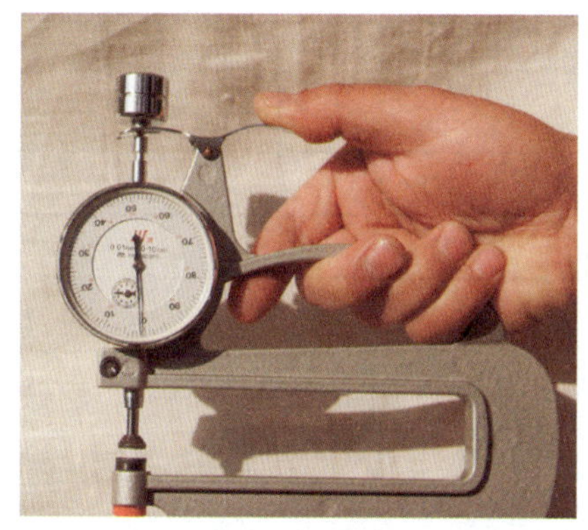

图2-4-2 YG142手提式织物测厚仪

图2-4-3 面料厚度测试示意图

表2-4-3 面料厚度测试结果 (mm)

测试点 / 测量值 / 面料序号	测量值			厚度平均值
	测试点1	测试点2	测试点3	
4号	0.497	0.498	0.486	0.494
5号	0.451	0.430	0.434	0.435
6号	0.418	0.411	0.416	0.415

3. 面料质量测试

（1）工具

如图2-4-4所示为面料电子天平和自动取样器。电子天平称量范围为0～120 g，精度0.1 mg。

电子天平

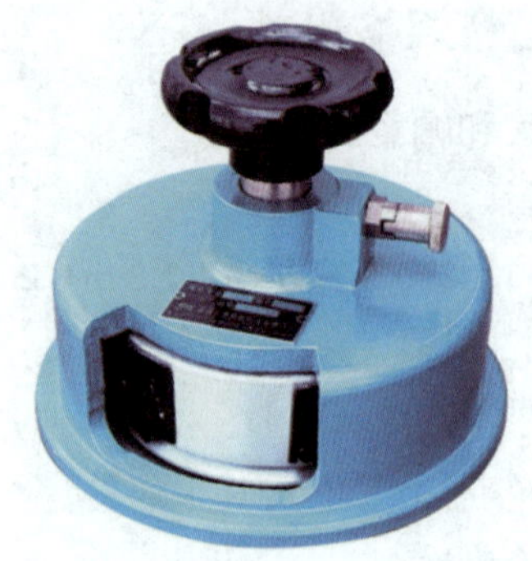

面料取样器

图2-4-4 电子天平和面料取样器

（2）测试步骤

用样布取样器，在距离面料边15 cm以上的位置各取10 cm^2大小的三块样布，在电子天平上称重，计算出每平方米克重，见表2-4-4。

表2-4-4　　面料质量测试结果

测量结果 面料序号 测量项目	4号	5号	6号
面料单位面积质量(g/cm^2)	0.396 12	0.371 62	0.356 25
样布质量（g/10 cm^2）	396	372	356

4. 面料密度测试

面料密度测试是指根据国家标准《机织物密度的测定》（GB 4668—1995）及有关实验方法，对单位长度内的面料纱线根数进行测定。

（1）仪器

Y511B往复式织物密度分析计可以直接测量长2.54 cm面料的经、纬根数，测量精度为0.5根；Y511C织物密度镜可以测量长5 cm面料的经、纬根数，测量精度为0.5根，如图2-4-5所示。

Y511C织物密度镜

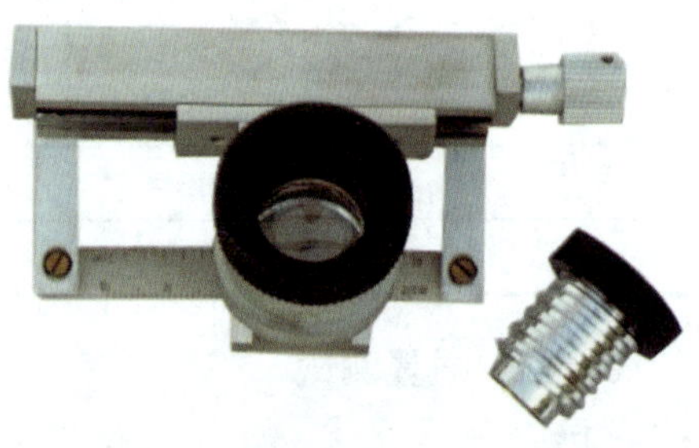

Y511B往复式织物密度分析计

图2-4-5　Y511C织物密度镜和Y511B 往复式织物密度分析计

（2）织物密度的测试步骤

1）检验密度时，把测量织物密度的仪器计放在布匹的中间部位（距离布的头尾各不少于5 m）进行。纬向密度必须在每匹经向不同的5个位置检验，经向密度必须在每匹的全幅的同一纬向上的5个不同位置检验。根据印染企业提供面料规格中的密度或估计的每厘米的经、纬向密度，参照表2-4-5中所示最小测定距离进行测试。如果用Y511B织物密度镜，一般测定距离为5 cm。

表2-4-5　　密度测试时的最小测定距离

密度（根/cm）	10根以下	10～25	25～40	40以上
最小测定距（cm）	10	5	3	2

2）测量时，要正确操作织物密度镜。将织物密度镜平放在面料上，刻度线与经纱或纬纱方向重合。然后，转动螺杆使刻度线与刻度尺上的零点对准，用手缓缓转动螺杆，计数刻度线所通过的纱线根数，直至刻度线与刻度尺的50 mm处相对齐，即可得出面料在50 mm中的纱线根数。

3）掌握正确的读数方法。点数经纱或纬纱根数，精确至0.5根。点数的起点均以在2根纱线间空隙的中间为标准。如果点数正好到纱线中部为止，则最后一根纱线计作0.5根，凡不足0.25根的不计，0.25～0.75根作0.5根计，超过0.75作1根计，如图2-4-6所示。

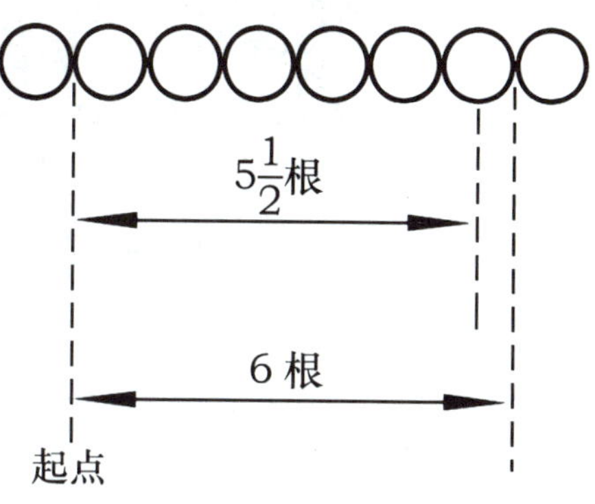

图2-4-6　密度点数方法

4）计算指标，将所测数据折算成10 cm长度内所含纱线的根数，并求出平均值，计算至0.1根，约至整根，填于表2-4-6中。

表2-4-6　　面料密度测量结果　　（根/10 cm）

面料序号	测试值／测试点／经纬向	1	2	3	4	5	平均值
4号	经向密度	446.5	440.0	439.5	440	444.5	442
	纬向密度	206.5	210.0	208.5	207.0	208.0	208
5号	经向密度	416.0	412.5	420.0	413.5	413.0	415
	纬向密度	222	229	228	226.5	224.5	226
6号	经向密度	380.5	379.0	376.0	378.5	376.5	378
	纬向密度	254.0	256.5	257.5	255.5	257.0	256

（3）其他测试方法

如果没有织物密度镜，还可以采用面料定长拆纱点数法。在面料的相应部位沿经纱方向剪取长10 cm、纬纱方向长3 cm的面料。拆去不完整的边纱，确保经向不短于8 cm，纬纱方向不短于2 cm。在经纱方向，量定5 cm，并用笔标注清楚，然后从标注的一端逐根拆去纬纱并计数，拆到标注的另一端时停下，此时拆下的纬纱根数就是5 cm的纬纱根数，乘以2就是该面料公制纬密。如图2–4–7所示，该图的横向的蓝色纱是经纱，该向就是经向。采用同样方式，可以测量得面料的经密。

图2–4–7　面料定长拆纱点数法示意图

三、棉型面料常规检测项目测试

1. 缩水率测试

本教材介绍在没有实验设备条件下的缩水率的简易测试方法。

（1）取样

分别从4号、5号、6号面料上取长、宽不小于50 cm的面料，然后在面料上测量，并用笔标注边长40 cm的正方形，然后标注好经向。此时，缩水前的试样长和宽都为40 cm。

（2）步骤

将面料浸入清水，用手揉搓，使面料完全浸透。浸泡15分钟后取出，压去水分(不能拧、绞)，捋平、晾干，测量出浸水后样布的长度和宽度，并记入表2–4–7。

（3）计算

根据公式计算出缩水率，填于表2–4–7中 。

表2–4–7　三块面料的缩水率测试表

面料序号	缩水前的尺寸(cm)		缩水后的尺寸(cm)		经向缩水率(%)	纬向缩水率(%)
	经向	纬向	经向	纬向		
4号面料	40	40	38.8	39.1	3	2.3
5号面料	40	40	39.3	39.4	1.75	1.5
6号面料	40	40	39.5	39.6	1.25	1.0

2. 色牢度（摩擦）检测

（1）仪器与用具

实验仪器为摩擦色牢度测定仪（图2–4–8）。该设备具有两种不同尺寸的摩擦头(一

种长方形摩擦头，一种圆形摩擦头)，摩擦头垂直压力为9 N，直线往复行程为100 mm，往复速度60次/min。

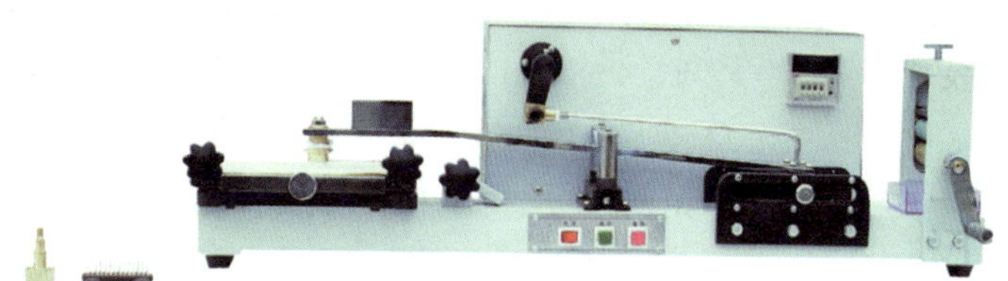

图2-4-8　摩擦色牢度测定仪

（2）试样和摩擦用布

1）试样规格为20 cm×20 cm，每一种试样至少两块染色面料，一块其长度方向平行于经纱，用于经向的干摩擦和湿摩擦；另一块其长度方向平行于纬纱，用于纬向的干摩擦和湿摩擦。

2）摩擦用布应采用退浆、漂白、不含任何整理剂的棉织物。将其剪成50 mm×50 mm的正方形，用于圆形摩擦头；或剪成25 mm×100 mm的长方形，用于长方形摩擦头。

（3）检测方法

将染色面料试样平铺在摩擦色牢度测定仪的底板上，如图2-4-8所示，用夹紧装置将试样两端固定，使试样的长度方向与仪器的动程方向一致。

1）干摩擦：将试样固定在摩擦色牢度测定仪的摩擦头上，使摩擦布的经向与摩擦头运行方向一致。开机后，在干摩擦试样的长度方向上往复运动，摩擦头垂直加压。然后，分别检测试样经向和纬向。试样和摩擦布在标准大气中调湿，试验应在标准大气中进行。

2）湿摩擦：湿摩擦试样必须用水浸湿，取出并放在滴水网上均匀滴水，或使用轧液辊挤压，使其含水量达到95%～105%。其他操作与干摩擦检测基本相同。湿摩擦检测结束后，将湿摩擦布放在室温下晾干。

（4）检测结果评定

用灰色样卡（图2-4-9）评定上述经纬向干、湿摩擦的褪色与沾色程度，进行对照评级。

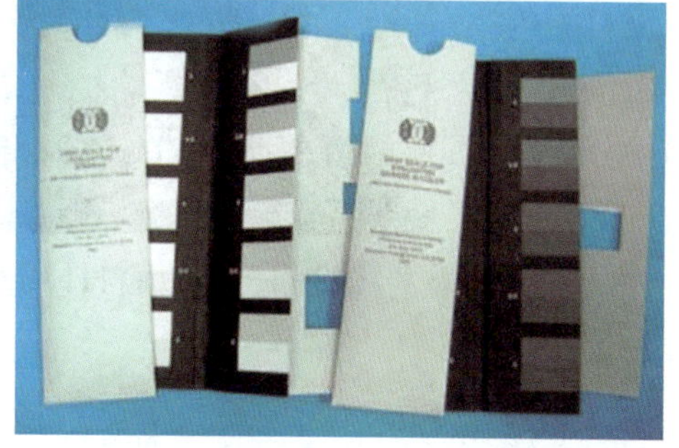

褪色灰色样卡

沾色灰色样卡

图2-4-9　灰色样卡

1）褪色评定。将摩擦过的染色面料的样布从摩擦色牢度测定仪的底板上取下，摩擦部位与未摩擦部位进行对比。如果没有色差，就是5级，说明摩擦褪色牢度最好；如果有色差，将样布与褪色灰色样卡比照，找到与其色差程度最接近的级别，定为该褪色级别。色差分为5级9档制，分别为5、4～5、4、3～4、3、2～3、2、1～2和1级。我国国家标准规定，优等品的干摩擦牢度要大于3～4级，湿摩擦牢度要大于3级。

2）沾色评定。将摩擦头上摩擦过的漂白布取下，与未摩擦过的漂白布对比，如果摩擦过的漂白布上没有一点沾色，与未摩擦过的漂白布一样，则其沾色牢度为5级，说明摩擦沾色牢度最好；如果沾上了颜色，将沾色样布与沾色灰色样卡比照，找到与其沾色程度最接近的级别，定为该沾色级别。色差分为5级9档制，0.5级最差。

四、外观质量检验

服装厂进行面料外观质量检验的常用设备是验布机，如图2-4-10所示。

图2-4-10　验布机

1. 检验要求

（1）如图2-4-10所示验布机的验布板角度为45°，布行速度最高为40 m/min。评等级检验应该在验布机上对被检验面料做出疵点标记，并进行评分、评等级。

（2）采用灯光检验时，以40 W加罩青光日光灯管3～4根，布面处照度不低于750 Lx*，光源与布的距离为1.0～1.2 m。

（3）验收或复验面料时，应将面料正面摊在验布台上，按纬向逐幅展开检验，检验人员的视线应正视布面，眼睛与布面的距离为55～60 cm，如图2-4-11所示。

图2-4-11　面料外观检验

2. 色差检测

色差是散布性疵点。在服装面料检测中，一般检测面料的左中右色差和前后色差。面料的色差主要有：一匹布中分为左、中、右色差(包括深浅边)，前后色差，正反面色差；一批布中分为件内匹与匹色差，件与件色差，不合色样(包括样本与产品的色差，成交小样与产品的色差)。

＊勒克司(Lux，法定符号Lx)，照度的单位。等于1流明(lumen)的光通量(Luminous flux)均匀照在1 m^2表面上所产生的照度。

知识拓展

棉型面料印染工艺国家标准——《棉印染布》(GB/T 411—2008)

练一练

一、填空题（请将正确答案填在空白处）

1. 面料的规格指标主要包括面料的______、_______、_______、______、______、______等。

2. 一般，合成纤维面料的缩水率_____，而天然纤维（如纯棉面料）和人造纤维（如人造棉）的缩水率_______。

二、单项选择题（请在下列选项中选择一个正确答案并填在括号内）

1. 面料的染色牢度一般分为5级，评级时级数高表示（　　）。

A. 色牢度好　B. 色牢度不好　C. 说不清　D. 没有关系

2. 面料的厚度与面料的保暖性、透气性的关系是（　　）。

A. 厚度大，保暖性好透气性差　B. 厚度大，保暖性差透气性好

C. 厚度小，保暖性好透气性差　D. 厚度小，保暖性好透气性好

3. 32英支的纯棉纱相当于（　　）特数。

A. 32　B. 16　C. 18　D. 32

4. 80英支纱和100英支纱相比，（　　）。

A. 80英支纱细　B. 100英支纱细　C. 无法比　D. 说不清

三、简答题

1. 说明“T/C 65/35 45×45 133×72 63"”面料规格的含义，并将它转化为公制。

2. 在制作服装前为什么必须要检测面料的缩水率?

四、实训题

2~3位学生一组，每组准备一块长不小于50 cm的全棉整幅面料，依次做如下检测：

（1）测量其幅宽、厚度和克重。

（2）测量其经、纬密度。

（3）测量其经、纬向缩水率。

（4）观察其左、中、右是否存在色差。

任务五　棉型面料主要品种及应用

知识点： 1. 棉型面料按纺纱工艺、纱线结构的分类。

2. 棉型面料的主要品种、服用性能及应用。

技能点： 能够根据服装款式提出适用的棉型面料的品种。

 任务描述

棉型面料品种繁多、性能各异，是用途最广泛的服装材料。图2-5-1所示的棉质衬衫、裤子、外套，需要选择适用的棉型面料。

1. 试帮助厂家提出适合制作上述服装的棉型面料。

图2-5-1　棉型面料制作的衬衫、裤子和外套

男士短袖衬衫是夏季服装，分别为正规衬衫和休闲衬衫。正规衬衫一般在正式社交及办公室等正式场合穿着的衬衫，外观要求严谨、端庄；休闲衬衫为日常穿着，款式多样，强调穿着轻松、舒适。休闲裤为四季衣着，属于日常生活穿着，重点要求穿着的舒适性。女式外套为春秋季节外衣，属于日常生活穿着，要求起到一定的保暖作用，并且穿着舒适、随身。

2. 请说出棉型面料还可制作其他哪些典型服装。

 任务分析

要为图2-5-1所示的衬衫、裤子和外套选择适合的面料，首先必须掌握棉型面料的分类、主要的品种与风格特征及应用；其次，依据衬衫、裤子和外套的具体穿着要求，找到适合制作衬衫、裤子和外套的棉型面料的品种。

相关知识

一、棉型面料的分类与特点

棉型面料除了按照原料分类外，还可以按照纺纱工艺、纱线的结构、染整加工工艺进行分类。这些分类直接影响着识别市场上销售的棉型面料产品。

（一）按纺纱工艺分类

按纺纱工艺的不同，用于制作服装的棉型面料可分为精梳棉、普梳棉。

精梳棉是指用精梳机移除棉纤维中较短的纤维后，留下的较长而且整齐的棉纤维，又称精纺纱。精梳棉纺出的纱较细，品质较好。精梳棉纱比普通棉纱更光滑、平整，织成的面料表面平整，没有棉结，染色的效果更好。精梳棉纱制成的面料在质感、耐洗与耐用度方面都有较高的品质水准。精梳棉面料常用于制作衬衫。

粗梳棉是指按照一般纺纱工艺进行梳理，不经过精梳工序纺成的棉纱，又称普梳棉或粗纺纱。粗梳棉中短纤维含量较多，粗梳棉纱结构松散，毛绒多，纱支较低，品质较差，织成的棉面料表面有棉结，不够光滑、平整。粗梳棉常用于制作棉针织T恤等。

（二）按纱线结构与外形分类

按纱线的结构与外形的不同，可分为纱织物、线织物和半线织物。经、纬纱均由单纱（由几十根或者上百根短纤维加捻而形成的连续纤维束）构成的织物称为纱织物，如各种棉平布。经、纬纱均由股线（由两根或两根以上单纱合并加捻而形成的一股线）构成的织物称为线织物（全线织物），如线卡其、线府绸等。经纱是股线，纬纱是单纱，织制加工而成的织物，叫半线织物，如纯棉或涤棉半线卡其等。图2-5-2所示为两根单纱加捻形成的股线。

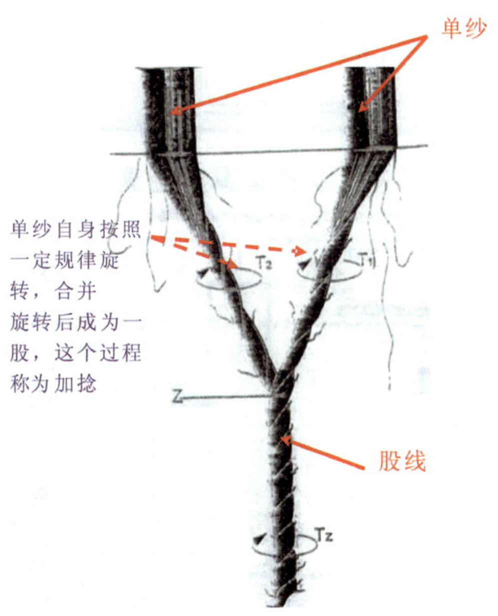

图2-5-2　单纱与股线

（三）按染整加工分类

按染整加工工艺的不同，棉型面料可分为本色、漂白、染色、印花和色织棉面料，如图2-5-3所示。

1. 本色面料

本色面料指以未经练漂、染色的纱线为原料，经过织造加工而成的、不经整理的面料。这样的面料保持了所有材料原有的色泽，也称为本色坯布、本白布、白布或白坯布。它们大多数还需要进一步进行印染加工。

2. 漂白面料

漂白面料指坯布经过漂白加工的面料，也称漂白布。

3. 染色面料

染色面料指整匹经过染色加工的面料，也称匹染面料、色布、染色布。

4. 印花面料

印花面料经过印花加工，表面印有花纹、图案的面料，也叫印花布、花布。

5. 色织面料

色织面料指以经过练漂、染色的纱线为原料，经过织造加工而成的面料。

这种分类同样适用于其他大类的机织面料。

本色棉面料

漂白棉面料

染色棉面料

印花棉面料

色织棉面料

图2-5-3　本色、漂白、染色、印花和色织棉面料

二、棉型面料的主要品种及应用

（一）平布

平布的特点是采用平纹组织织制，经纱、纬纱的粗细，以及织物中经向、纬向的密度相同或相近。根据所用经纬纱的粗细，可分为粗平布、中平布和细平布。

1. 粗平布

粗平布又称粗布，大多用纯棉粗特纱织制。其特点是布身粗糙、厚实，布面棉结杂质较多，坚牢耐用。市销粗布主要用作服装衬布等，经染色后作为衬衫、裤子用料。在山区农村、沿海渔村也有用市销粗布做衬衫、被里。

2. 中平布

中平布又称市布，是用中特棉纱或粘纤纱、棉/粘纱、涤/棉纱等织制。其特点是结构较紧密，布面平整、丰满，质地坚牢，手感较硬。中平布大多作为漂白布、色织布、印花布的坯布，加工后作为服装布料。市销平布（又称白市布）主要用于被里布、衬里布，也有用于制作衬衫、衬裤、被单。

3. 细平布

细平布又称细布，是用细特棉纱、粘纤纱、棉/粘纱、涤/棉纱等织制。其特点是布身细洁、柔软，质地轻薄、紧密，布面杂质少。细布大多作为漂布、色布、花布的坯布。加工后用于内衣、裤子、夏季外衣、罩衫。市销细布和中平布相同，也可用于被里布、衬里布，或用于制作衬衫、衬裤、被单。

图2–5–4所示为平花布及制作的裙子、平色布及制作的裙子。

  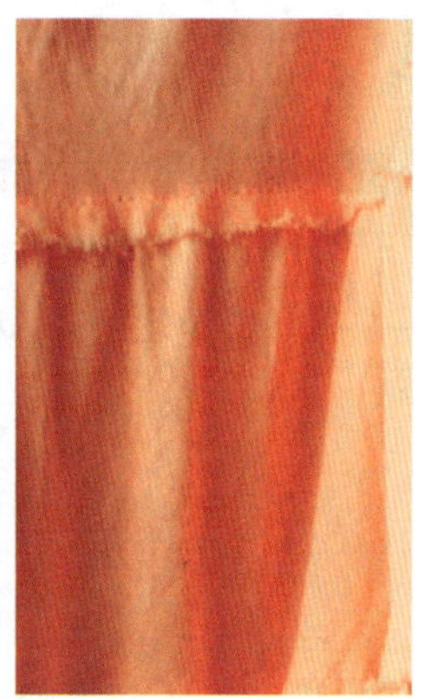 

图2–5–4 平花布与裙子、平色布与裙子

（二）府绸

这种面料采用平纹组织织制。与平布不同的是，其经密与纬密之比一般为（1.8～2.2）：1。由于经密明显大于纬密，面料表面形成了由经纱凸起部分构成的菱形粒纹，如图2–5–5中的涤/棉府绸所示。府绸面料常用纯棉或涤/棉细特纱织成。根据所用纱线的不同，分为纱府绸、半线府绸（经向用股线）、线府绸（经向纬向均用股线）。根据纺纱工艺的不同，分为普梳府绸和精梳府绸。按织造花色分类，有隐条隐格府绸、缎条缎格府绸、提花府绸、彩条彩格府绸、闪色府绸等。按照本色府绸坯布印染加工情况划分，又有漂白府绸、杂色府绸和印花府绸等。各种府绸面料均具有布面洁净平整、质地细致、粒纹饱满、光泽莹润柔和、手感柔软滑糯等特征。府绸是棉布中的一个主要品种，主要用于制作衬衫、夏令衣衫及日常衣裤，如图2–5–5所示。

涤棉府绸

色织府绸及制作的衬衫

图2-5-5　染色涤棉府绸、色织府绸与衬衫

（三）卡其

卡其是斜纹组织的棉型织物。按所用经纬纱线分，卡其的品种有线卡（经纬均用股线）、半线卡（经向股线，纬向单纱）和纱卡（经纬均单纱）。线卡正反面的斜纹纹路均很明显，又称双面卡。半线卡表面为右斜纹，而纱卡表面则是左斜纹。半线卡、纱卡都是单面卡。人字卡其表面的斜纹线一半左倾斜，一半右斜，使布面呈现“人”字外观。卡其所用原料主要有纯棉、涤/棉纱线等。这种织物的结构紧密、厚实，纹路明显，坚牢、耐用。其染色加工后主要用于制作春、秋、冬季服装及风衣、雨衣。纱卡多作为外衣和工作服面料。涤棉卡其及卡其裤子、套装、夹克如图2-5-6所示。

图2-5-6　涤棉卡其及卡其裤子、套装、夹克

（四）哔叽与斜纹布

哔叽采用二上二下加强斜纹组织，结构较松，经、纬纱细度和密度接近，质地柔软，斜纹倾斜角约为45°，面料的正反面纹路方向相反。纹路较平坦且间距较宽，经纬交织点明显。

斜纹布属低档、中厚斜纹棉布，全纱面料，一般采用二上一下单面斜纹组织，正面斜纹线条较为明显，呈45°左斜，反面斜纹线条则模糊不清。斜纹布质地较平布紧密、厚实，手感比平布柔软，经漂白、染色或印花加工后，适用于制作男女便装、制服、工作服、学生装、童装等。

哔叽与斜纹布如图2-5-7所示。

图2-5-7　哔叽与斜纹布

（五）巴厘纱

巴厘纱又称玻璃纱，是一种用平纹组织织制的稀薄、透明的棉型织物，如图2-5-8所示。巴厘纱的原料有纯棉、涤棉纱线。巴厘纱面料质地稀薄，手感挺爽，布孔清晰，透明、透气，适用于夏装、童装和内衣，也可作为抽纱用面料。按加工工艺不同，巴厘纱有染色巴厘纱、漂白巴厘纱、印花巴厘纱、色织提花巴厘纱等。

图2-5-8　巴厘纱及其应用

（六）贡缎

贡缎分为直贡缎和横贡缎。直贡缎采用经面缎纹组织，横贡缎采用纬面缎纹，如图2-5-9所示。贡缎表面光滑、手感柔软、富有光泽和弹性、质地紧密细腻，可用于制作衬衫、裙子和童装。

色直贡缎与外套　　横贡缎

图2-5-9　色直贡与外套、横贡缎

（七）麻纱

麻纱是表面纵向有细条织纹的轻薄棉型织物，如图2-5-10所示。它因挺爽如麻而得名，具有凉爽、透气等特性，适宜作衬衫、童装、女裙等面料，以及装饰用布。麻纱按组织结构可分为普通麻纱和花式麻纱。

1. 普通麻纱的表面经向有明显的直条纹路。

2. 花式麻纱是利用织物组织的变化，或用不同号数的经纱和变化的经纱排列织制而成，有变化麻纱、柳条麻纱、异经麻纱等品种。变化麻纱包括各种变化组织，纹路粗壮突出，布身挺括；柳条麻纱经纱排列每隔一定距离有一空隙，布面呈现细小空隙，质地细腻轻薄 ，具有透凉、滑爽之感；异经麻纱以单根经纱和异号双根经纱循环间隔排列，布面条纹更为清晰、突出。

麻纱原料大多采用纯棉纱，20世纪60年代后，随着化纤工业的发展，开始以涤/棉、涤/麻等混纺麻纱为原料。

棉麻纱与麻纱西服上装　　涤纶麻纱压绉

图2-5-10　麻纱与服装应用

（八）牛津纺

牛津纺又称牛津布，多为涤/棉混纺纱与棉纱交织而成，如图2-5-11所示。它采用平纹变化组织——纬重平或者方平组织，具有易洗快干、手感松软、吸湿性好、穿着舒适等特点。其外观与色织布相似，因为最早被牛津大学的学生制服衬衫采用而命名。

图2-5-11　牛津纺与服装应用

（九）灯芯绒

灯芯绒是表面形成纵向绒条的棉型面料，因绒条像旧时用的灯草芯而得名。灯芯绒布面呈灯芯状绒条，又称条绒，如图2-5-12所示。原料一般以棉纱线为主，也有棉和涤纶、腈纶、氨纶等纤维混纺或交织而成。灯芯绒的规格一般以每英寸灯芯绒的条数来计。每英寸6条以下为阔条，9条以下为粗条，9～14为中条，15～19条为细条，20条以上为特细条灯芯绒。灯芯绒手感柔软、丰厚，纹路清晰饱满，保暖性好，适用于制作春、秋、冬三季的外衣，尤其是适用于制作童装，特细灯芯绒还可做衬衫、裙装。

图2-5-12　灯芯绒与服装应用

（十）平绒

平绒是采用起绒组织织制再经割绒整理获得的棉型面料，表面具有稠密、平齐、耸立而富有光泽的绒毛，故称平绒，如图2-5-13所示。平绒的经、纬纱均采用优质棉纱线。平绒绒毛丰满、平整，质地厚实，手感柔软，光泽柔和，耐磨、耐用，保暖性好，富有弹性，不易起皱。它适用于制作春、秋、冬三季各式外衣。

图2-5-13　平绒与服装应用

（十一）绒布

绒布是经过拉绒后表面呈现丰润绒毛状的棉型面料，如图2-5-14所示。绒布分单面绒和双面绒两种。单面绒组织以斜纹为主，双面绒以平纹为主。绒布布身柔软，穿着服帖、舒适，保暖性好，宜制作冬季内衣、睡衣。印花绒布、色织条格绒布宜做妇女、儿童春秋外衣。

图2-5-14 绒布与服装应用

（十二）牛仔布

牛仔布（又称为丹宁布、靛蓝劳动布、坚固呢）是一种较粗厚的色织经面斜纹棉型面料，如图2-5-15所示。其经纱颜色深，一般为靛蓝色，纬纱颜色浅，一般为浅灰或煮练后的本白纱。牛仔布还有用平纹、缎纹或小提花组织织制的，一般可分为轻型、中型和重型三类。牛仔布的规格一般是以oz (盎司/码^2)表示，如每平方码为8盎司重，则称为8oz牛仔，以此类推。

1. 传统牛仔布特性

（1）纯棉粗支纱斜纹布，透湿、透气性好，穿着舒适。

（2）质地厚实，纹路清晰，经过适当处理，可以防皱防缩防变形。

（3）靛蓝是一种非坚固色，越洗越淡，面料就越好看。

2. 花色牛仔布

（1）采用不同原料织制的花色牛仔布，如含有弹力纤维的弹力牛仔布，染色后产生留白效应的雪花牛仔布，棉麻、棉毛、棉天丝混纺纱织制的高级牛仔布。

（2）采用不同加工工艺织制的花色牛仔布，如树皮绉牛仔布、套染牛仔布、彩条牛仔布，在靛蓝牛仔布上吊白或印花。

牛仔布适用于制作男式和女式牛仔裤、牛仔上装、牛仔背心、牛仔裙等。

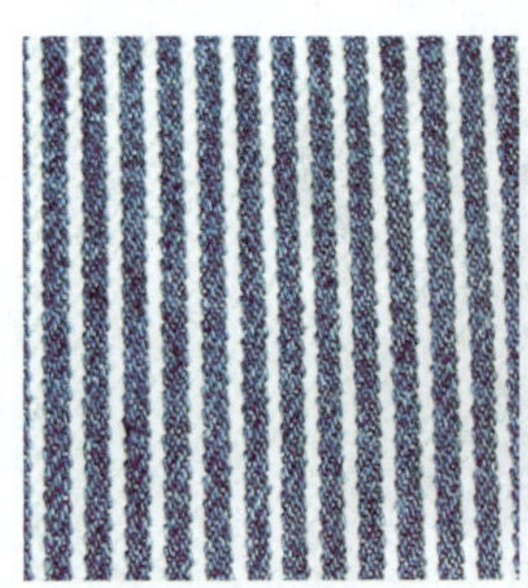

图2-5-15 放大的牛仔布与牛仔裤

（十三）泡泡纱

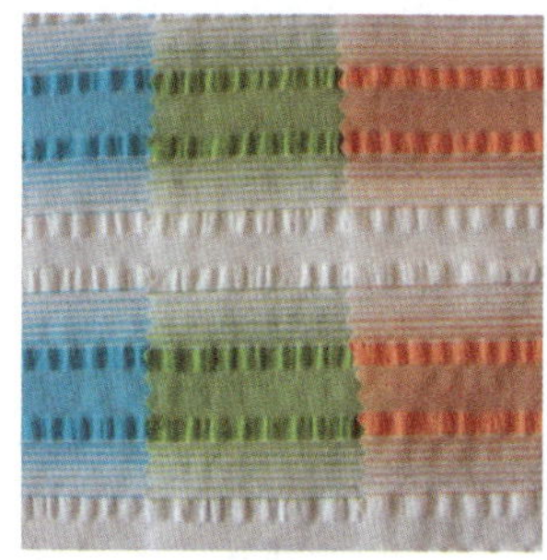

图2-5-16 泡泡纱与衬衫

泡泡纱是表面全部或部分呈泡状起绉的棉型面料，如图2-5-16所示。泡泡纱是棉型面料中具有特殊外观特征的织物，采用轻薄平纹细布加工而成。泡泡纱主要有漂白、素白、印花和色织彩条等品种。泡泡纱布面均匀密布着凸凹不平的小泡泡。穿着时，泡泡纱不贴身，有凉爽感，洗后不需熨烫，适用于制作妇女夏季的各式服装。

（十四）人造棉面料

人造棉面料属于常见的化纤仿棉面料。由于粘胶的棉型短纤维的各项性能类似于棉，所以有人造棉之称。人造棉面料是以100%棉型或中长型普通粘胶纤维或富纤为原料织成的面料。人造棉面料的性能也类似于纯棉面料的性能：手感柔软、吸湿性能好、穿着透气舒适、染色鲜艳、缩水率较大；由于它的刚度、回弹性及抗皱性差，因此其服装保形性差，容易产生褶皱；但它的悬垂性比纯棉面料明显提高。

1. 人造棉布

人造棉布是由100%粘胶纤维织造而成的平纹组织的棉型面料，具有轻薄、柔软、细密、透气性好、染色鲜艳等特点，适宜制作夏季服装，如图2-5-17所示。

2. 富纤布

富纤布是以棉型富纤为原料织成的平纹、斜纹等棉型面料，即富纤细布、富纤斜纹布等。它具有许多与粘胶纤维面料相似的特点，所不同的是其染色不够鲜艳，手感挺爽且坚牢、耐用，适宜制作夏装或童装，如图2-5-17所示。

人造棉印花布　　富纤印花布

图2-5-17 人造棉和富纤布

（十五）帆布（Canvas）

帆布是经纱纬纱均采用多股线织制的粗厚棉型面料，因最初用于船帆而得名，如图2-5-18所示。帆布具有紧密厚实、手感硬挺、坚牢耐磨等特点。一般采用平纹组织，用料以棉、棉混纺为主。其按纱线粗细可分为粗帆布和细帆布两种，其中细帆布多用于服装制作。帆布外观粗犷、朴实、自然，特别是经水洗、磨绒等处理后，帆布更具有柔软的手感，穿着更舒适，多用于制作男女秋冬外套、夹克、风雨衣或羽绒服。

图2-5-18　帆布与裤子

（十六）其他棉型面料

用于制作服装的其他棉型面料有棉方格布、骑兵斜布、棉绉布等，如图2-5-19所示。

棉方格布

骑兵斜布

棉绉布

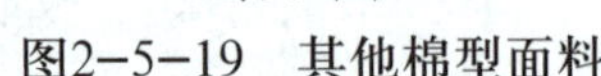
图2-5-19　其他棉型面料

任务实施

一、衬衫的棉型面料

衬衫的服用性能要求和面料选择见表2-5-1。

表2-5-1　适合制作衬衫的棉型面料

服用性能	要求	可选面料
外观性	正装衬衫对面料外观的要求较高，如平挺不皱，不起球，色泽明快，光泽优雅，吸湿性强，透气性好，穿着柔软、舒适、滑爽，易洗快干，易储存等；悬垂性好，没有色差	正装衬衫以棉混纺或棉交织的面料为主，或者是经过免烫整理全棉面料。具体品种可以选用细平、中平、府绸、麻纱、牛津纺等。其中用得较多的是府绸和牛津布，以染色、色织面料为主，可以是纱、半线和全线面料。其中，高档的是全棉高支纱免烫染色（或色织）面料；中低档的是涤/棉混纺面料

续表

服用性能	要求	可选面料
外观性	休闲衬衫对外观要求较低，平挺性、抗皱性要求低，不起球，光泽自然	休闲衬衫以纯棉面料为主，可以选用细平、中平、府绸、泡泡纱、麻纱、牛津布、细卡其、棉斜纹布、薄牛仔、特细条灯芯绒、磨绒布等
舒适性	透气、透湿（汽）、凉爽、舒适，不易产生静电	含棉或粘胶比例较高的，基本上能满足要求
耐用性	耐磨，抗勾丝，防尘、抗污，色牢度好	若要提高耐用性，面料中应适当增加合成纤维（如粘胶）的比例，但是如果合成纤维比例过高，会降低舒适性
保养性	易洗、易晾，易烫或免烫，防蛀、防霉	全棉面料易霉。要防霉就要增加面料中化纤（如涤纶）比例，尤其是涤纶能明显改善保养性。但是如果涤纶比例过高，会降低舒适性

二、裤子的棉型面料

休闲裤子为四季服装，其服用性能要求和可选面料见表2–5–2。

表2–5–2　　适合制作裤子的棉型面料

服用性能	要求	可选面料
外观性	休闲裤对面料外观要求不高，不起球，稍微明亮、光泽自然	可以选纯棉面料，也可以选棉混纺或棉交织面料。除工作裤外，较少用纯化纤仿棉面料。可用品种为：中粗平布、府绸、牛津布、卡其、牛仔布、华达呢、哔叽、斜纹、灯芯绒、帆布、贡缎等
舒适性	透气、舒适、不易产生静电	
耐用性	耐磨，抗勾丝，防尘、抗污，色牢度好	
保养性	易洗、易晾，易烫或免烫，防蛀、防霉	

三、外套的棉型面料

外套为春秋服装，款式属于休闲类服装，中、厚棉型面料都适合。其服用性能要求和可选面料见表2–5–3。

表2–5–3　　适合制作外套的棉型面料

服用性能	要求	可选面料
外观性	外套对面料外观要求不高，不起球，光泽稍微明亮、自然	可以选纯棉面料、棉混纺或棉交织面料，还可以选纯化纤仿棉。可用品种为：中粗平布、府绸、牛津布、卡其、牛仔布、华达呢、哔叽、斜纹、灯芯绒、帆布、贡缎等
舒适性	透气、舒适、不易产生静电	
耐用性	耐磨，抗勾丝，防尘、抗污，色牢度好	
保养性	易洗、易晾，易烫或免烫，防蛀、防霉	

四、棉型面料可制作的其他典型服装

除了制作衬衫、裤子、外套外，棉型面料还可以制作多种服装。例如，细平布可以制作内衣和婴幼儿服装；府绸可以制作风衣、制服、童装；具体见表2-5-4。

表2-5-4　　棉型面料典型品种和适合制作的其他服装

面料品种	可制作服装	面料品种	可制作服装
平布	内衣，婴幼儿服	哔叽	妇女、儿童服装
府绸	风衣、制服、风雨衣、羽绒服	斜纹布	男女便装、制服、工作服、学生装、童装
泡泡纱	睡衣、裙子	劳动布（牛仔布）	工作服、裙子
麻纱	女衣裙、童装、睡衣、睡裤、便服	横、直贡缎	便服、套装、裙子
巴厘纱	女套裙、连衣裙、童装	灯芯绒	罩衫、两用衫、短大衣、裙装、童装
牛津纺	休闲服	平绒	罩衣、袄、马甲、短外套
卡其	工作服、风衣、制服、童装	绒布	睡衣、睡裤、内衣、婴幼儿服、童装
帆布	风雨衣、羽绒服		

知识拓展

一、染整对象

染整的对象可以是纤维、纱线、织物和服装。纤维染色后再纺纱织成的面料称为色纺面料；纱线染色后再织成的面料称为色织面料；织物染色的面料称为漂白布或什色布，织物印花的称为印花面料。染整的主要对象是织物，为此，这里重点介绍织物染整。

二、染整工序

在机织或针织机上刚织完的布叫坯布，也称为织物，其性能还不完美。为了制得能适应各种服装需要的面料，织成的坯布要经过染整加工，一般要经过练漂、染色、印花和整理等工序。

（一）练漂

练漂的目的是清除纤维中的天然杂质及在纺织加工过程中混入的各类污物，从而提高织物的白度和渗透能力，有利于后续的加工，同时可部分改善织物的手感和外观。坯布的练漂工序如图2-5-20所示。

图2-5-20　　坯布练漂

练漂的主要工序有烧毛、退浆、煮练、漂白、开幅、轧水、烘干、丝光、热定型。

1. 漂白是去除织物中的天然色素，使其得到稳定的白度，从而保证染色和印花的鲜艳度。漂白依据所用漂白剂分为次氯酸钠（NaClO）漂白，简称氯漂；过氧化氢（H_2O_2）漂白，简称氧漂；亚氯酸钠（$NaClO_2$）漂白，简称亚漂。

2. 丝光是指用一定浓度的氢氧化钠处理织物，得到稳定的尺寸、耐久的光泽并改善织物的强度和染色性能。

（二）染色

染色是指借助于染料与织物的纤维发生物理或化学的结合，使织物染上颜色，或者用化学的方法在纤维上合成颜色，从而达到织物染色的目的。织物染色如图2–5–21所示。

图2–5–21 织物染色

1. 染色是在一定的温度、时间、pH值、染色助剂等条件下进行的。染色时，染料先从染液向纤维表面扩散，并上染纤维表面；吸附在纤维表面的染料再向纤维内部扩散；最后，染料固着在纤维内部。固着的牢固程序决定了染色牢度。

2. 根据染料施加于被染物和染料固着在纤维中的方式不同，织物的染色方法分为轧染与浸染。

（三）印花

印花是指将各种染料或颜料调制成印花色浆，局部施加在织物上，使之获得各色花纹图案的加工过程。按照印花设备的不同，印花可分为滚筒印花、筛网印花（又分为平网和圆网）、转移印花和计算机喷射印花。织物印花如图2–5–22所示。

纺织企业的印花生产线

印花工序

图2–5–22 织物印花

（四）整理

整理的目的有五个方面，一是使织物门幅整齐统一或尺寸、形态稳定；二是改善织物的手感；三是增进织物外观；四是改善织物的其他服用性能；五是增加织物的功能性，提高织物的附加价值。

练一练

一、简答题

1.题图2-5-1所示为秋季穿着的棉质长裙。请从棉型面料中任选两种或两种以上适合的面料，并说明该服装的服用性能。

题图2-5-1 秋季棉裙

二、单项选择题（请在下列选项中选择一个正确答案并填在括号中）

1. 从服装舒适性角度选择夏季面料，最佳面料是（ ）纤维面料。

A. 棉 B. 毛 C. 涤纶 D. 锦纶

2. 精梳棉面料与普梳棉面料从外观及表面光洁上相比，（ ）。

A. 精梳棉面料光洁 B. 普梳棉面料光洁 C. 无法比 D. 说不清

3. 灯芯绒面料在裁剪和制作中，特别要注意倒顺绒，这是因为（ ）。

A. 只有倒顺绒一致，色泽才一致 B. 只有倒顺绒一致，缩水才一致

C. 只有倒顺绒一致，色牢度才一致 D. 只有倒顺绒一致，绒才不容易脱落

4. 最适合制作休闲裤的面料是（ ）。

A. 精纺毛料 B. 真丝 C. 纯涤纶面料 D. 全棉或棉混纺面料

5. 直贡缎与横贡缎面料的区别是（ ）。

A. 一个是缎纹，一个是斜纹 B. 一个是经编面料，一个是纬编面料

C. 一个是经面缎纹，一个是纬面缎纹 D. 一个是棉布，一个是丝绸

6.8条灯芯绒是指该灯芯绒的绒条的密度为（ ）。

A. 8条绒/10 cm B. 8条绒/5 cm

C. 8条绒/1 cm D. 8条绒/2.54 cm

7. 8 oz牛仔布是指（　　）。

A. 该牛仔布质量为8 g/m²　　B. 该牛仔布质量为8 g/m

C. 该牛仔布质量为8 g/yd²(克/码²)　　D. 该牛仔布质量为8 oz/yd²(盎司/码²)

三、判断题（判断正误并在括号内填“√”或“×”）

1. 表示纱线粗细的指标有特数、旦数、公制支数和英制支数。（　　）

2. 府绸是棉型平纹组织面料，府绸有单色府绸，也有色织府绸。（　　）

3. 牛仔布一般是色织斜纹组织。（　　）

4. 染色、漂白或色织的平纹组织面料正反面外观基本一致，用哪一面为正面都是可以的。（　　）

5. 卡其的密度比华达呢小，华达呢密度比哔叽小。（　　）

四、实训题

通过网络搜索、查阅杂志或者实地调研，列出目前较流行的棉型面料。

课题三 麻型面料及其服装应用

任务六 麻型面料的判别与检验

知识点： 1. 麻型面料的主要分类及服用性能。

2. 麻型面料的鉴别方法。

3. 麻型面料主要性能的测试方法。

技能点： 除了掌握与棉型面料相同的入厂检验项目的测试外，能够用简易的方法测试麻型面料的抗皱性、免烫性和舒适性。

任务描述

服装厂要检验三种面料，包括：纯麻（苎麻）、麻混纺（亚麻涤纶混纺）、麻型化纤（如纯涤纶仿麻）面料。抽取检验样布，每种面料取长度50 cm的整幅面料各一块。

1. 判别下列麻型面料（图3-6-1）属于哪种类别：纯麻、麻混纺、麻型化纤面料。

2. 完成对图3-6-1所示麻型面料的进厂检验。

1号面料

2号面料

3号面料

图3-6-1 纯麻、麻混纺和麻型化纤面料

任务分析

首先，用手感目测法、燃烧法，来判别纯麻、麻混纺或麻交织、麻型化纤面料。

然后，按照进厂检验的内容和要求进行测试。服装企业对于麻型面料除了与棉型面料一样的进厂检验外，特别关注它们的抗皱性、免烫性和舒适性。麻型面料的抗皱性、免烫性、舒适性可用仪器测试，也可用手感目测等简易的方法测试。

相关知识

一、麻型面料的主要分类及服用特性

麻型面料按照原材料分类包括纯麻面料、麻混纺或麻交织面料、麻型化纤面料。

（一）纯麻面料的服用性能及应用

图3-6-2所示为纯麻色织面料。纯麻面料（与棉比较）的服用性能如下：

图3-6-2 纯麻色织布

1. 外观性

纯麻面料的抗皱性较差，免烫性差，存在自然回缩和缩水现象，不会受热收缩和缩绒，起毛而不起球，不勾丝。纯麻面料没有柔软感，只有硬挺感。

纯麻面料的染色性能好。各种染色麻布具有独特的色调及外观风格。本白或漂白苎麻布具有天然乳白、淡黄、洁白的颜色，光泽自然、柔和、明亮，制作成的服装高雅、大方。

2. 舒适性

纯麻面料的透气性好，吸湿性好，导热性优良。因此，纯麻面料适宜制作夏季服装，穿着干爽、利汗、舒适。但是，纯麻面料保暖性差，贴身穿着有刺痒感。

3. 耐用性

纯麻面料（如苎麻、亚麻等）均较坚牢、耐用。但是，纯麻面料的耐磨性差。

4. 保养、加工性能

纯麻面料易水洗，易晾晒，不蛀虫，但会发霉，保存、保养性尚可。

（二） 麻混纺、麻交织面料的服用性能及应用

苎麻、亚麻纤维均可与其他纤维混纺或交织，从而使面料性能更加优良，同时降低成本。图3-6-3所示为麻/棉混纺、麻/棉交织、毛/麻混纺、涤/麻混纺、毛/麻/涤混纺面料。

1. 麻/棉混纺、麻/棉交织面料

麻/棉混纺布在外观上保持了纯麻面料独特的粗犷挺括风格，又具有纯棉面料柔软的特性，改善了纯麻面料不够细洁、易起毛的缺点。麻/棉交织面料的质地坚牢爽滑，手感软于纯麻布。麻/棉混纺交织面料多为轻薄型，适合制作夏季服装。

麻/棉混纺面料

麻/棉交织面料

毛/麻混纺面料（毛麻花呢）

涤/麻混纺面料

毛/麻/涤混纺面料

图3-6-3 麻型混纺、交织面料

2. 毛/麻混纺面料

毛/麻混纺面料主要是采用不同毛、麻比例混纺纱线织成的各种面料，其中包括毛/麻人字呢和各种毛/麻花呢。毛/麻混纺面料具有手感滑爽、挺括、弹性好的特点，适合制作男女青年服装、套装、套裙、马甲等。

3. 麻与化纤混纺面料

麻与化纤混纺面料包括麻与一种化纤混纺纱线织成的面料、麻与两种以上化纤混纺的纱线织成的面料，如涤麻布、“三合一”混纺面料。

（1）涤麻布

涤麻布兼有涤纶与麻纤维性能，挺括、透气，毛型感强，适合制作西服、时装、套裙、夹克衫等。

（2）“三合一”混纺面料

“三合一”混纺面料既具有麻面料的凉爽、舒适、挺括、透气的特点，又具有混合的其他两种纤维的优良特性，如涤/毛/麻面料既有麻的风格、又有毛涤花呢弹性好、不易起皱、易洗免烫的特点，可满足各种用途需要，非常适合制作男女各式时装、外套、裙料、裤料等。

（三）麻型化纤面料

麻型化纤面料外观与纯麻面料接近，同时具备所采用化纤原料的特点，又称为化纤仿麻面料，如涤纶仿麻面料、粘胶仿麻面料，如图3-6-4所示。

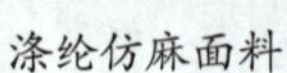

涤纶仿麻面料

粘胶仿麻面料

图3-6-4 麻型化纤面料

现将几种典型的麻型面料的服用性能比较分析见表3-6-1。

表3-6-1　　几种典型的麻型面料的服用性能比较

<table>
<tr><th colspan="2" rowspan="2">面料品种
服用性能</th><th colspan="2">纯麻面料</th><th colspan="2">麻混纺、麻交织面料</th><th>麻型化纤面料</th></tr>
<tr><th>纯苎麻</th><th>纯亚麻</th><th>麻/棉或麻/粘混纺、交织</th><th>麻/涤混纺</th><th>涤纶仿麻、粘胶仿麻</th></tr>
<tr><td rowspan="5">外观</td><td>光泽</td><td>淳朴、自然</td><td>淳朴、自然</td><td>有粘胶的光泽</td><td>光泽柔和性下降</td><td>光泽可变</td></tr>
<tr><td>表面结构与花纹</td><td>纹路清晰，表面有毛羽</td><td>纹路清晰，表面有少量毛羽</td><td>纹路清晰，表面光洁</td><td>纹路清晰，表面光洁</td><td>纹路清晰，表面光洁</td></tr>
<tr><td>抗起球</td><td>不易起球</td><td>不起球</td><td>基本不起球</td><td>较易起球</td><td>涤纶仿麻易起球</td></tr>
<tr><td>抗皱性</td><td>弹性差，易折皱</td><td>弹性差，易折皱</td><td>弹性差，易折皱</td><td>弹性好，挺括</td><td>涤纶仿麻弹性好</td></tr>
<tr><td>免烫性</td><td>差</td><td>差</td><td>差</td><td>较好</td><td>涤纶仿麻好，粘胶仿麻差</td></tr>
<tr><td rowspan="4">舒适</td><td>通透性</td><td>透湿，穿着舒适</td><td>透湿，穿着舒适</td><td>透湿，穿着舒适</td><td>透湿性差，闷热</td><td>涤纶仿麻差，粘胶仿麻好</td></tr>
<tr><td>吸湿性与静电</td><td>吸湿性好，不易产生静电</td><td>吸湿性好，不易产生静电</td><td>吸湿性好，不易产生静电</td><td>吸湿性差，静电明显</td><td>涤纶仿麻差，粘胶仿麻好</td></tr>
<tr><td>手感</td><td>硬、刺痒</td><td>较软，刺痒不明显</td><td>比纯麻柔软</td><td>硬</td><td>涤纶仿麻硬，粘胶仿麻柔软</td></tr>
<tr><td>保暖性</td><td>差</td><td>差</td><td>一般</td><td>差</td><td>较好</td></tr>
<tr><td rowspan="4">耐用</td><td>抗强性（拉、撕、顶）、耐磨</td><td>坚牢耐穿</td><td>坚牢耐穿</td><td>随棉、粘胶的含量增加而下降</td><td>坚牢耐穿</td><td>涤纶仿麻坚牢，粘胶仿麻差</td></tr>
<tr><td>抗污与防污</td><td>较好</td><td>较好</td><td>较好</td><td>抗污性差</td><td>涤纶仿麻差，粘胶仿麻好</td></tr>
<tr><td>色牢度</td><td>差</td><td>差</td><td>差</td><td>好</td><td>涤纶仿麻好，粘胶仿麻差</td></tr>
<tr><td>尺寸稳定性（缩水性）</td><td>大</td><td>大</td><td>大</td><td>较小</td><td>涤纶仿麻小，粘胶仿麻大</td></tr>
</table>

续表

服用性能 \ 面料品种		纯麻面料		麻混纺、麻交织面料		麻型化纤面料
		纯苎麻	纯亚麻	麻/棉或麻/粘混纺、交织	麻/涤混纺	涤纶仿麻、粘胶仿麻
保养	洗涤	水洗	水洗	水洗	水洗	水洗
	晾晒	晾干或反面晒干	晾干或反面晒干	晾干或反面晒干	晒干	晾干或反面晒干
	熨烫	洗后皱，需熨烫	洗后皱，需熨烫	需熨烫	不熨烫	涤纶仿麻不皱；粘胶仿麻皱，需熨烫
	储存	需防霉	需防霉	需防霉	不需防霉、防蛀	涤纶仿麻不需防霉，粘胶仿麻需防霉
价格		高	中	中	偏低	涤纶仿麻低，粘胶仿麻高

二、麻型面料的鉴别

麻型面料的鉴别方法同棉型面料，包括感官鉴别法和燃烧法。麻型面料的感官特征见表3-6-2。麻纤维的燃烧特征见表3-6-3。

表3-6-2　　麻型面料的感官特征

面料	色泽	手感	折皱性能(手大力攥布料后迅速放开)	质量与垂感
纯麻面料	有光泽	粗硬，有的有刺痒感	折皱多，恢复慢	比棉重，垂感差
麻/涤混纺	有光泽，色彩鲜亮	挺括，毛型感强	折皱少，恢复较快	比棉重，垂感一般
粘胶仿麻	颜色鲜艳，有类似金属光泽	柔软、光滑	折皱多，恢复慢	比棉重，垂感好
涤纶仿麻	似金属光泽，不自然，有的有蜡状光泽	手感滑腻	折皱少，恢复快	一般轻于纯棉、纯麻和粘胶仿麻，垂感较好

另外，纯麻面料的种类可以通过对比外观性的方法鉴别。如果需要对纯麻面料进行区分，则苎麻面料和亚麻面料可从三方面检验进行区分：一是外观，苎麻面料褶皱明显，棱角分明，亚麻面料褶皱较大、自然，而且会慢慢散开；二是布面结构，苎麻面料

的布面结构很松散，经、纬线之间缝隙很大，亚麻面料的布面结构非常饱满，悬垂性特别好；三是面料遇水时的刚柔性，苎麻面料遇水变硬，而亚麻面料遇水变得很柔软。苎麻布与亚麻布的外观比较如图3–6–5所示。

表3–6–3　　麻纤维的燃烧特征

纤维种类	燃烧状态			气味	残留物特征
	接近火焰	在火焰中	离开火焰后		
麻	不熔，不缩，燃烧	迅速燃烧，火焰呈黄色，冒蓝烟	继续燃烧	草木灰气味	灰烬少而细软，灰白色，一吹即散

图3–6–5　苎麻布（硬）与亚麻布（软）的外观对比

三、麻型面料的性能测试

麻型面料的规格检验、常规检测项目及外观检验与棉型面料一样。本任务重点介绍面料的抗皱性、免烫性测试。

（一）抗皱性

弹性好的纤维所织成的面料，其抗皱性往往较好，如涤纶、羊毛（干态）面料；弹性差的纤维所织成的面料，其抗皱性就较差，如棉、麻、丝和粘胶纤维面料。由抗皱性差的面料制成的服装，在穿着过程中容易起皱。即使该服装在色彩、款式及合体方面均较为理想，也无法保持较好的外观，而且还会因皱纹引起的磨损而加快服装的损坏。因此，在服装设计时，挑选面料必须注意其抗皱性。

检测面料的抗皱性时，一般利用折皱弹性测试仪，测试面料的急弹性和缓弹性折痕回复角。在折皱试验中，通常将在较短时间（如15 s）内的回复角称为急弹性折痕回复角，将经过较长时间（如5 min）后的回复角称为缓弹性折痕回复角。面料的急弹性和缓弹性折痕回复角越大，其抗皱性（即弹性）越好。

（二）免烫性

一般来说，合成纤维的吸湿性小，所以由其织成的面料在湿态下的折皱性好，缩水率小，因而面料免烫性好。合成纤维织成的面料中，涤纶面料免烫性尤佳。判断面料的

免烫性可以采用简易的方法：将面料下水揉洗，然后拎起晾干，观察面料表面的平挺程度，判断其免烫性。

任务实施

一、麻型面料的简易鉴别

麻型面料重点判别其是纯麻、麻混纺或麻交织面料、麻型化纤面料。麻型面料的简易鉴别方法基本与棉型面料的相同，包括感官鉴别法、燃烧法。

这里不再重复试验过程及鉴别测试结果，请自行完成，将测试结果填制入表（略，表格形式参考表2-3-6、表2-3-7）。并对1号、2号、3号面料进行判断。

结论：1号面料属于_______，2号面料属于________，3号面料属于__________。

二、麻型面料的进厂检验

抗皱性、免烫性测试是麻型面料检测中需要进行重点检测的项目。本任务重点完成麻型面料的抗皱性、免烫性测试。

1. 规格检验

麻型面料的规格检验与棉型面料相同，本任务不再重复，请自行完成麻型面料的厚度、质量、密度的测试，并将测试结果填制入表（表格形式参考表2-4-3、表2-4-4、表2-4-6）。

2. 抗皱性测试

（1）外观简易测试

判断面料的抗皱性，可用手大力攥面料，然后迅速松手，观察面料的回弹情况及折痕深浅； 或在布头上折起一角，稍加压，待去压后观察面料的恢复能力及折痕深浅。凡抗皱性好的面料，表现出较高的恢复能力，不留折痕线或折痕线不明显。本任务中三种面料的抗皱性测试结果如图3-6-6所示，三种面料处于干燥状态下进行拧绞，拧绞后放松平展开后的状态为：3号面料几乎没有折痕，说明抗皱性好；而1号和2号面料都有明显的折痕，说明抗皱性差。（1号纯苎麻面料、2号麻/棉混纺面料、3号面料纯涤纶仿麻面料）

面料拧绞情况

拧绞后1号面料

拧绞后2号面料

拧绞后的3号面料

图3-6-6　麻型面料拧绞及拧绞后放松的状态

（2）仪器测试

用折皱弹性测试仪（图3-6-7）进行检测。取样布：在麻型面料上沿经、纬向各画5个凸形样，用剪刀剪下10个凸形试样，如图3-6-8所示。

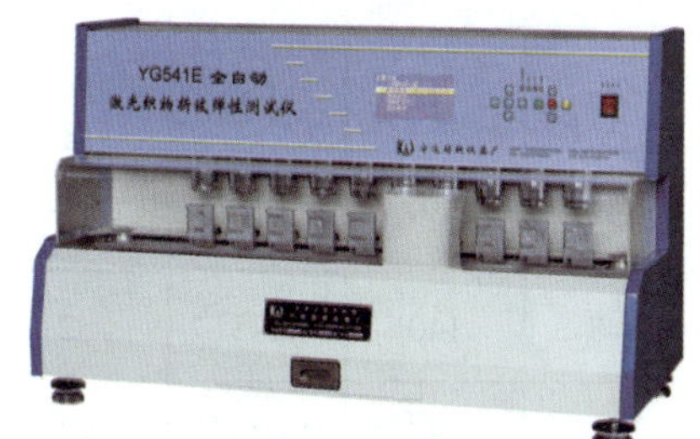

图3-6-7　折皱弹性测试仪

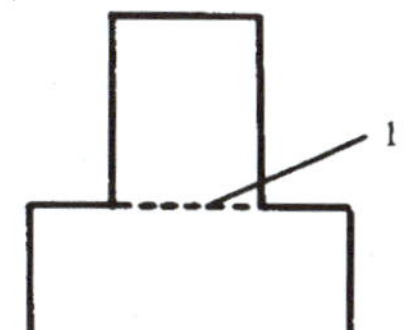

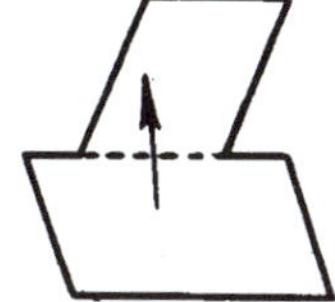

图3-6-8　折皱回复性—垂直法
1—折叠线

1）开启折皱弹性测试仪的总电源开关，仪器左侧指示灯亮。揿琴键开关，使光源灯亮，推倒试样翻板贴在小电磁铁上。此时，翻板处在水平位置。

2）将剪好的试样折叠线1处（虚线）垂直对折，按“五经、五纬”（即按照5个经向、5个纬向放置试样）的顺序，平放于试验台的夹板内，夹在试样翻板刻度线的位置上，并用手柄将试样沿折痕折叠，再盖上有机玻璃压板。

3）按下工作按钮，经一段时间，电动机启动。此时10只重锤每隔15 s按顺序压在每只试样翻板上（加压重锤的质量为500 g）。

4）当加压时间5 min即将到达时，仪器发出响声报警，应做好测量弹性回复角的准备。

5）时间一到，投影仪灯亮，试样翻板依次自动释重抬起，此时迅速将投影仪移至第一只翻板位置上，依次测量10个试样的急弹性回复角，读数一定要待相应的小指示灯亮时才能记录。

6）再过5 min后，按同样的方法测量织物的缓弹性回复角。当仪器左侧指示灯亮时，说明第一次实验完成。

将每种面料的5个凸形试样的急弹性和缓弹性折痕回复角记录于表3-6-4中。用经向与纬向平均回复角之和来代表该样品的总折皱性指标。将每种面料的5个数值相加求平均值，计算出每种面料的急弹性和缓弹性折痕回复角平均数，然后进行比较。

表3–6–4　　急弹性和缓弹性折痕回复角记录表　　（°）

面料	方向	1	2	3	4	5	平均值
纯麻面料（纯苎麻面料）	经向急弹性回复角	27	27	25	27	26	26.4
	经向缓弹性回复角	28	29	26	27	29	27.8
	纬向急弹性回复角	26	28	28	28	27	27.4
	纬向缓弹性回复角	30	30	33	32	30	31.0
麻混纺面料（麻/棉混纺面料）	经向急弹性回复角	52	52	55	53	51	52.6
	经向缓弹性回复角	65	62	65	65	60	63.4
	纬向急弹性回复角	55	57	57	57	58	56.8
	纬向缓弹性回复角	72	75	70	70	68	71.2
麻型化纤面料（纯涤纶仿麻面料）	经向急弹性回复角	132	132	135	130	135	132.8
	经向缓弹性回复角	140	140	145	140	145	142
	纬向急弹性回复角	145	140	145	145	145	144
	纬向缓弹性回复角	155	150	155	155	155	154

由表3–6–4可见，纯涤纶仿麻面料的折痕回复角远大于麻/棉混纺面料，麻/棉混纺的折痕回复角大于纯苎麻面料，这说明纯涤纶仿麻面料的弹性明显好于麻/棉混纺面料和纯苎麻面料。这与前面完成的简易拧绞测试过程中观察到的情况一致。同时，从每种面料的经向、纬向比较可见，纬向的折痕回复角都大于经向。这说明麻型面料的纬向弹性好于经向弹性。

应该指出，折痕回复角实质上只是反映了面料单一方向、单一形态的折痕回复性，这与实际使用过程中面料多方向、复杂形态的褶皱情况相比，还不够全面。国外已研制出能使试样产生与实际穿着相近的折痕的试验仪器。试验时，试样经仪器处理产生折痕，然后释放作用力，放置一定时间后用目测方法比对标准样照对折痕状态评级判定。

3. 免烫性测试

面料免烫性的测试是将试样先按一定的洗涤方法处理，然后干燥，根据试样表面皱痕状态与标准样照对比，进行分级评定。面料免烫性指标被称为平挺度，以1～5级表示。1级最差，5级最好。按洗涤处理的方法不同，可分为：

（1）拧绞法

在一定张力下对浸渍后的矩形试样拧绞，作用一定时间（如10 分钟）后释放、晾干，对比标准样照评定等级。5级为面料表面平整；4级有大而平的泡；3级为起泡明显，“鸡皮皱”不明显；2级为有明显的“鸡皮皱”，且表面凹凸不平；1级为严重的“鸡皮

皱”，且面料表面明显凹凸不平。1号、2号、3号面料分别进行拧绞。结果是：1号面料的拧绞状态最差，3号面料的拧绞状态最好，2号面料拧绞状态介于1号、3号面料之间。因此，初步判定免烫性1号面料<2号面料<3号面料（即纯苎麻面料<亚麻/棉混纺面料<纯涤纶仿麻面料）。

（2）洗衣机洗涤法

将本任务提供的1号、2号、3号面料熨烫平整，如图3–6–9a所示。将它们放到普通的洗衣机内，注入20 ℃的清水，洗涤30 min用洗衣机甩干后（此时面料仍然是潮湿状态），再挂在自然光下晾干。此时，观察它们的表面皱褶情况如图3–6–9b、c和d所示。图3–6–9d所示的纯涤纶仿麻面料，机洗后和洗前表面一样平整，说明它的免烫性非常好，免烫性可评为5级；图3–6–9c所示的亚麻/棉混纺面料，机洗后表面有明显的褶皱，说明它的免烫性差，免烫性可评为2级；图3–6–9c所示的纯苎麻面料，有非常明显的褶皱，说明它的免烫性非常差，免烫性可评为1级。洗衣机洗涤法的结果较接近实际穿着时的洗可穿性。

除了上述测试指标和方法外，还可以利用湿态折痕回复角来评定面料的洗可穿性。

a)平整的三块面料　b）机洗后有明显褶皱的1号（纯苎麻）面料

c）机洗后有褶皱的2号（亚麻/棉混纺）面料　d）机洗后平整、挺括的3号（纯涤纶仿麻）面料

图3–6–9　三块面料洗后表面褶皱情况

4. 面料舒适性简易鉴别

服装面料的舒适性主要表现在透气、透湿性、吸水性方面。面料这些方面的性能可以通过透湿性的简易鉴别来判断。

通常用1个小烧杯(或透湿杯)来进行测试。先将3个烧杯用天平分别称重，记录下来。

接着，分别在3个烧杯内盛一定量（如500 ml）的蒸馏水，擦净烧杯外水分，分别称量此时烧杯的质量，记录入表3-6-5。然后，在杯口上分别覆盖干燥的面料（分别为1号、2号、3号面料），并用皮筋或者线绳扎紧固定。三个烧杯放置在正常室温下，避开阳光照射。经过一定时间后，撤掉覆盖的面料，分别用天平测定3个烧杯的质量。最后，计算烧杯内水质量的降低率。水质量的降低率越大，说明该烧杯上覆盖的面料的透湿性越好。并将测试结果填制入表3-6-5。具体测试过程请自行完成。

表3-6-5　　面料舒适性测试记录表

项目 测量值 面料序号	烧杯质量 （1）	装500ml水的烧杯质量 （2）	水的原始质量 （3）=（2）－（1）	30 min后装水烧杯的质量（撤掉覆物） （4）	水的剩余质量 （5）=（4）－（1）
1号					
2号					
3号					

目前，已经出现专用的透湿测试仪用于精确测定面料的透湿性。

知识拓展

一、麻纤维的主要品种与性能

麻纤维是人类最早用于制作服装的纺织原料，其中常用于服装材料的主要是苎麻、亚麻。由于麻纤维的弹性较差，伸长率最小，因此麻面料易皱，洗涤后要熨烫才能恢复平整，外观性一般；麻纤维具有良好的吸湿性，吸湿能力比棉强，不易起静电，麻纤维的散湿速度比吸湿速度快一倍，所以夏季穿用麻面料挺爽、舒适、吸湿、透气、消汗、离体。但是，苎麻面料贴身穿着有刺痒感。在天然纤维中，麻纤维的强力较大，变形伸长能力较差，色牢度不高，耐用性较好；易霉变，易燃，耐碱而不耐酸，保养性一般。

（一）苎麻纤维

苎麻纤维比较粗，平均宽度约为40 μm，纤维长度参差不齐，约为20～250 mm，平均约60 mm，最长可达550 mm。麻纤维的纤维强度很高，刚性很大，断裂伸长率小，为3%～4%；弹性差，弹性恢复率低。苎麻植物、生麻和精干麻条如图3-6-10所示。

图3-6-10　苎麻植物、生麻和精干麻条

（二）亚麻纤维

亚麻纤维的长度较苎麻纤维短，而细度比苎麻纤维细。其平均长度为17～25 mm，最大长度为130 mm。亚麻纤维的强度和刚性都远大于棉纤维，断裂伸长率约为3%左右，接近苎麻纤维。亚麻纤维同样具有吸湿、散湿快的特点，仅次于苎麻。亚麻浸水吸湿后，经4.5 小时即可阴干，比苎麻纤维慢，而比棉纤维快。图3–6–11所示为亚麻植物、生麻和工艺麻条。

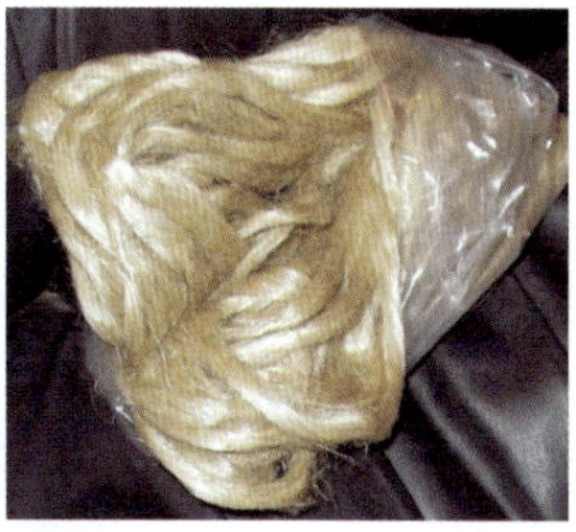

图3–6–11　亚麻植物、生麻和工艺麻条

二、显微镜观测麻纤维

苎麻纤维纵向有横节竖纹，截面形态为不规则的腰圆形，有中腔及裂纹；亚麻纤维纵向有横节竖纹，截面形态为多角形，中腔小。图3–6–12所示为苎麻的截面、纵向和亚麻的截面、纵向形态图。

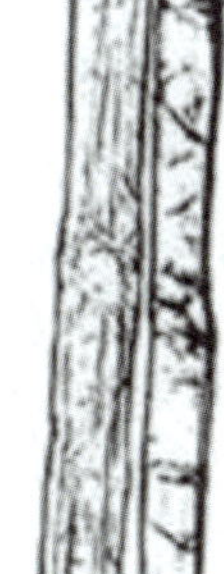
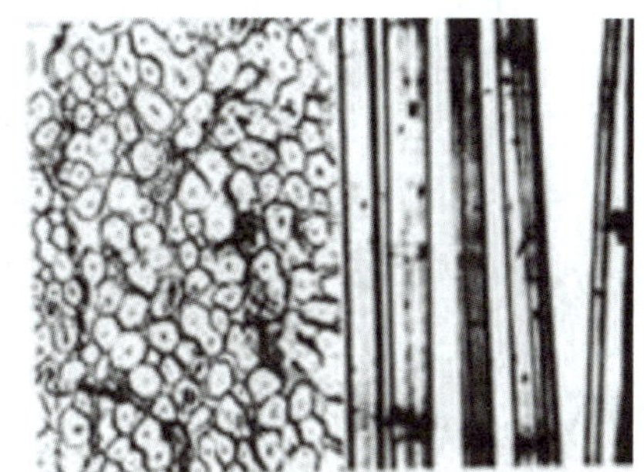

图3–6–12　苎麻的截面、纵向和亚麻的截面、纵向形态图

三、褶裥保持性

面料经熨烫形成的褶裥（含轧纹、折痕），在洗涤后经久保形的程度称为褶裥保持性，如图3–6–13所示的百褶裙的褶裥。

图3–6–13　百褶裙的褶裥

面料的褶裥保持性常采用褶裥保持率指标来表征。测试时，剪裁一个1 cm×2 cm的矩形试样，将长方向对折，熨烫出褶裥，并量出开角A_0，然后平摊试样，在褶裥处压500 g的重锤，5 min后去除负荷，量出开角A_1，则褶裥保持率H用下列公式计算。

$$H=\frac{180-A_1}{180-A_0}\times100\%$$

面料的褶裥保持性也可以采用目光评定法。测试时，先将面料试样正面在外对折缝牢，覆上衬布，在定温、定压、定时下熨烫；冷却后，在定温、定浓度的洗涤液中按规定方法洗涤处理；干燥后，在一定照明条件下将成样与标准样照对比。通常分为5级，5级最好，1级最差。

实验表明，只有在适当温度下，才能获得好的褶裥保持性。熨烫达到一定压强可以提高褶裥效果。但是，当压强达到6～7 kPa（大致相当于成年男子熨烫时的作用力除以熨斗底面积所得压强）以上时，褶裥效果不再增加。面料有一定的吸水率时，褶裥效果可达最好，所以蒸汽熨斗比普通熨斗效果明显。但是，过湿面料中的水分会引起熨斗表面温度下降，使折痕效果降低。在适当温度下，厚面料熨烫10 s，大体上可获得较好褶裥。虽然熨烫时间增加可使褶裥保持性变好，但也有熨坏面料的风险。

一、单项选择题

1. 纯麻面料的特点是（　　）。

A. 粗犷、自然　　B. 平挺、美观　　C. 耐穿、耐用　　D. 不霉、不蛀、易保养

2. 合成纤维的麻型面料的特点是（　　）。

A. 纯朴、透气　　B. 挺括、易洗、快干、不霉、不蛀

C. 吸湿、舒适　　D. 不易产生静电

二、实训题

1. 2～3位学生一组，每组准备3块长度不小于50 cm的不同类别的麻型整幅面料。依次做如下检测：

（1）用手感目测法、燃烧法判别麻型面料的类别。

（2）检测麻型面料的规格（厚度、质量、密度）。

并把上述检测结果记录，表格形式参考表2-4-3、表2-4-4和表2-4-6。

2. 2～3位学生一组，每组准备1块长度不小于50 cm的整幅纯麻（或其他面料）面料。依次做如下检测：

（1）用折皱弹性测试仪测量急弹性和缓弹性折痕回复角，表格形式参考表3-6-4。

（2）用拧绞法测试免烫性。

3. 收集纯苎麻面料、纯亚麻和纯棉面料各1块（10 cm²左右）。先将面料贴到面部并轻轻移动，感觉苎麻面料带给肌肤的刺痒感；再用手揉捏面料，感觉3块面料的软硬程度。讨论并分析苎麻面料刺痒的原因。

任务七　麻型面料主要品种及应用

知识点： 1. 麻型面料的分类。

2. 麻型面料的主要品种及应用。

技能点： 能够根据服装款式提出适用的麻型面料的品种。

任务描述

麻型面料广泛应用在春、夏季休闲的衬衫、裤子以及各类时装中。图3-7-1所示的麻质休闲衬衫、裤子以及时装连衣裙，需要选择合适的面料。请提出制作适合上述服装的麻型面料，供服装生产厂家从中选择。

图3-7-1　麻型面料制作的衬衫、裤子、时装

三种款式的服装均为夏季穿着的日常服装。其中，衬衫、裤子属于休闲装，要求轻薄、舒适、透气、凉爽。时装连衣裙除了上述要求外，特别要求外观原始粗犷、飘逸。

任务分析

要为上述服装选择合适的麻型面料，必须掌握麻型面料的主要品种及其应用，然后结合衬衫、裤子、连衣裙的要求，找出适合的麻型面料以及品种。

相关知识

麻型面料同样可以按照染整加工工艺分类，这里不再重复介绍。图3-7-2所示为麻型印花面料和色织面料。本任务主要介绍麻型面料的主要品种、特点及应用。

印花麻面料

色织麻面料

图3-7-2　印花与色织麻面料

一、麻型平布

（一）苎麻平布

苎麻平布是用苎麻纤维纺织而成的平纹布，如图3-7-3所示。其强力高、刚性大，挺爽，透气性好，吸湿、散湿快，散热性好，穿着透凉、爽滑，人体出汗时不贴身，是夏季衣着的理想衣料。纯苎麻平布弹性差，易起皱，耐磨性差，折边处易磨损，表面绒毛较多。苎麻平布表面常常有不规则的粗节纱，形成独特的风格。传统的“夏布”即是由苎麻织成的漂白布。苎麻平布适宜制作夏季男女服装和时装等。

图3-7-3　纯苎麻色（平）布

（二）亚麻平布

亚麻平布是以亚麻纤维纺织而成的平纹布，如图3-7-4所示。这种面料透凉、爽滑、舒适，弹性较差，不耐折皱和磨损。由于亚麻纤维相对较细、短，故亚麻平布比苎麻平布松软、光泽柔和。亚麻平布表面呈现粗细条痕并夹有粗节纱，形成特殊的麻布风格。它适合制作衬衫、裙子、西服、短裤、工作服、制服。

图3-7-4　纯亚麻色布

（三）麻棉混纺平布和麻棉交织平布

为了改善纯麻面料的舒适性，同时也降低面料的成本，麻常与棉混纺或交织成平布。图3-7-5所示左侧为70%棉、30%苎麻混纺色织平布，中间所示为亚麻棉混纺平布。除了亚麻棉混纺平布外，亚麻棉交织平布也非常普遍，如45%棉与55%的亚麻交织的平布。亚麻棉混纺或交织平布适宜制作夏季男女服装。

苎麻棉混纺平布

亚麻棉混纺平布

亚麻棉混纺制作的无袖衬衫

图3-7-5　苎麻棉混纺平布与亚麻棉混纺平布及制作的服装

（四）麻粘胶混纺平布和麻粘胶交织平布

粘胶不仅能改善麻的舒适性，还能增加麻型面料的悬垂性。同时，由于粘胶是化学纤维，没有杂质，光洁、亮丽，可以使麻型面料表面变得光洁。亚麻粘胶混纺或交织平布适宜制作夏季男女服装和时装。图3-7-6所示为亚麻粘胶混纺竹节平布。

图3-7-6　亚麻粘胶混纺竹节平布

（五）麻的确良

麻的确良即“涤麻细布”，是用苎麻和涤纶混纺织成的面料，也属于平布，如图3-7-7所示。通常，其混纺比例中涤纶含量在60%以上。常见的有65%涤纶和35%苎麻的混纺平布，或70%涤纶和30%苎麻的混纺平布。通过麻与涤纶的混纺，不仅保持了纯麻面料原有的特性，而且还改善了纯麻面料的许多不良性能，使面料强力高，手感爽挺，弹性好，硬挺、透气、散热，穿着凉爽、舒适，人体出汗时不贴身，且具有易洗、快干、免烫的特点。麻的确良结构稀疏，轻薄、透气，适宜制作夏季男女、儿童各式服装等。

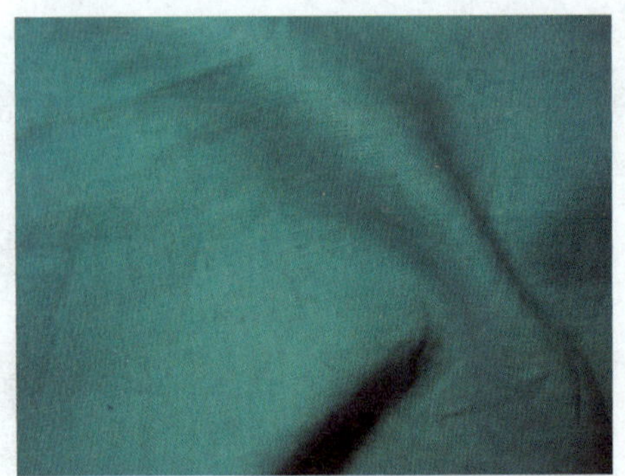

图3-7-7 麻的确良

二、其他品种的麻型面料

麻型面料除了平布以外，也有其他组织面料。图3-7-8所示分别为亚麻棉牛仔布、亚麻棉细帆布和纯苎麻提花布。

亚麻棉牛仔布

亚麻棉细帆布

纯苎麻提花布

图3-7-8 亚麻棉牛仔布、亚麻棉细帆布和纯苎麻提花布

三、涤纶仿麻面料

涤纶仿麻面料是目前国际服装市场受欢迎的面料之一，采用涤纶或涤纶与粘胶强捻纱织成平纹或凸条组织面料，具有纯麻面料的干爽手感和外观风格。例如，薄型的仿麻摩力克（图3-7-9），不仅外观粗犷、手感干爽，且穿着舒适、凉爽，因此很适宜制作夏季衬衫、裙衣。

图3-7-9 仿麻摩力克（涤纶仿麻面料）

任务实施

一、衬衫的面料

麻质衬衫一般只在夏天穿，面料凉爽、透气，具有时尚性和麻布的独特风格。但是，由于纯麻面料和麻纤维含量较多的面料易折皱，且有刺痒感，主要制作休闲或时尚衬衫，较少用于正装衬衫。麻质衬衫的服用性能要求及可选面料见表3-7-1。

表3-7-1　适合制作衬衫的麻型面料

服用性能	要求	可选面料
外观	休闲时尚衬衫对外观要求较低，平挺性、抗皱性要求低，不起球，光泽自然	休闲衬衫可选纯麻面料、麻/棉混纺面料、麻/棉交织面料、麻/粘混纺面料、麻/粘交织面料，多为平纹组织和平纹变化组织，染色面料为主。可选品种如纯麻平布、亚麻棉平布、麻的确良等
舒适	透气、凉爽、舒适	
耐用	耐磨，抗勾丝，防尘、抗污、色牢度好	
保养	易洗、易晾，易烫或免烫，防蛀、防霉	

二、裤子的面料

裤子为四季服装，但麻型面料以做休闲时装裤为主，主要是夏天穿。其服用性要求及可选面料见表3-7-2。

表3-7-2　适合制作裤子的麻型面料

服用性能	要求	可选面料
外观	休闲裤对外观要求不高，要求不起球，光泽稍微明亮或光泽自然	可选纯麻、麻混纺或交织面料。可用品种主要是纯麻，也可以是麻混纺或麻交织面料的中粗平布、色布
舒适	透气、舒适	
耐用	耐磨，抗勾丝，防尘、抗污、色牢度好	
保养	易洗、易晾，易烫或免烫，防蛀、防霉	

三、时装裙的面料

麻型面料大量用于时装，体现出休闲与时尚的特征。这类服装对面料常规的服用性能没有特别的要求，可以选纯麻面料、麻混纺或交织面料、化纤仿麻面料。主要利用麻的自然粗犷的风格和流行的色彩，制作各类女性时尚服装，迎合人们回归自然的心灵追求。可选品种如纯苎麻或纯亚麻平布、亚麻粘胶平布、仿麻摩力克（涤纶仿麻）等。

练一练

一、简答题

1. 列表分析纯麻型面料与纯棉型面料在服用性能上的异同。
2. 分析麻型面料还适合制作什么服装？并说明麻型面料是否适合制作正装。

二、实训题

1. 5～8个学生一组，收集麻型面料制作的服装，讨论这些服装的功能要求。适合制作这些服装的麻型面料有哪些？
2. 通过网络搜索、查阅杂志或者实地调研，列出目前较流行的麻型面料。

课题四　丝绸面料及其服装应用

任务八　丝绸面料的判别与保养

知识点： 1. 真丝面料特有的服用性能。

2. 仿真丝面料的类别。

3. 丝绸面料的服用性能比较。

4. 真丝面料及常见仿真丝面料的鉴别。

5. 真丝面料的耐用与保养性能。

技能点： 1. 能够用简易方法正确地判断丝绸面料的类别。

2. 能够对真丝面料服装进行正确地保养。

任务描述

面料市场上丝绸面料多种多样，既有高档的真丝面料，又有以假乱真的仿真丝面料。它们分别用于不同档次的服装。

1. 现在提供四块丝绸面料，如图4-8-1所示。判别它们属于哪种类别：真丝、粘胶仿真丝、涤纶仿真丝、锦纶仿真丝。

1号面料

2号面料

3号面料

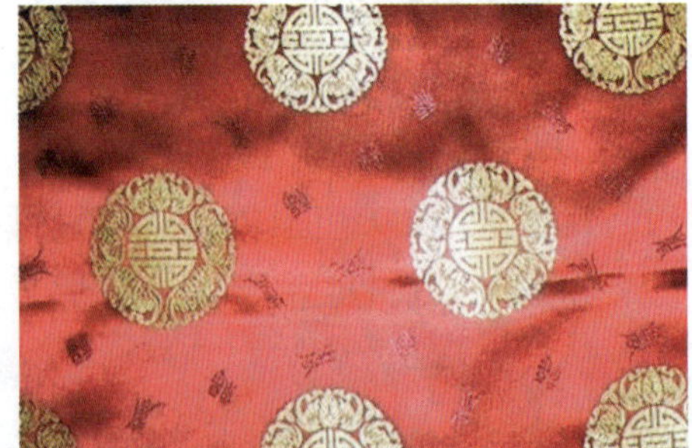

4号面料

图4-8-1　丝绸面料

2. 提供两块面料，如图4-8-2所示。通过对比、分析面料的服用性能差异，判别面料的种类：丝绸面料、棉面料。

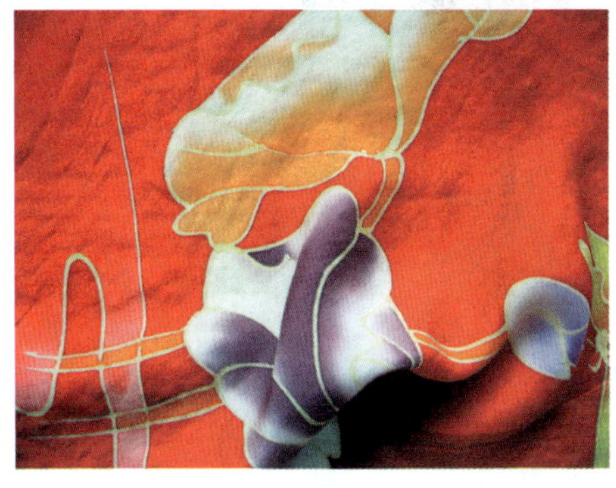

5号面料

6号面料

图4-8-2 供选择面料

3. 在穿用过程中，真丝面料的服装需要精心保养。如果穿用不当，真丝面料的服装就会变得手感粗糙、僵硬，丧失光泽或变色，甚至服用性能发生明显改变。要求掌握真丝面料服装在平时穿用的注意事项，以及日常的养护。

任务分析

1. 丝绸面料分为真丝面料和仿真丝面料。图4-8-1所示的真丝面料、仿真丝面料在视觉上非常相像，仅仅通过目力观察很难判断其真伪。但是，由于真丝面料、仿真丝面料的原料不同，因此它们在服用性能上存在着明显差别。所以，可以根据丝绸面料服用性能的不同表现，利用简易的方法进行测试，来判别丝绸面料的类别。

2. 要分辨丝绸面料和棉型面料，可以采用手感目测的方法从触感、悬垂感、色泽等方面进行对比。

3. 真丝服装属于高档服装，比其他材质的服装娇贵，必须精心维护和小心穿用，以延长其使用寿命。因此，应该正确掌握真丝面料在穿用、洗涤、晾晒、熨烫、储存五个方面的方法。

相关知识

图4-8-3所示的棉质淑女连衣裙光泽平实，裙摆蓬松，给人以邻家女孩般亲切自然的感受。图4-8-4所示的丝绸晚礼服款式高雅气派，垂坠感强，特别是在礼服的后摆处坠感非常明显，从整体外观上给人以柔软光滑、华丽高贵的感觉。两者相比，为什么丝绸面料的成衣效果更能表达出晚礼服飘逸、华贵的风格呢？这主要是由于丝绸面料的服用性能使其外观表现具有独特之处。

图4-8-3　棉质服装

图4-8-4　丝质服装

一、真丝面料特有的服用性能

（一）真丝面料的外观性能

1. 光泽与透明感

按照蚕丝原料的不同，真丝面料分为柞蚕丝面料和桑蚕丝面料，如图4-8-5、图4-8-6所示。桑蚕丝面料色白、细腻，光泽柔和、明亮，手感爽滑、柔软，外表高雅、华贵，多作为高级服装的面料。柞蚕丝面料外观较粗糙，手感柔而不爽，略带涩滞，略感挺括，给人以古朴、典雅的感觉，坚牢、耐用，价格便宜，常作为中档服装及时装面料。

图4-8-5　柞蚕丝面料

图4-8-6　桑蚕丝面料

真丝面料中的一些品种（如纱、绡和罗，将在任务九中具体介绍）质地轻薄，透明度好。女性穿着这些品种的面料制作的服装，形体轮廓若隐若现，体现优雅、清纯的气质，如图4-8-7所示。

2. 抗皱性与免烫性

真丝面料比化纤仿真丝面料更易起皱，因此有俗语“不皱不是真丝绸”。真丝的免烫性差，在洗涤后如果拧干，会造成面料的“死褶”，以及变形。

图4-8-7　真丝面料的半透明感

图4-8-8　真丝面料的飘逸层叠感

3. 悬垂性

真丝面料的悬垂性好，有极好的“垂感”。面料与人体身形的吻合度非常好，给人的感觉很舒适。在设计真丝面料服装时，利用褶裥和面料的自然下垂可以使服装呈现层叠效果，穿着时呈现出如同流水般的飘逸感，如图4-8-8所示。

面料的悬垂性通常采用伞式悬垂法进行测试。测试原理：将一定面积的圆形面料试样放在一个直径较小的圆盘上，面料就会由于自身重力沿小圆盘四周下垂，并在面料底摆呈现波浪；然后，用垂直于小圆盘上方的平行光照射在面料上，就会看到面料的垂直投影。面料投影越小，表示其悬垂性越好。

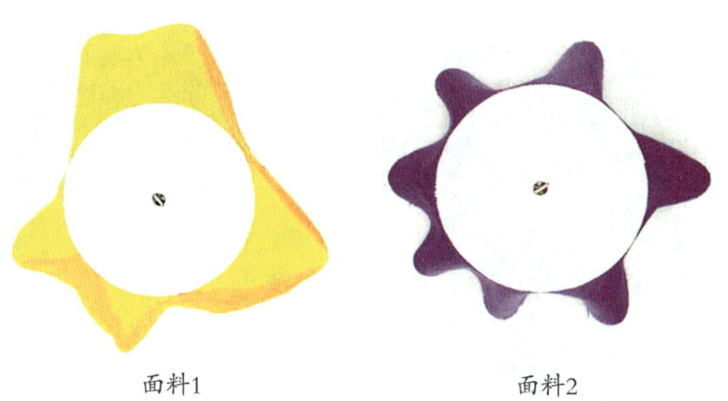

面料1　　面料2

图4-8-9　面料的悬垂性投影影像

图4-8-9所示为不同悬垂性面料进行伞式悬垂测试所获得的投影影像。这是从圆盘上方，自上而下看到的两块面料的投影影像。面料2形成的波浪均匀，投影面小于面料1，这表明面料2的悬垂性比面料1要好。

（二）真丝面料的舒适性能

1. 吸湿性能

真丝面料的吸湿性能优良，比纯棉面料的吸湿性能还要强，因此真丝服装穿着舒适。真丝面料尤其适合制作夏天服装，爽滑而不黏腻。

2. 刚柔性

面料的刚柔性直接影响服装轮廓与合身程度。挺括的面料适用于线条明朗的款式。柔软的面料适宜较优雅而柔和的设计。真丝面料手感柔软、舒适、细腻，具有飘逸感，穿着最服帖、合体。其中，桑蚕丝面料具有干滑、凉爽的手感，柞蚕丝面料具有温暖、干爽的手感。

3. 丝鸣

干燥的真丝面料相互摩擦或揉搓时会发出特有的、微弱而清晰的声响，称为丝鸣。这是真丝面料所独有的特征。

真丝面料制作的服装轻薄、透气、光滑，舒适感强，而且服装造型高贵，所以真丝面料受到广泛的喜爱。而且，真丝面料的应用范围很广，从轻薄的夏季服装到厚重的冬季服装都可以采用真丝面料。

二、仿真丝面料及其类别

仿真丝面料是用蚕丝与其他纤维交织而成，或者具有类似蚕丝性能的化学纤维（仿真丝纤维，如锦纶纤维、涤纶纤维、粘胶纤维等）纺织而成。仿真丝面料的外观效果以假乱真。仿真丝面料一般分为交织丝绸面料、纯化纤丝绸面料。

交织丝绸面料一般是指用蚕丝和其他纱线（一般多为棉、麻或人造丝）交织而成的丝绸面料。化纤丝绸面料是以化学纤维（如涤纶、锦纶纤维等）为原料织成的丝绸类面料，如常见的粘胶人造丝、涤纶或锦纶仿真丝面料。图4-8-10所示为丝/麻交织面料、丝/人造丝（粘胶）交织面料、涤纶仿真丝面料、锦纶仿真丝面料。

丝/麻交织面料

丝/人造丝（粘胶）交织面料

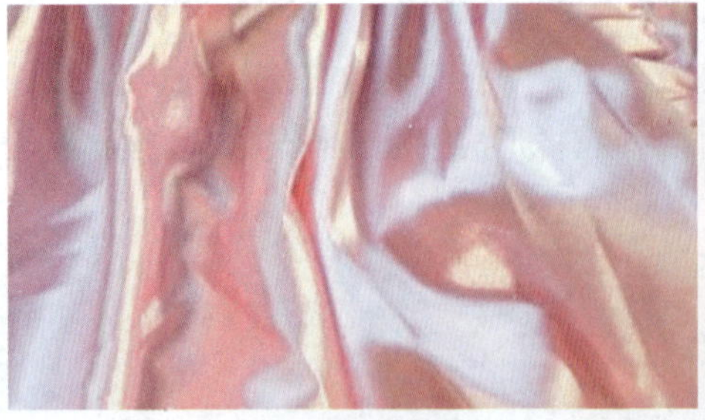

涤纶仿真丝面料

锦纶仿真丝面料

图4-8-10　仿真丝面料

三、真丝、仿真丝面料的服用性能对比

（一）外观性

真丝面料具有天然光泽，柔和不刺眼。化纤丝绸面料中，如涤纶仿真丝面料反光性强，有耀眼的光泽；锦纶仿真丝面料光泽较差，表面上似涂蜡的感觉。

（二）抗皱性

真丝面料用手攥紧后迅速放开，回弹柔和缓慢，褶皱少或不明显。化纤丝绸面料中，如涤纶仿真丝面料回弹迅速，挺括无痕；锦纶仿真丝面料有少量折痕，能缓慢恢复原状。

（三）刚柔性

真丝面料柔软、细腻，相互揉搓，能发出“丝鸣”；而涤纶、锦纶仿真丝面料欠柔和，有硬挺感。

（四）耐用性

抽丝后，蚕丝易断；涤纶丝、锦纶丝不易被拉断；粘胶长丝在湿态下强力下降幅度较大。因此，真丝面料耐用性较差；仿真丝面料耐用性受其所含化学纤维的耐用性影响，耐用性比真丝面料高。

（五）缩水率

真丝面料的缩水率5%～2%，交织丝绸面料的缩水率5%～3%，化纤丝绸面料的缩水率2%～0.5%。

真丝面料、交织丝绸面料（以丝/粘（人造丝）交织面料为例）、化纤丝绸面料（以涤纶仿真丝面料为例）服用性能比较见表4−8−1。

表4−8−1　　真丝、交织丝绸、化纤丝绸面料的服用性能比较

项目	服用性能＼面料	真丝面料	交织丝绸面料（以丝/粘交织面料为例）	化纤丝绸面料（以涤纶仿真丝面料为例）
外观	光泽	华丽、明亮，不刺眼	颜色鲜艳，有类金属光泽，不自然，光泽不柔和	蜡样光泽，光泽较差
	垂感	好	粘胶比蚕丝重，垂感提高	较好
	抗皱	折痕较少，但回复较慢，弹性差	柔软、光滑，无身骨	折痕少，回复快
	免烫性	差	差	好

续表

服用性能 项目 \ 面料		真丝面料	交织丝绸面料（以丝/粘交织面料为例）	化纤丝绸面料（以涤纶仿真丝面料为例）
舒适	通透性	透气、透湿	透气、透湿	透湿性差，有闷热感
	吸湿性与静电	吸湿性好，不易产生静电	吸湿性好，不易产生静电	吸湿性差，易产生静电
	手感	柔软、光滑，有身骨	柔软、光滑，无身骨	手感硬挺
耐用	抗强性（拉、撕、顶）、耐磨	耐用、耐磨性差	耐用、耐磨性差，随着粘胶的增加，湿态耐用性下降更大	坚牢、耐用、耐磨
	抗勾丝、抗脱散	缎纹，易勾丝	缎纹，易勾丝	缎纹，易勾丝
	抗污与防污	好	好	抗污性差
	色牢度	差	差	好
	收缩性（缩水）	大	大	小
保养	洗涤	干洗，若水洗要及时、轻柔，用中性或偏酸洗涤剂或皂液	水洗，比真丝易洗	水洗，易洗
	晾晒	干洗后阴干	晾干	晒干
	熨烫	垫布熨烫	垫布熨烫	垫布熨烫或直接熨烫
	储存	防霉、防蛀	防霉、防蛀	不需防霉、防蛀
价格		高	中	低

四、真丝面料及常见仿真丝面料的鉴别

女式晚礼服是晚间社交活动的礼仪用服装。礼服造型要线条流畅、悬垂，并且柔和、轻薄；外观呈现华贵感，要通过反射光线产生绚丽的视觉效果。图4-8-11所示的两件晚礼服都有光泽，柔软，垂坠感强。其中，一件是宴会用礼服，为真丝面料；另一件是婚纱摄影用礼服，为仿真丝面料。应该如何辨别它们的材质呢？

晚礼服（真丝面料）

婚纱摄影礼服（仿真丝面料）

图4-8-11　真丝面料与仿真丝面料的礼服

鉴别真丝面料的简单易行的方法是手感目测法和燃烧法。下面就利用上述

方法来观察真丝面料和常见化纤丝绸面料（如涤纶、锦纶、粘胶仿真丝面料等）的区别。

1. 手感目测法

（1）真丝面料有珍珠般的光泽，光泽优雅、柔和。而化纤丝绸面料的光泽不柔和，明亮、刺眼。

（2）真丝面料手感柔软，贴近皮肤时感觉滑爽、舒适，而化纤丝绸面料表面有蜡状感，手感粗硬。而交织丝绸面料介于两者之间，并具有与蚕丝交织的纱线（如棉、涤纶、粘胶等）的外观与手感特征。

2. 燃烧法

燃烧法是利用真丝面料和化纤丝绸面料在燃烧时的特征差别进行鉴别。图4-8-12所示为使用燃烧法鉴别真丝面料的整个过程。真丝面料燃烧会具有下列特征：燃烧时观察不到明火；燃烧期间，还能够闻到像烧头发一样的味道；燃烧后，真丝面料的灰烬成黑色微粒状，可以用手捏碎。

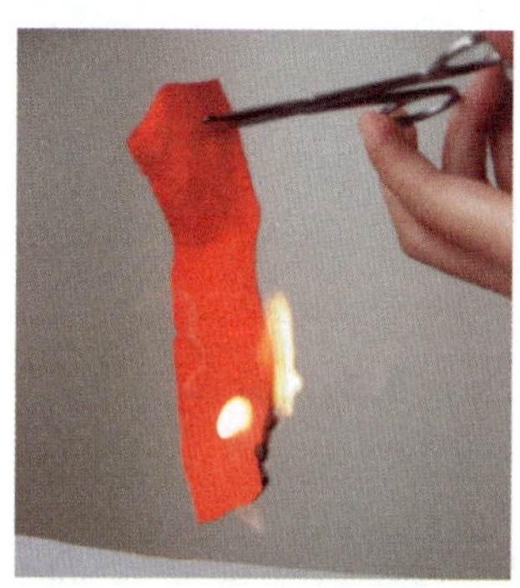
真丝面料燃烧时

真丝面料燃烧后

图4-8-12 燃烧法鉴别真丝面料

表4-8-2所列为真丝面料和典型化纤丝绸面料的燃烧特征，包括火焰的状态、燃烧时产生的气味以及燃烧后灰烬的特征。

表4-8-2 真丝面料及典型化纤丝绸面料的燃烧特征

面料名称	火焰状态	灰烬形态	气味
真丝	橘黄色火焰	黑色松脆块状，易碎	烧毛发味
粘胶（人造丝）仿真丝	橘黄色火焰	少量灰白色的细软粉末	烧纸味并夹杂化学品气味
涤纶仿真丝	先熔后烧，黄白色火焰	玻璃状黑褐色硬球，可压碎	特殊芳香味
锦纶仿真丝	先熔后烧，蓝色火焰	玻璃状黑褐色硬球，不易压碎	特殊氨臭味

五、真丝面料的保养

真丝面料的保养应该从其服用性能出发，从其日常的晾晒、洗涤、熨烫等方面注意。

1. 虽然真丝面料的强力较高，但是依然要避免对真丝面料服装的大力撕扯。

2. 真丝面料能吸收紫外线阻止对人体的侵害。但是，同时其自身会发生化学变化从而遭到破坏。因此，真丝面料在日光的照射下，容易泛黄。

3. 真丝面料对无机酸较为稳定，但无机酸浓度过大时蚕丝纤维会水解。如果使用碱性洗涤剂，真丝面料会手感发糙，因此洗涤时应采用中性皂。蚕丝不耐盐水侵蚀，汗液中的盐分可使蚕丝强力降低，所以在夏季真丝服装应勤洗勤换。

4. 真丝面料的耐热性比棉、毛面料好，一般熨烫温度可控制在150～180℃左右。熨烫真丝服装时垫布方可免出“极光”。对柞丝面料应避免喷水，以防形成水渍难以去除，影响面料外观。

任务实施

一、真丝面料的鉴别

1. 材料准备

真丝面料1块、仿真丝面料3块、打火机、镊子。

2. 鉴别操作

丝绸面料的鉴别概括为“一看，二摸，三听，四拉，五烧”，即看光泽、摸手感、听“丝鸣”、拉丝线、烧面料和闻气味。其中，“一看，二摸，三听”的方法只能大致分辨出面料是否是真丝面料，要想确认仿真丝面料的类别还需通过“四拉，五烧”两个方法进一步判别。观察结果填入表4-8-3、表4-8-4。

表4-8-3　　丝绸面料外观特征记录

观测结果＼项目 面料序号	感官鉴别				韧性鉴别
	色泽	手感	折痕（手攥后放开）	丝鸣（揉搓面料自身）	丝线韧性*
1号	色泽自然、柔和、悦目，不刺眼	柔软滑爽，质地细腻，有吸手感，悬垂飘逸	回弹缓慢，攥后无折痕	有特殊的“丝鸣”声响	干、湿状态下，韧性介于2号、3号面料之间
2号	光泽明亮、耀眼，不柔和	柔软滑爽，有湿冷感，悬垂感好，有沉甸甸的感觉	回弹较慢，有明显的皱褶，不易抹平	无丝鸣声	干态时强韧有力，湿态时极易被拉断
3号	光泽明亮，不柔和，反光性很强，在阳光下更加明显	硬挺、滑爽	回弹迅速，皱痕不明显	无丝鸣声	干、湿状态均结实有力
4号	光泽较暗，有涂蜡的感觉	面料身骨疲软	有折痕，但能缓慢恢复	无丝鸣声	干、湿状态下强力都很好，不容易拉断

*分别从面料经纬方向的布边扯出布丝，在干燥状态下用手拉伸丝线，然后将丝线中间位置沾湿后再次拉伸，察看沾湿处是否断裂，比较面料丝线的韧性。

表4-8-4　丝绸面料的燃烧特征记录

观测结果 / 面料序号	点燃后状态、灰烬	气味
1号	难以续燃，会自熄。灰烬是黑色，易碎、松脆	烧毛发味
2号	续燃极快。只有少量灰黑色粉末	烧纸味并夹杂化学品气味
3号	不直接续燃或续燃慢，灰烬硬圆，成珠状	特殊芳香味
4号	不直接续燃或续燃慢，灰烬硬圆，成珠状	特殊氨臭味

结论：1号面料属于真丝面料，其余三块面料均为仿真丝面料。其中，2号面料属于粘胶仿真丝面料，3号面料属于涤纶仿真丝面料，4号面料属于锦纶仿真丝面料。

二、真丝、棉面料的服用性能比较及判别

1. 材料准备

如图4-8-13所示（左侧为6号面料，右侧为5号面料），准备直径大约为30 cm的真丝面料1块和同样大小的纯棉面料1块。

图4-8-13　面料的滑爽度对比

2. 手感目测判别

（1）眼观

5号面料有一定的光泽，而且光泽较为柔和，6号面料无光泽，色泽朴实无华。

（2）手摸

5号面料与6号面料摸上去均非常柔软；但是，将面料分别叠层后用两个手指揉搓，发觉5号面料手感顺滑，6号面料则感觉表面摩擦较大，搓不动。

3. 悬垂性简易测试

服装设计和制作人员需要快速地判断面料的悬垂特性，可以根据悬垂性测试原理，采取简易方法测试悬垂性。

双手握拳，将面料的中心分别放在拳头顶部托起，令面料自然下垂，如果面料越贴近手，底部形成的摆围越小，表示其悬垂性越好。

采用上述方法进行测试，得到如图4-8-14的结果。从图4-8-14中可以看出，5号面料下垂后形成的波浪比6号面料形成的波浪数量多，而且均匀，面料紧贴在手上；6号面料下垂后形成的波浪相对大而且突出，面料与手之间的空隙相对较大。因此，可以判定5号面料的悬垂性比6号面料好。

通过观察和测试，光泽感及悬垂性俱佳的5号面料是丝绸面料，光泽朴素、悬垂性普通的6号面料是棉面料。

另外，还可以利用专用的悬垂性测试仪精准地测试并评价面料的悬垂性。

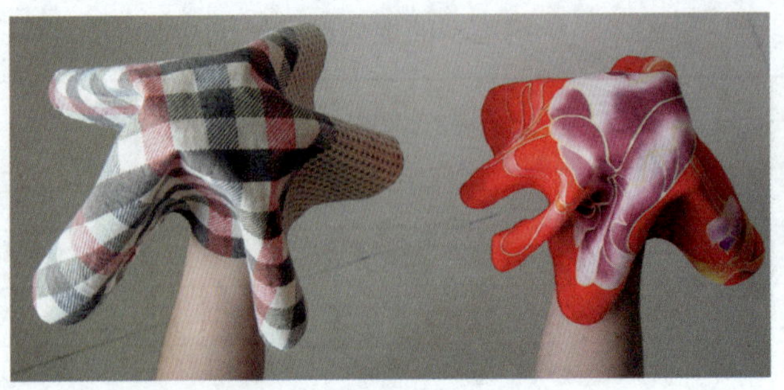

图4-8-14　面料悬垂性对比

三、丝绸面料的规格检验

丝绸的规格检验与棉型面料相似，这里不再重复叙述。请学生们自行完成丝绸面料的厚度、重量、密度的测试，并将测试结果填制入表（表格形式参考表2-4-3、表2-4-4、表2-4-6）。

四、真丝面料服装的保养

真丝面料的服装在初期的选购、服装穿用、洗涤、晾晒及熨烫的各个环节都必须精心保养、小心对待。

1. 选购

选购真丝服装时，购买的尺码应比自己合穿的尺码大2～4 cm，这样不仅穿着宽松舒适，且衣片接缝处不会因为拉力过大产生纰裂。

2. 穿用

穿着真丝服装时，不可在凉席、木板上及粗糙物品上摩擦，以免挑丝、断丝（图4-8-15），破坏服装外观。

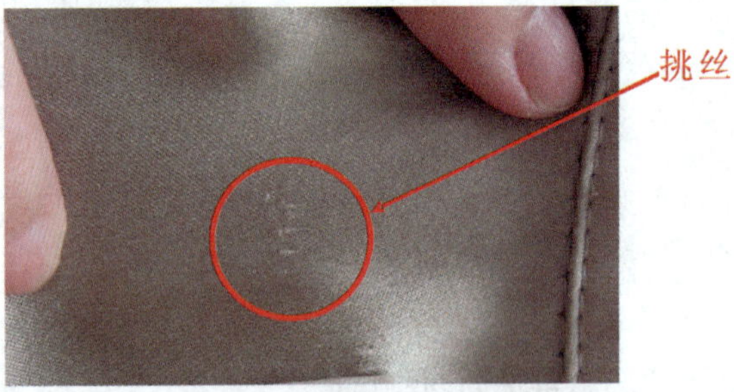

图4-8-15　真丝表面的挑丝

3. 洗涤

真丝耐酸不耐碱，所以洗涤时使用中性洗涤剂为宜。最好用手洗，切忌用力拧搓，应轻揉后用清水洗净。在洗涤时，若能加入少量白醋，能改善外观和手感。经醋酸处理后的真丝织物会更加柔软润滑，富有光泽。洗后的真丝面料服装切勿拧绞（图4-8-16），可以用“挤”或“甩”的办法去掉大量的水分（图4-8-17）。由于真丝面料怕盐水，因此夏季人体经常出汗，在穿用真丝面料的服装时要勤洗勤换。

图4-8-16　错误的去水方法

轻轻甩去水分

轻轻握住底部挤去水分

图4-8-17 正确的去水方法

4. 晾晒

蚕丝不耐日晒，受到汗水侵蚀及日光长期照射，就会发黄变脆，影响其穿用寿命。蚕丝不耐光，因此蚕丝面料制品洗涤以后不宜在阳光下曝晒，应在通风、阴凉处晾晒。

5. 熨烫

当真丝服装含水量较大或大面积熨烫时，可以用熨斗直接接触反面熨烫，熨烫温度控制在150℃左右。如图4-8-18所示按照熨斗已经设置的真丝面料熨烫温度挡调整。必须熨烫真丝面料正面时，一定要垫上干布或湿布，如图4-8-19所示。这样既可以避免在服装的正面产生“极光”或者出现熨斗印，还可以保持面料色泽的鲜艳度。

熨烫真丝面料的温度档

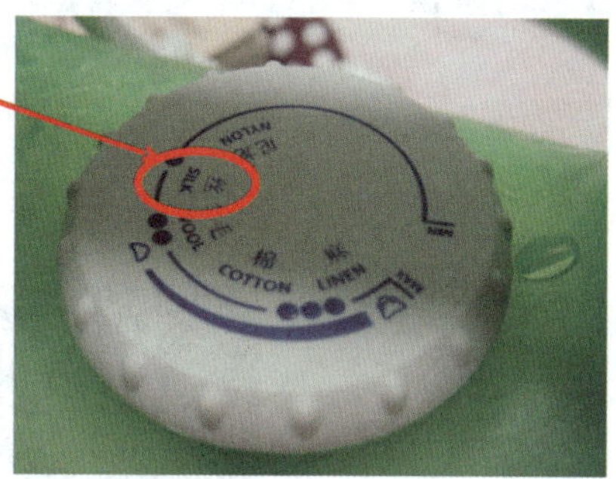

图4-8-18 熨斗温度指示盘

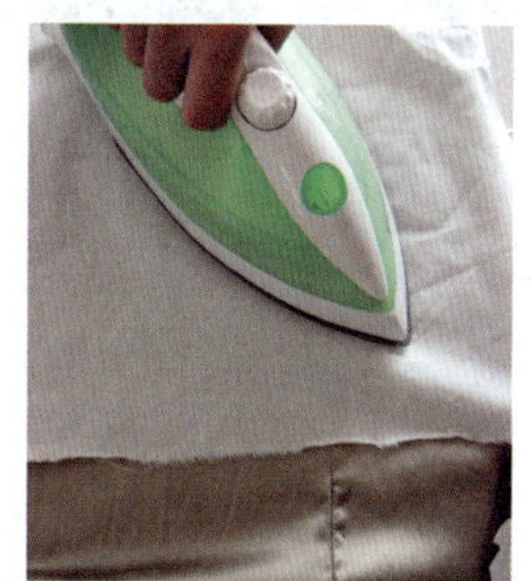

图4-8-19 垫白布正面熨烫

柞蚕丝面料的熨烫温度一般比桑蚕丝面料的略低些。柞蚕丝服装最好是在晾晒未干时，趁潮湿熨烫或者垫布干烫，因为干后洒水，极易在服装上留下水印。

对轻薄丝绸面料，熨烫温度可控制低些，或直接熨烫面料的反面；对熨烫中厚丝绸面料（如缎类、呢类），熨烫温度可高些。

6. 储存

真丝服装应尽量挂放，防止受压起皱变形。由于真丝的主要成分是蛋白质，因此在储存的时候还要注意防蛀。施放防虫剂时，勿与真丝衣料直接接触，以免污染服装而产生斑渍。

知识拓展

一、蚕丝分类

蚕丝纤维是天然纤维中唯一的长纤维，一般长度可在800～1 100 m之间。丝纤维来源于桑蚕、柞蚕（图4-8-20）、蓖麻蚕、木薯蚕等，以桑蚕质量最好。从蚕茧内缫丝用于纺制丝线，如图4-8-21所示。

桑蚕

桑蚕茧

柞蚕

柞蚕茧

图4-8-20　桑蚕、桑蚕茧和柞蚕、柞蚕茧

二、桑蚕丝、柞蚕丝及其服用性能

蚕丝具有其他纤维所不能比拟的美丽光泽，优雅、悦目、柔和。由人们采集桑树叶人工家庭喂养长大的蚕，吐出的丝是桑蚕丝。桑蚕丝纵向平直光滑，颜色洁白，光泽好，在真丝面料中用量最大，品种最多。用桑蚕丝织成的面料称为桑蚕丝面料。

野外山区等自然环境中长大的蚕，吐出的丝是柞蚕丝。柞蚕丝光泽不如桑蚕丝亮，手感不如桑蚕丝光滑。但柞蚕丝的坚牢度、吸湿性、耐热性、耐化学药品性等性能都比桑蚕丝好。柞蚕丝织制而成的面料是柞蚕丝面料。桑蚕丝面料在外观上优与柞蚕丝面料。柞蚕丝面料在坚牢度、吸湿性及耐热性等方面比桑蚕丝面料要好。

图4-8-21　茧丝缫丝

一、选择题（请在下列选项中选择一个正确答案并填在括号中）

1. 真丝面料水洗时会发生尺寸收缩，其主要原因是（　　）。

A. 热收缩　B. 缩水　C. 急弹性回缩　D. 缩绒

2. 从服装舒适性角度选择和开发夏季面料，最佳面料应该是（　　）面料。

A. 真丝　B. 毛　C. 涤纶　D. 锦纶

3. （　　）适合制作舞台服装。

A. 精纺毛料　B. 丝绸面料　C. 棉型面料　D. 麻型面料

4. 真丝面料最大的特点是（　　）。

A. 舒适自然飘逸　B. 平挺美观　C. 耐穿耐用　D. 不霉不蛀易保养

二、判断题（判断正误并在括号内填"√"或"×"）

1. 桑蚕丝、柞蚕丝、绢丝、紬丝、生丝都是真丝。（　　）

2. 真丝面料水洗时，纯毛毛料在热湿和机械外力的作用下，以及涤纶面料在高温熨烫时都会发生尺寸收缩，其原因都是由于热收缩。（　　）

三、简答题

1. 洗涤真丝服装应采用何种洗涤液？晾晒时应注意什么问题？熨烫温度应为多少？

2. 简述如何采用简易方法测试面料的悬垂性？

3. 有两块丝巾，一块是粘胶仿真丝的，一块是真丝的，如何鉴别？

四、实训题

1. 准备真丝面料和化纤仿真丝面料各一块，通过面料本身的摩擦，体会一下“丝鸣”的感觉。

2. 3～5个学生一组，收集丝绸面料2～3块，并采用燃烧法检验是否为真丝面料。

任务九　丝绸面料主要品种及应用

知识点： 1. 丝绸面料按照染整工艺、面料制造方法的分类。

2. 丝绸面料主要品种与服装应用。

技能点： 能够根据服装款式提出合适的丝绸面料品种。

任务描述

男式衬衫

男式唐装

连衣裙

鸡尾酒礼服

图4-9-1　典型丝绸服装

图4-9-1所示的各类服装都采用了丝绸面料。分析哪些品种的丝绸面料（包括真丝面料和仿真丝面料）适合制作上述款式服装，供服装生产厂家选择。

四款服装的要求如下：

从外观上来说，男式衬衫面料要求挺拔有一定厚度，体现稳重感；唐装（外套）要求挺括平服，表现庄重；纱质连衣裙要求较好的悬垂性和飘逸感，而且面料呈现半透光性；鸡尾酒礼服在高档社交场合穿着，要求光泽好，垂坠性强，显示雍容华贵。

从穿着的季节看，男式唐装属于冬季服装，要求厚重、保暖性好、透风性小；而连衣裙、男式衬衫属于夏季的服装，要求轻薄、透风、透湿、散热性好；鸡尾酒礼服穿着不受季节限制，服装面料要求厚薄适中即可。

任务分析

丝绸面料在服装设计、制作中应用广泛。要根据穿着者性别、穿着环境及款式、穿着季节，从光泽、厚薄、手感、柔软或平挺的角度选择不同特点的丝绸面料及主要品种，来满足图4-9-1所示四款服装的不同要求。

相关知识

一、丝绸面料分类与服用性能

除了按原料分类外，丝绸面料还可以按染整工艺、制造加工方式进行分类。

（一）按照染整工艺分类

按照染整加工工艺的不同，丝绸可以分为素丝绸（染色绸）与花丝绸（色织绸）。

1. 素丝绸就是由未加精炼的生丝织造而成的绸布，然后经过精炼、染色或者印花得到的丝织物。

2. 花丝绸就是由经过精炼、染色的熟丝作为经纬线织制的丝织物，织成后就是成品。

由于染整加工工艺不同，因此素丝绸上的印花图案是平面的，而花丝绸上的图案有纹路和浮凸感，如图4-9-2所示。

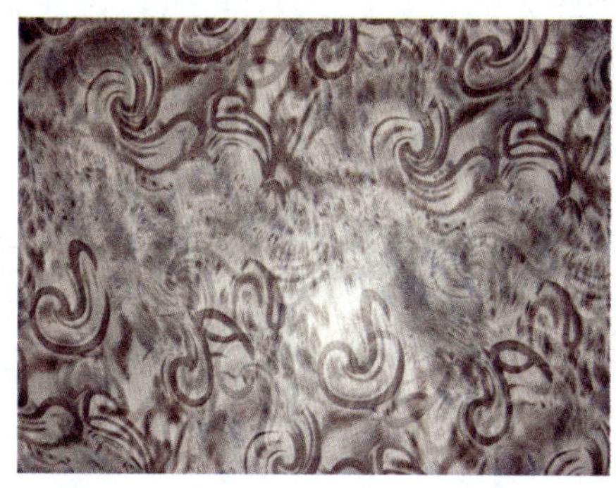

素丝绸（图案印染在丝绸面料上）

花丝绸（图案在丝绸纺织过程中形成）

图4-9-2　素丝绸和花丝绸

（二）按照面料织造方法分类

按照面料织造方法的不同，丝绸可以分为机织绸和针织绸。

1. 机织绸是用丝织机械以经纬线交错织成的丝绸面料。本任务中介绍的常见丝绸面料品种都是机织绸。

2. 针织绸则是用针织机械以丝线构成的线圈相互串套而成的丝绸面料。针织绸作为新型的丝绸面料，融合了丝绸面料的舒适性及针织面料的弹性，在服装中的应用具有一定的发展前景。

图4-9-3所示分别为机织绸面料、针织绸面料制作的吊带衫。针织绸面料表面的纹路比机织绸面料清晰，而且有弹性。

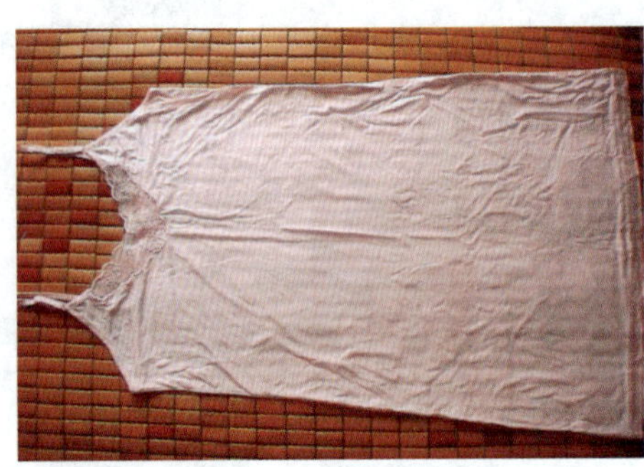

机织绸面料制作的吊带衫

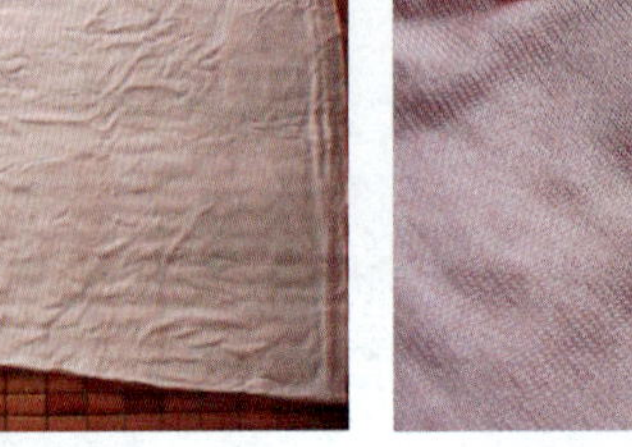

针织绸面料制作的吊带衫

图4-9-3　机织绸和针织绸制作的吊带衫

二、丝绸面料的主要品种与服装应用

丝绸是丝织物的总称，具有华丽、富贵的外观，光滑的手感，优雅的光泽，并且穿着舒适。它可用来制作各种服装，尤其适合用来制作女士服装。丝绸面料品种很多，特性各异。根据我国的传统习惯，依据绸缎织品的组织结构、加工方法、外观风格等，丝绸面料分成纺、绉、绸、缎、绡、纱、绒、罗、凌、呢、葛、锦、绢和绨14大类。本任务主要介绍目前市面上常见的且用于服装上的丝绸面料品种，及其在服装制作方面的主要应用。

（一）纺类丝绸面料

纺类丝绸面料全部采用平纹组织。其主要品种有电力纺（以100%蚕丝为原料的真丝面料）、尼丝纺（也称为尼龙塔夫绸，以锦纶长丝为原料的仿真丝面料）、涤丝纺、春亚纺（以涤纶为原料的仿真丝面料）、富春纺（以有光人造丝和棉型粘胶短纤纱交织的丝绸交织面料）。它们的服用性能和服装应用见表4-9-1。

表4-9-1　　纺类丝绸面料的服用性能及服装应用

品种	服用性能及图示	服装应用
电力纺	面料光泽明亮、柔和，布身细密、轻薄，手感滑爽、平挺。可素色，可印花  印花电力纺	用于裙子、衬衫等面料及高档毛料、丝绸服装里料  印花电力纺连衣裙　素色电力纺连衣裙
尼丝纺	面料平整、细密，平挺、光滑，轻薄、坚牢、耐磨，色泽鲜艳，易洗、快干。尼丝纺现有一些衍生性面料，组织有斜纹、缎纹、格子、提花等  格子尼丝纺	涂层尼丝纺不透风、不透水，且具有防羽绒渗漏能力，用于滑雪衫、雨衣、睡袋、登山服的面料。如用涤纶丝，就称为涤丝纺，一般用于制作里料  尼丝纺羽绒服
春亚纺	在传统品种的基础上，密度增加，手感柔软、滑爽，不易裂卸、不易褪色、光泽亮丽，功能更拓展  方格春亚纺	春亚纺的组织有半光、消光、斜纹、提点、条子、平格、浮格、菱形格、足球格、华夫格、斜格、梅花格等。半弹春亚纺一般用于西服、套装、夹克衫、童装、职业装等衬里辅料；全弹春亚纺可制作羽绒服、休闲夹克衫、童装等；防水涂层面料又可制作防水服  消光提花春亚纺连帽棉服

续表

品种	服用性能及图示	服装应用
富春纺	绸面光洁，色泽柔和，手感滑爽柔软，吸湿性好，穿着舒适 富春纺	主要用于夏季衬衫、裙子面料或儿童服装等 富春纺衬衫

(二) 绉类丝绸面料

绉类丝绸面料主要有双绉、乔其绉和顺纡绉等。

1. 双绉

双绉是平纹丝绸面料。依据使用的材料不同，可分为真丝双绉、涤纶双绉、人造丝双绉和丝/粘（人造丝）交织双绉等。其中，涤纶双绉比真丝双绉富有弹性且坚牢、耐穿，易洗、快干，但是穿着舒适感差；外观悬垂、飘逸，但是不够凉爽。然而由于其价格便宜，仍广受欢迎。

2. 乔其纱（绉）

乔其纱（绉）俗称雪纺，根据所用的原料可分为真丝乔其纱、人造丝乔其纱、涤/丝交织乔其纱、涤纶乔其纱等。

3. 顺纡绉

顺纡绉是化纤仿真丝面料，表面呈现强直皱纹，成品能够自然伸缩，牢固，不易松动、不易被扒裂，除了具有柔软、滑爽、透气、易洗的优点外，舒适性更强，悬垂性更好。

绉类丝绸面料的服用性能与服装应用见表4–9–2。

表4–9–2　　绉类丝绸面料的服用性能及服装应用

品种	服用性能及图示	服装应用
双绉	面料表面有隐约的细小皱纹，色泽鲜艳，光泽柔和，手感柔软，表面平整、轻薄，抗皱性能好，穿着舒适。按照原料不同，较常用品种有真丝双绉、涤纶双绉	主要用于制作女式连衣裙、男女衬衫、裤子等服装

续表

品种	服用性能及图示	服装应用
双绉	 真丝双绉面料 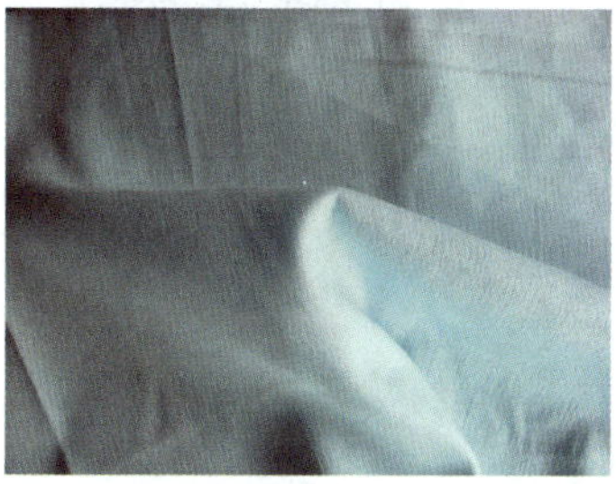 涤纶双绉	 双绉连衣裙  双绉衬衫
乔其纱（绉）	面料表面有细微、均匀的皱缩，质地稀疏、轻薄，有明显细纱孔，为绉面透明的丝织品。手感柔软、舒适，轻薄、飘逸，富有弹性。按照原材料不同，有真丝乔其纱、人造丝乔其纱  真丝乔其纱  人造丝乔其纱	适于制作夏季女裙、高级礼服等夏季女装   真丝乔其纱小礼服　人造丝乔其纱连衣裙

续表

品种	服用性能及图示	服装应用
顺纡绉	表面呈现较强直的皱纹，柔软、滑爽、透气、易洗，舒适性强，悬垂性好 涤纶顺纡绉	面料既可染色又可印花、绣花、烫金等。成衣上身，尽显典雅之气质，是爱时髦的女性制作套装、衬衫、裙装等理想时尚面料 涤纶顺纡绉裙子

（三）绸类丝绸面料

绸类丝绸面料主要有双宫绸、绵绸、塔夫绸、柞丝绸等。其中，双宫绸属于100%真丝面料。

1. 双宫绸因采用了特有的一种桑蚕丝（双宫丝）织造而得名。

2. 绵绸是以桑蚕短纤为原料的平纹织物。

3. 塔夫绸又称塔夫绢，是一种以平纹组织织制的高档丝织品；除了真丝塔夫绸外，根据所用的原料，还有双宫丝塔夫绸、丝／棉交织塔夫绸、绢纬塔夫绸、人造丝塔夫绸和涤纶塔夫绸等。

4. 柞丝绸以柞蚕丝为原料织成。

5. 除了以上绸类外，其他绸类面料还有：舒美绸，其为斜纹组织，原料为涤纶，用于里料；美丽绸，其为斜纹组织，原料为涤纶或人造丝，用于里料。

绸类丝绸面料的服用性能与服装应用见表4-9-3。

表4-9-3　　绸类丝绸面料的服用性能及服装应用

<table>
<tr><th>品种</th><th>服用性能及图示</th><th>服装应用</th></tr>
<tr><td>双宫绸</td><td>面料表面粗糙不平整，纬向呈现不规则的疙瘩状竹节，具有特殊的风格。双宫绸外观粗犷，绸身坚挺、厚实，比一般真丝绸类坚牢

双宫绸面料</td><td>适用于制作夏季男女衬衫、裙子、西服、外套等服装

双宫绸外套

双宫绸小西装

双宫绸蓬蓬小礼服</td></tr>
<tr><td>绵绸</td><td>绵绸表面不平滑，均匀分布着绵结杂质形成的“疙瘩”，绸面粗犷，丰厚少光泽，质地坚韧，手感厚实、柔糯，富有弹性，悬垂性与透气性良好

绵绸面料</td><td>主要用于制作衬衣、睡衣裤、练功服等服装

绵绸睡衣

绵绸练功服

民族风格绵绸短袖套装</td></tr>
</table>

续表

品种	服用性能及图示	服装应用
塔夫绸	（1）真丝塔夫绸的密度大，是绸类织品中最紧密的一个品种。塔夫绸紧密、细洁，绸面平挺，光滑细致，手感硬挺，色泽鲜艳、柔和、明亮，不易脏污。缺点是易产生褶皱，折叠重压后折痕不易恢复  真丝塔夫绸 （2）锦纶（尼龙）塔夫绸是密度较大的平纹绸类织物，属于化纤仿真丝面料。经过防水、轧光整理，手感滑爽，防水、透气  锦纶（尼龙）塔夫绸 （3）涤纶塔夫是指以涤纶长丝为原料的平纹绸类织物。可以做面料和里料，现在一般较多用于制作里料  涤纶格子塔夫绸	主要用于制作春秋服装、礼服及婚纱礼服等服装  真丝塔夫绸风衣  真丝塔夫绸礼服 尼龙塔夫绸适于制作运动服装、滑雪衫、羽绒服等服装  锦纶（尼龙）塔夫绸运动服
柞丝绸	绸面略带乳黄色，稍有光泽，不如桑蚕丝绸光滑、光亮、细洁，质地粗糙、厚实，手感挺括  柞丝绸面料	适用于制作休闲装  柞丝绸男式休闲唐装

（四）缎类丝绸面料

缎类丝绸面料主要品种有素绉缎、织锦缎、软缎、色丁等。素绉缎一般为桑蚕丝织造。织锦缎是在绸面上起三色以上的提花，质地厚实紧密，缎身平挺，色泽绚丽的面料。软缎一般是以桑蚕丝与人造丝交织而成的面料。色丁也是缎纹组织，多为涤纶织造，常见的为涤色丁。缎类丝绸面料的服用性能与服装应用见表4-9-4。

表4-9-4　　缎类丝绸面料的服用性能及其服装应用

品种	服用性能及图示	服装应用
素绉缎	属丝绸面料中的常规面料，亮丽的缎面非常高贵，手感滑爽，组织密实；该面料的缩水率相对较大，下水后光泽有所下降 素绉缎面料	用于制作女式衬衫、连衣裙以及睡衣等 素绉缎睡衣　素绉缎连衣裙
织锦缎	面料表面光亮细腻，色彩绚丽悦目，图案古朴多姿。花纹图案常采用梅、兰、竹、菊、龙凤吉祥、福寿如意等中国传统民族纹样。质地紧密、厚实，手感丰满，绸身柔挺  织锦缎面料	主要用于制作旗袍、唐装等服装  织锦缎旗袍

续表

品种	服用性能及图示	服装应用
软缎	质地轻薄、手感柔软、经面光亮 软缎面料	一般用于制作旗袍、晚礼服、婚纱等服装 软缎礼服 印花软缎旗袍　前胸绣长龙软缎唐装
涤色丁	即涤纶色丁布，属于化纤仿真丝面料。 正面非常光亮，反面暗淡无光，类似丝绸，悬垂性很好  色丁面料	主要用于制作礼服、舞台装、晚装、女裙等服装，也可作为里料  色丁女装

（五）绡类丝绸面料

绡类丝绸面料主要有烂花绡。烂花绡是采用锦纶丝和有光粘胶丝交织而成的，并经起花、烂花等工艺处理的绡类丝织物，其服用性能与服装应用见表4-9-5。

表4-9-5　　绡类丝绸面料的服用性能及服装应用

品种	服用性能及图示	服装应用
烂花绡	因为锦纶丝和粘胶丝具有不同的耐酸性能，经烂花工艺处理后，绡面光泽、明亮，烂花部分透明、轻薄、爽挺 蝴蝶直印同步烂花绡	可用于制作女式晚礼服、结婚礼服的披纱，或作为夏季服装 黑色烂花绡连衣裙　蓝色烂花绡V领裙

（六）纱类丝绸面料

纱类丝绸面料主要品种是香云纱。香云纱是我国一种很古老、很传统的真丝面料，又称“烤纱”。它是将坯纱经以植物“薯莨”提取的汁液浸泡、淤泥涂封、太阳曝晒等特殊工艺处理而成。其服用性能与服装应用见表4-9-6所示。

表4-9-6　　纱类丝绸面料的服用性能及服装应用

品种	服用性能及图示	服装应用
香云纱	香云纱穿着爽滑、透凉、舒适，绸身柔软且富有身骨。缺点是表面有胶，不宜折叠，摩擦后易脱胶影响外观 香云纱面料	适于制作夏季服装 香云纱短袖上衣　香云纱连衣裙

（七）绒类丝绸面料

绒类丝绸面料主要品种有乔其绒、金丝绒、天鹅绒，其服用性能与服装应用见表4-9-7。塔丝绒、桃皮绒和麂皮绒是绒类丝绸面料的新品种。

1. 乔其绒是用桑蚕丝和粘胶人造丝交织的双面起绒丝织物。

2. 金丝绒是桑蚕丝和粘胶人造丝交织的单面起绒丝织物。

3. 天鹅绒原料采用棉、腈纶、粘胶丝、涤纶和锦纶等不同原料。根据不同的用途，可以采用不同的原料进行编织。

4. 塔丝绒是平纹组织，原料一般为锦纶或涤纶。现有各种格子、斜纹、提花塔丝绒，用于制作夹克、外套等。

5. 桃皮绒可以是平纹、斜纹或缎纹组织。原料可以是全涤或锦涤。桃皮绒是由超细合成纤维织制的一种薄型砂磨起绒织物。面料表面覆盖一层特别短而精致细密的小绒毛，毛感细腻；具有吸湿、透气、防水的功能，以及蚕丝般的外观和风格；手感柔软、滑糯，富有光泽。主要用于制作沙滩裤、夹克衫、外套、衣裙等。

6. 麂皮绒是缎纹组织，主要分经麂皮和纬麂皮，主要用于女士春秋装。

表4-9-7　　绒类丝绸面料的服用性能及其服装应用

品种	服用性能及图示	服装应用
乔其绒	绒面绒毛浓密，短密的绒毛朝着一个方向倾斜，光泽柔和，质地柔软，富有弹性。染色或印花后，外观华丽美观，光彩夺目 乔其烂花绒	适于制作女装礼服 乔其烂花绒旗袍
金丝绒	绒面绒毛浓密，毛长且略有倾斜，但不及其他绒类平整，色光柔和，质地柔软而富有弹性 金丝绒面料	主要用于女式衣裙及服饰镶边等 金丝绒吊带礼服裙

续表

品种	服用性能及图示	服装应用
天鹅绒	天鹅绒的绒毛丰满，光泽柔和，质地坚牢、厚实，手感柔软，色光文雅，外观类似天鹅绒毛，故称天鹅绒 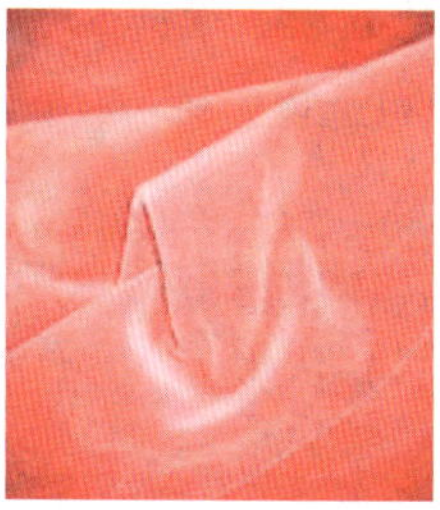 天鹅绒面料	主要用于制作女式高级服装  天鹅绒旗袍
塔丝绒	塔丝绒表面细腻，手感柔软，具有不易褪色起皱、色牢度强等优点 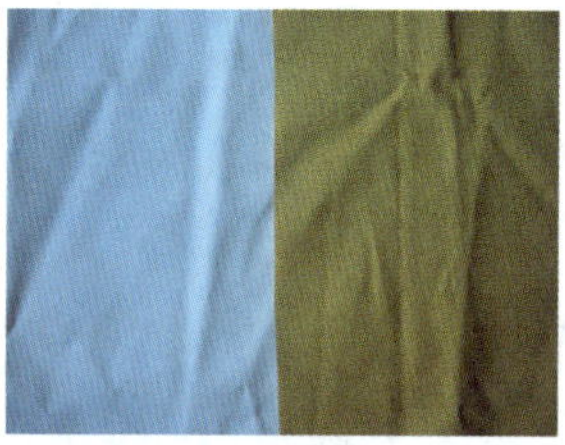 塔丝绒	主要用于夹克、外套等服装的面料  塔丝绒棉外套
桃皮绒	面料表面产生紧密覆盖约0.2 mm的短绒，犹如水蜜桃的表面，具有新颖而优雅的外观和舒适的手感，光泽柔和高雅  桃皮绒	主要用于沙滩裤、夹克衫、外套、衣裙等服装的面料  桃皮绒沙滩裤
麂皮绒	麂皮绒面料具有许多性能并不亚于天然麂皮，有许多性能甚至优于天然麂皮，如其织物毛感柔软，有糯性，悬垂性好，质地轻薄 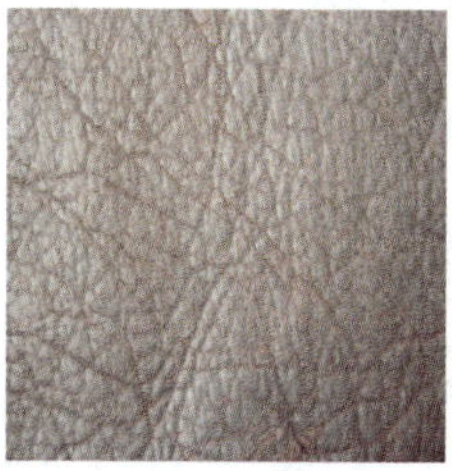 麂皮绒	主要用于女士春秋装的面料  女式麂皮绒外套

任务实施

一、分析服装要求

根据所学的专业知识及日常穿衣经验，从光泽、厚薄、手感（滑爽、滑糯）、柔软或平挺的角度总结图4-9-1所示服装的丝绸面料选择原则。

（1）男式衬衫

男式衬衫的面料要求挺拔，有一定厚度，体现稳重感。光泽感不能太强，防止服装显得花哨。贴身穿着，手感舒适即可。

（2）男式唐装

作为中国传统服饰，唐装是一款较为适合成熟的男人穿着的外套。该款唐装应该采用中厚型的面料，而且要求挺括、平服。面料色彩华丽，具有一定光泽，表面纹样形成民族风格的图案。

（3）女式连衣裙

连衣裙是夏季穿着的服装款式，应该给人感觉清凉、舒爽。该款连衣裙面料是纱质的，呈现透明感，光泽柔和。手感柔软、舒适，具有良好的悬垂性和飘逸感。

（4）鸡尾酒礼服

鸡尾酒礼服是介于下午装和礼装之间的款式，尽量选择富有华丽感和垂坠感的面料，能够体现女性性感和浪漫、精致的风格。面料通常要求柔滑，光泽感强，悬垂性好。

二、分析面料

根据相关知识中列出的丝绸面料主要品种，逐一分析是否适合制作上述服装。

1. 男式衬衫

（1）男式衬衫贴身穿着，舒适程度要求较好，因此排除锦纶、涤纶（品种为尼丝纺、春亚纺）等仿真丝面料。

（2）在真丝面料的品种中挑选

1）纺类。对于男式衬衫，电力纺过于轻薄，富春纺、双绉及乔其纱则薄而软，这三种丝绸面料都不合适。

2）绸类。双宫绸风格粗犷适合男性服装，而且绸身厚实坚挺，因此适合制作男式衬衫。绵绸风格较为粗犷，坚牢厚实，但是比较柔软，因此不适合制作该款男式衬衫。

塔夫绸色光柔和明亮，主要用于女式服装的制作。柞丝绸手感厚实挺括，光泽感弱，可以制作男式衬衫。

3）缎类。由于软缎轻薄柔软、织锦缎色彩绚丽，使得这些面料不适合制作男式衬衫。

素绉缎光滑柔软，更适宜制作女式衬衫。烂花绡轻薄透明，不适于制作男装。

4）纱类。香云纱色彩深暗，绸身虽柔软但富有身骨，穿着滑爽不贴身，适合制作男式衬衫。

5）绒类。乔其绒、天鹅绒及金丝绒面料厚重，通常用于制作女式旗袍或裙装，不适合制作男士衬衫。

2. 男式唐装

（1）纺类

电力纺、尼丝纺、富春纺、春亚纺、双绉和乔其纱布身轻薄，不适合制作男式唐装。

（2）绸类

双宫绸厚度合适，但风格粗犷；绵绸不平挺；还适合制作唐装。柞丝绸风格朴素，适于制作休闲装。

塔夫绸表面纹样无变化，不适合制作唐装。

（3）绉、缎类

素绉缎、软缎手感柔软不平挺，较少用于制作男式唐装。

织锦缎质地紧密厚实，绸身平挺，而且表面纹样图案绚丽多彩，是制作男式唐装的最佳选择。

（4）纱类

香云纱适宜制作夏令服装，不符合男士唐装的穿着季节。

3. 女式连衣裙

质地透明的丝绸面料有三种：双绉、乔其纱和烂花绡。

（1）双绉

绸面轻薄飘逸，质地柔软，有隐约细皱纹，可以用于制作连衣裙。

（2）乔其纱

与双绉风格相似，相比质地更加稀疏轻薄，有明显细纱孔，适合制作该款连衣裙。

（3）烂花绡

绡面光泽明亮，烂花部分透明，轻薄爽挺，因此也可制作该款连衣裙。

4. 鸡尾酒礼服

鸡尾酒礼服的面料选择较讲究，要具有较好的质感。

（1）纺类

电力纺滑爽平挺，悬垂性欠佳。尼丝纺、富春纺以及春亚纺采用的化纤原料，质感方面达不到要求。这些种类丝绸不适合制作鸡尾酒礼服。

（2）乔其纱

乔其纱（雪纺）面料虽然光泽软柔和，但是其具有飘逸悬垂的特点，能够使得礼服更加柔美、浪漫，适合制作鸡尾酒礼服。

（3）绸类

双宫绸、绵绸风格粗犷，塔夫绸绸面平挺不够柔滑，因此不适合制作鸡尾酒礼服。

柞丝绸光泽感弱，且质地粗糙、手感平挺，不适宜制作鸡尾酒礼服。

（4）绡类

烂花绡采用化学原料，较少用于制作鸡尾酒礼服。

（5）香云纱

身骨硬，不适宜制作紧身及带褶裥的服装，不能用于制作鸡尾酒礼服。

（6）缎类

素绉缎及软缎等面料手感柔软，光泽感强，整体感觉柔滑，适宜制作鸡尾酒礼服；织锦缎则适宜做中式礼服。

（7）绒类

乔其绒、金丝绒及天鹅绒等起绒类面料服装在穿着者一动一静之间就会闪耀出隐隐的光泽，且悬垂性好，适宜制作鸡尾酒礼服。

知识拓展

用于丝绸面料的化纤主要是涤纶丝、粘胶丝和锦纶丝。它们既可以与真丝交织，也可织成纯化纤丝绸面料（即化纤仿真丝）。

一、涤纶仿真丝面料的品种、特点及应用

涤纶仿真丝面料具有真丝外观风格，且价格低廉、抗皱免烫，颇受消费者欢迎。常见品种有：涤丝绸、涤丝绉、涤丝缎、涤纶乔其纱、涤纶交织绸等。这些品种具有丝绸的飘逸悬垂、滑爽、柔软、赏心悦目的特点，同时又兼具涤纶面料的挺括、耐磨、易洗、免烫的优点；缺点是这类织物吸湿透气性差，穿着不太凉爽。为了克服这一缺点，现已有更多的新型涤纶面料问世，如高吸湿涤纶面料。

二、粘胶仿真丝面料的品种、特点及应用

粘胶长丝俗称人造丝。纯粘胶丝绸面料有：无光纺、有光纺、美丽绸、利亚绒、人丝绡等。羽纱、富春纺则属人造丝与人造棉纱线（或棉纱）的交织丝绸，具有质地坚牢、柔滑、挺实、价格便宜等特点，常可用于服装里料。

三、锦纶仿真丝面料的品种、特点及应用

以锦纶丝为原料织成的丝绸面料有锦纶塔夫绸、锦纶绉等。其具有手感滑爽、坚牢耐用、价格适中的特点，但是存在易皱且不易恢复的缺点。锦纶塔夫绸多用于制作轻便服装、羽绒服或雨衣布，而锦纶绉则适合制作夏季衣裙、春秋两用衫等。

练一练

一、填空题（请将正确答案填在空白处）

1. 按照染整加工工艺的不同，丝绸面料可以分为______与______。按照面料织造方法的不同，丝绸面料可以分为______与______。按照所用原料不同，丝绸面料可以分为________、________与________。即便是真丝面料还分为______与______。

二、单项选择题（请在下列选项中选择一个正确答案并填在括号中）

1. 依据绸缎织品的组织结构、加工方法、外观风格等，丝绸面料可分为（　　）大类。

A. 11　B. 10　C. 12　D. 14

2. 下列面料中，不属于丝绸面料的面料是（　）。

A. 绵绸　B. 尼龙塔夫绸　C. 柞丝绸　D. 府绸

3. 雪纺属于丝绸面料中的（　）类。

A. 纺　B. 绉　C. 绡　D. 绒

三、判断题（判断正误并在括号内填"√"或"×"）

1. 按照丝绸面料织造方法和分类，富春纺属于机织丝绸。（　）

2. 丝绸面料的纺、绉、绸、缎、绡、纱、绒、罗、凌、呢、葛、锦、绢和绨14大类常用于服装制作。（　）

3. 丝绸是丝织物的总称，都是由真丝织造而成，因此具有华丽、富贵的外观，光滑的手感，优雅的光泽。（　）

4. 真丝面料的服用性能是常见纺织纤维面料中最好的，它有非常好的舒适性、保养性、耐用性和外观性，并且它的价格也较高。（　）

5. 丝绸面料中最具特色的面料之一是缎类。例如，织锦缎的花纹图案常采用梅、兰、竹、菊、龙凤吉祥、福寿如意等中国传统民族纹样，面料表面光亮、细腻，色彩绚丽、悦目，图案古朴、多姿，质地紧密、厚实，手感丰满，绸身柔挺。（　）

四、简答题

1. 列表比较纯棉、真丝面料的服用性能。

2. 请回答纺、绉、绸、缎类面料中常用于制作哪些服装?

五、实训题

通过网络搜索、查阅杂志或者实地调研，目前哪几种丝绸面料比较流行?

课题五　毛型面料及其服装应用

任务十　毛型面料的判别、检验与保养

知识点： 1. 精纺、粗纺毛型面料的差异。

2. 毛型面料的种类及服用性能。

3. 毛型面料的洗涤、熨烫。

技能点： 1. 能够简易判别纯毛、毛混纺和毛型化纤面料。

2. 掌握与棉型面料相同的规格检验。

3. 掌握毛型面料的干洗、熨烫的保养方法。

任务描述

1. 三块毛型面料均为50 cm长的整幅面料，如图5-10-1所示。用简便易行的方法判别图中三块毛型面料。首先，判断哪块属于精纺毛型面料、粗纺毛型面料；其次，判断哪块属于纯毛面料、毛混纺面料和毛型化纤面料。

1号面料

2号面料

3号面料

图5-10-1　不同类别的毛型面料

2. 说出上述不同类型的毛型面料，在日常保养中都有哪些注意事项。

任务分析

1. 首先，了解精纺毛型面料和粗纺毛型面料的区别、外观特征等差异。其次，了解和掌握纯毛面料、毛混纺面料、毛型化纤面料的服用性能，然后依据它们的特征，采用手感目测、燃烧的方法进行判别。

2. 毛型面料的规格、收缩、色牢、色差等的检验与棉型面料的检验方法基本一样。

3. 要掌握毛型面料的干洗方法和注意事项，以及正确的熨烫方法。

相关知识

一、毛型面料的分类

（一）按生产工艺和毛型面料外观分类

1. 精纺毛型面料

精纺毛型面料（图5-10-2）是用精梳毛纱织成，所用羊毛品质较高。面料表面光洁，织纹清晰，手感柔软，富有弹性，平整、挺括，坚牢、耐穿，不易变形，大多用于制作春秋及夏季服装。

2. 粗纺毛型面料

粗纺毛型面料（图5-10-2）采用粗梳毛纱织成，织品一般经过缩绒和起毛处理，故呢身柔软而厚实，质地紧密，呢面丰满，表面有绒毛覆盖，不露或半露底纹，保暖性好，适宜制作秋冬装。

精纺毛型面料

粗纺毛型面料

图5-10-2　精纺毛型面料与粗纺毛型面料

3. 精纺毛型面料与粗纺面料的比较

精纺毛型面料一般用较细的毛纤维，且多为线织物，厚度比粗纺毛型面料薄；粗纺毛型面料多为纱织物，多经缩绒处理，且重量也比精纺毛型面料重。精纺毛型、粗纺毛型面料重量及厚度比较，见表5-10-1、表5-10-2。粗纺毛型面料表面往往毛绒覆盖，不露织纹。精纺毛型面料中，重量195 g/m^2 以下的属轻薄型面料，宜制作夏季服装；195～315 g/m^2 的属中厚型面料，宜制作春秋服装；在315 g/m^2 以上的属厚重型面料，只宜制作冬季服装。精纺毛型面料的缩水率为4%～1.5%，粗纺毛型面料的缩水率为5%～3.5%。

表5-10-1　　精纺与粗纺毛型面料重量比较　　(g/m^2)

毛型面料分类	精纺毛型面料	粗纺毛型面料
轻型	＜195	＜300
中型	195～315	300～450
厚重型	＞315	＞450

表5-10-2　　毛型面料的厚度　　(mm)

面料类型	精梳毛型面料	粗梳毛型面料
轻薄型	0.40以下	1.10以下
中厚型	0.4～0.6	1.10～1.60
厚重型	0.6以上	1.60以上

（二）按照原料分类及其服用性能

毛型面料按照原材料可以分成纯毛面料、毛混纺面料、毛型化纤面料。

1. 纯毛面料

（1）光泽柔和、自然，手感柔和，挺括而有弹性，起皱后容易恢复，面料能保持平整、挺括的外观；面料表面光洁，正反面略有差异。

（2）吸湿性很强，穿着舒适，无潮湿感。一般棉面料吸湿量达10%时，即有潮湿感，而纯毛面料吸湿量达自重的20%～30%时，潮湿感尚不明显，穿着干爽、舒适。

（3）保暖性很好。

（4）强度低，耐磨性好，具有很好的耐用性。

（5）虽然抗皱性好，但吸湿后可塑性变大、弹性变差，所以洗可穿性能较差，必须熨烫后才能穿用。

（6）耐酸不耐碱，耐热性较差，耐光性较差。

（7）可塑性好，染色性优良、色牢度好。

（8）易虫蛀，具有缩绒性。

纯毛面料如图5-10-3所示。

图5-10-3　纯毛面料

毛/涤混纺面料（表面有闪光）

毛/粘混纺面料

图5-10-4　毛混纺面料

2. 毛混纺面料

（1）毛/涤混纺面料

面料外观具有纯毛面料风格。呢面织纹清晰，平整光滑，表面有闪光点；挺括，有硬挺、粗糙感，手感不如纯毛面料柔软，缺乏纯羊毛面料的柔润感；弹性超过纯毛和毛/粘混纺面料，色牢度好，抗皱性好。毛/涤混纺面料在正装西服里应用较多，尤其以70%和80%含毛量的毛/涤混纺面料品质较优秀。

（2）毛/粘混纺面料

面料光泽较暗淡。精纺类毛/粘混纺面料手感较疲软，粗纺类毛/粘混纺面料则手感松散。这类面料的弹性和挺括感不如纯毛和毛/涤、毛/腈混纺面料。粘胶纤维的混入，使面料的强力、耐磨，特别是抗皱性、蓬松性等多项性能明显变差。如果粘胶含量较高，面料容易折皱。

毛混纺面料正面比反面光洁，而且纹路清晰，反面的色泽比正面柔和。毛混纺面料如图5-10-4所示。

3. 毛型化纤面料

涤纶仿毛面料

涤/粘弹力色织毛料

图5-10-5　涤纶仿毛面料

毛型化纤面料中，最常见的是涤纶仿毛面料，如图5-10-5所示。由涤纶长丝（如涤纶加弹丝、涤纶网络丝或各种异形截面涤纶丝）为原料织成的面料，称为精纺仿毛面料。用中长型涤纶短纤维与中长型粘胶或中长型腈纶混纺成纱，然后织成的具有呢绒风格的面料称为中长仿毛面料。涤纶仿毛面料的价格低于同类毛型面料。它既具有呢绒的手感丰满、膨松、弹性好的特性，又具备涤纶坚牢耐用、易洗快干、平整挺括、不易变形、不易起毛、起球等特点。常见品种有：涤弹哔叽、涤弹华达呢、涤弹条花呢、涤纶网络丝纺毛织物、涤粘中长花呢、涤腈隐条呢等。例如，全涤华达呢，经纬均用弹力丝，斜纹组织，常见规格有150D×150D、150D×200D、150D×300D。它主要用于制作工装、制服等。

混纺和化纤仿毛面料一方面体现所组成原料各种纤维的优越性，并能取长补短，以提高面料服用性能并扩大其服装的适用性，另一方面可以降低毛型面料的价格。

（三）精纺纯毛、毛混纺、毛型化纤面料的服用性能比较

以精纺毛型面料为例，分析比较全毛面料，毛/涤混纺、毛/粘混纺面料，涤纶仿毛、粘胶仿毛面料的服用性能，见表5-10-3。

表5-10-3　精纺全毛、毛混纺与毛型化纤面料的服用性能比较

项目 \ 面料类型		纯毛面料	毛混纺面料		毛型化纤面料
		全羊毛面料	毛/涤混纺面料	毛/粘混纺面料	涤纶仿毛、粘胶仿毛面料
外观	光泽	柔和、自然	柔和度下降	光泽暗淡	光泽明亮，色泽鲜艳
	表面结构与花纹	纹路清晰，表面光洁	纹路清晰，表面光洁	纹路清晰，表面光洁	纹路清晰，表面光洁
	抗起球	不易起球	基本不起球	不起球	基本不起球
	抗皱，尺寸稳定性	富有弹性，不易变形	富有弹性，不易变形	弹性比纯毛、毛涤混纺差，随粘胶含量增加，抗皱性下降	涤纶仿毛弹性好；粘胶仿毛弹性较差，极易出现皱褶，且不易消退
	免烫性	差	随涤纶含量的增加而变好	介于纯毛和毛混纺之间	随涤纶含量的增加而变好
舒适	通透性	透湿	透湿性随涤纶含量的增加而下降	差	透湿性随涤纶含量的增加而下降
	吸湿性与静电	吸湿性好，不易产生静电	吸湿性随涤纶含量的增加下降，静电不明显	吸湿性随涤纶含量的增加下降，静电不明显	吸湿性随涤纶含量的增加下降，粘胶仿毛的静电不明显
	手感	柔软	随涤纶含量的增加，柔软性下降	疲软、松散	手感偏硬
	保暖性	好	随涤纶含量的增加而下降	差	差
耐用	抗强性（拉、撕、顶）、耐磨	坚牢、耐穿	坚牢、耐穿	坚牢、耐穿程度随粘胶含量的增加而下降	坚牢、耐穿程度随粘胶含量的增加而下降
	抗勾丝、抗脱散	不勾丝、不脱散	不勾丝、不脱散	勾丝、不脱散	不勾丝、不脱散
	抗污与防污	好	抗污性随涤纶含量的增加而下降	抗污性差	抗污性差
	色牢度	好	好	好	粘胶稍差；涤纶较好
	收缩性（缩水）	较大	小	较大	涤纶小；粘胶大

续表

项目 \ 面料类型		纯毛面料	毛混纺面料		毛型化纤面料
		全羊毛面料	毛/涤混纺面料	毛/粘混纺面料	涤纶仿毛、粘胶仿毛面料
保养	洗涤	干洗	以干洗为主，也可水洗	以干洗为主，也可水洗	水洗
	晾晒	干洗后阴干	阴干或晾干	晾干	晒干
	熨烫	垫布熨烫	垫布熨烫	垫布熨烫	垫布熨烫或直接熨烫
	储存	防霉、防蛀	防霉、防蛀	防霉、防蛀	粘胶防霉
价格		高	中	中	低

三、毛型面料种类的判别

鉴别面料的方法较多，如可以利用先进的检测仪器鉴别其纤维成分，从而准确判断面料种类。本教材重点介绍服装厂的面料进厂检验所常用的、简便易行的鉴别方法。

（一）感官鉴别法

此种方法主要通过手感目测来鉴别面料纤维，简单快速，但可靠性差，往往需要丰富的经验，故大多作为鉴别的初步参考。感官鉴别包括两部分：

1. 面料外观鉴别即通过观测整块毛型面料的颜色、光泽、质量、手感等特性来进行鉴别，详见表5-10-4。

表5-10-4　　毛型面料的感官鉴别

常见面料	色泽	手感	折皱性能(手捏布料后迅速放开)
纯毛面料	光泽柔和、莹润	柔软、滑糯，有身骨	褶皱少，恢复快
毛/涤混纺面料	缺乏纯毛面料的柔润感，在灯光或阳光下有闪光	挺括，但有板硬感，手感比纯毛差	恢复较慢，无折痕
毛/粘混纺面料	颜色鲜艳，有类似金属光泽，不自然	柔软、光滑，无身骨	褶皱多，恢复慢
涤/粘仿毛面料	有似金属光泽，不自然，有的有蜡状光泽	手感滑腻	褶皱少，恢复快

2. 拆纱鉴别方法，同棉型面料拆纱鉴别方法。毛纤维为短纤维，而且长短不整齐，绵羊毛纤维长度60~120 mm。毛型化纤一般是粘胶、腈纶和涤纶，这些纤维的长短一致。此方法只适用纯纺（纯毛、毛型化纤）面料和毛交织面料。

（二）燃烧法

常见毛型面料的纤维主要包括毛纤维、粘胶纤维、涤纶纤维、腈纶纤维等，其中粘胶纤维、涤纶纤维的燃烧情况已经学习过，这里介绍毛纤维、腈纶纤维的燃烧情况，见表5–10–5。

表5–10–5　　毛型面料纤维的燃烧特征

纤维	燃烧性能			气味	灰烬
	靠近火焰	接触火焰	离开火焰		
毛	收缩	渐渐燃烧	不易延燃	烧毛发味	松脆黑灰
腈纶	收缩、微熔、发焦	熔融、燃烧、发光、有小火花	继续燃烧	辛辣味	黑色松脆硬块

四、毛型面料的规格、质量、性能指标和检验方法

毛型面料的质量由四个因素决定：外观、实物质量、染色牢度、服用性能。

1. 按其对服用的影响程度与出现状态不同，外观疵点的评等分局部性外观疵点与散布性外观疵点两种，分别予以评分和评等。

2. 毛型面料的质量指手感、呢面、光泽。通过“一捏，二摸，三抓，四看”的检验方法来评定。评定面料质量要求检验人员在实践中积累经验，逐步提高检验的准确性。目前评定毛型面料的质量已可以采用织物风格仪，进行客观地检验，并有具体的检测数值来显示。

3. 染色牢度指织物染色后其颜色坚牢度。其考核项目、试验方法、考核级别详见《精梳毛织品》（FZ/T 24002—206）、《粗梳毛织品》（FZ/T 24003—2006）。

4. 服用性能指内在质量，指毛型面料的缩水率、起球、断裂强力、折皱弹性等。其指标、试验方法详见《精梳毛织品》（FZ/T 24002—2006）、《粗梳毛织品》（FZ/T 24003—2006）。其中折皱弹性试验方法参见GB/T 3819—1997。

五、毛型面料的保养

毛型面料与其他面料相比，其外观性、耐用性都有特殊之处。因此，在毛型面料的保养过程中，特别强调其洗涤、熨烫的要求。图5–10–6 所示为西服内侧由厂家缝制在衣服内侧的标志，上面用国际通用标志符号规定了该种毛料西服的洗涤、熨烫方式。

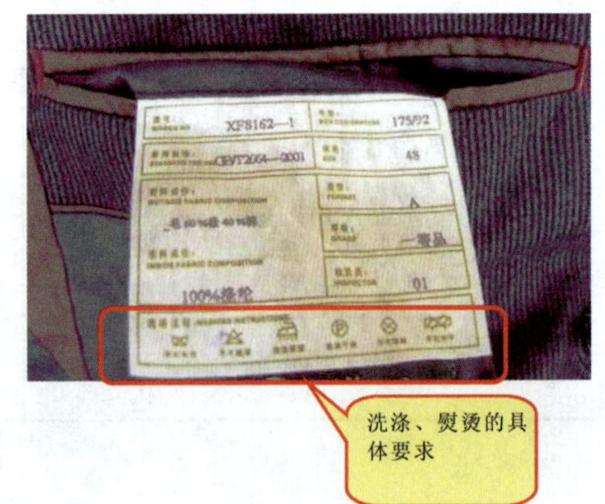

图5–10–6　毛料西服的洗涤、熨烫标志

（一）洗涤

常用洗涤方法如下：

（1）揩拭

利用刷子、刮刀、棉棒等工具去除固体性污垢。

（2）水洗

以水加一定的洗涤剂，利用外力作用来进行去污。水洗能去除水溶性污垢与油溶性污垢，具有简便、经济、效果显著的特点。但是，水洗易使毛型面料收缩、变形、褪色。

（3）干洗

利用有机溶剂如汽油、三氯乙烯、四氯乙烯等，将毛料服装上的污垢溶解并挥发，从而达到洗涤、清洁的作用。与水洗法相比，干洗后毛型面料不易产生收缩、变形和褪色现象，并使毛料服装外观自然、挺括、丰满。高档毛料服装必须采用干洗处理。

（二）熨烫

毛料服装的熨烫主要是起成型和熨平的作用。成型就是利用熨烫来塑造服装主体形状的过程，使服装该挺起的部位突出，该收拢的部位凹进，以适应人体的体形曲线与活动的要求。烫平就是消除皱痕，形成平滑、笔挺的效果。

毛型面料熨烫的关键：一是针对毛型面料的耐温性能，确定合适的温度；二是熨烫的介质，一般是蒸汽，可以用蒸汽熨斗，也可以用一般的熨斗加垫湿布熨烫；三是熨烫的时间，太短了达不到熨烫的效果，太长了，又可能烫坏面料或服装；四是及时冷却。

1. 影响熨烫的因素

熨烫是一种热定型加工，是利用热使面料或服装按照外力作用而产生所需的变形，且冷却后使这种变形固定。为了达到热定型目的，必须控制四个基本因素。

（1）温度

只有温度提高了，在外力作用下面料或服装才容易发生形变。但温度过高时，会烫坏服装面料，特别是合成纤维面料会产生收缩及熔化现象，毛料甚至会产生碳化现象。不同的毛型面料的熨烫温度不同，详见表5–10–6。

表5–10–6　各种毛型面料熨烫的适宜温度　（℃）

面料种类	直接熨烫温度	垫干布熨烫温度	垫湿布熨烫温度
纯毛面料	160～180	185～200	200～250
粘胶仿毛面料	160～180	190～200	200～220
涤纶仿毛面料	150～170	180～190	200～220
腈纶仿毛面料	115～135	150～160	180～210

（2）介质

水是熨烫时的最好介质。熨烫时，经常需要面料含有一定的水分。根据用水方式的不同，熨烫分为喷水烫、闷水烫、湿布烫和蒸汽熨斗烫。在深色面料及毛型面料（或服装）上，多数采用一定湿度的湿布垫烫。垫湿布熨烫时，熨斗的高温使水分迅速化为蒸汽，将热量迅速传递到面料内部，完成熨烫。垫湿布熨烫可使蒸汽量分布均匀，面料的受热面积大，熨烫质量好，不会产生“极光”，同时对高档面料有保护作用。

（3）压力

在温度、介质作用的同时，要给面料施加适当的变形压力，能使面料在人们需要的位置形成一定的形状，达到熨烫的目的。

（4）冷却

毛型面料在熨烫过程中经受了热能、水分和压力的作用后，还必须经过冷却。只有面料迅速冷却、干燥，熨烫所获得的形状才能被固定下来。冷却的方法有两种：一是采用空心熨烫板，利用抽风机将水分、余热全部抽掉，可迅速冷却；二是自然降温冷却，可用口吹气、提起面料或轻轻抖动服装等，将热量和水汽较快地散发掉。

2. 毛型面料的熨烫要点

毛型面料具有良好的可塑性和湿热定型性，适宜在半干时从反面熨烫，或垫干布熨烫。组织紧密、纹路清晰而饱满的华达呢、贡呢等不宜熨烫正面，以免出现“极光”。绒面类毛型面料最好使用蒸汽熨斗，避免重压，防止绒毛倒伏。厚重型毛型面料可稍微加大熨烫时的用力，同时略减少熨烫时间，保证面料由表及里充分定型。

任务实施

一、毛型面料的鉴别

首先，利用手感目测法观察图5-10-1所示的三块面料；然后，拆解面料经向、纬向纱线进行燃烧，观察燃烧状态和燃烧残留物。将观察结果记录在表5-10-7、表5-10-8中。

表5-10-7　　毛型面料外观特征记录

项目 面料序号	感官鉴别			
	色泽	手感	恢复（手攥后放开）	折痕
1号	光泽平滑，纹路清晰明亮，色泽柔和	手感糯软，丰满且厚实，不粗不硬富有弹性	迅速恢复平挺状	不留折痕
2号	色泽与棉布相似，光泽较亮	手摸毛感比1号差	恢复缓慢	无折痕
3号	光泽暗淡	手感疲软，缺乏挺括感	恢复缓慢	折痕较明显，且不易消退

表5-10-8　　毛型面料燃烧特征记录

项目 面料序号	燃烧鉴别		
	燃烧状态	气味	残留物
1号	遇火冒烟，燃烧速度较慢	烧头发的焦臭味	有光泽的黑色小球状，用手指一压即碎

续表

面料序号＼项目	燃烧鉴别		
	燃烧状态	气味	残留物
2号	遇火有熔缩，容易点燃，冒黑烟	烧毛发气味	较坚硬的球状
3号	较易燃，燃烧速度较快，火焰呈黄色	既无烧发味，又无烧纸味	坚硬、呈球状或块状

根据上述记录，比较毛型面料的感官和纤维燃烧特征，初步判断1号面料为纯毛面料，3号面料为涤纶仿毛面料，对比1、3号面料，2号面料可以判断为毛混纺或交织面料。

判断是混纺还是交织面料，需要根据2号面料经向、纬向纱线对比和两个方向的纤维燃烧情况对比。经过比较，可以看出2号面料的经向、纬向的纱线的燃烧状况不同。经向燃烧情况与毛纤维相同，纬向燃烧情况与涤纶纤维燃烧特征相同，因此可以判断2号面料是毛/涤交织面料。

二、毛型面料的规格检验

毛型面料的规格检验类似于棉型面料，本任务省略。请学生自行完成毛型面料厚度、重量、密度的测试，并填写入表（表格形式参考表2-4-3、表2-4-4、表2-4-6）。

三、毛型面料的洗涤

1. 准备工作

采用上述已鉴别的纯毛面料、毛/涤交织面料、涤纶仿毛面料，均取50 cm长的整幅面料；水盆、洗衣机、中性肥皂、中性洗涤剂、实验台。

2. 洗涤操作

准备一盆水，将毛型面料都放入水盆，按照以下正确操作进行水洗。

洗涤水温不超过30℃；用中性洗涤剂或肥皂；不能用搓板搓洗，而轻柔手洗，应用水多次清洗。如果使用洗衣机洗涤，应选用轻洗模式，洗涤时间不宜过长，防止缩绒、变形；用洗衣机脱水控制在半分钟以内。

洗涤后，用手挤压除去水分，沥干。然后，对面料整形。

由于毛型面料在太阳下曝晒，会失去光泽和弹性及耐用性的下降。因此，应放在阴凉通风处晾晒。

四、毛型面料的熨烫

1. 准备工作

（1）工具、设备的准备

熨烫台、调温电熨斗、喷水壶，如图5-10-7所示。接好电源，预热熨斗。

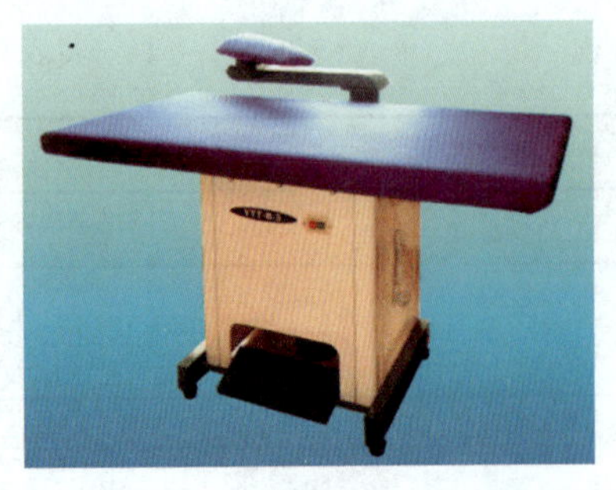
熨烫台

电熨斗

喷水壶

图5-10-7　熨烫准备工具

（2）试样准备

从全幅的纯毛、毛涤交织面料和涤纶仿毛面料上，剪裁下40 cm×20 cm大小的样布，并标注纯毛、毛涤交织面料、涤纶仿毛面料的正反面。将标注好正反面的纯毛、毛涤交织和涤纶仿毛面料揉皱。在蒸汽熨斗上，选择不同毛型面料对应的熨烫温度。

2. 熨烫操作

（1）纯毛面料熨烫

用喷水壶在纯毛面料反面需要熨烫的位置喷水。将熨斗温度调到直接熨烫纯毛面料的温度挡。待水在纯毛面料反面渗透均匀，先在反面熨烫；再翻转面料，让正面向上，垫干布熨烫，并烫出直皱。最后，翻转纯毛面料，从反面将面料烫干。

（2）毛/涤交织面料熨烫

用喷水壶在毛/涤纶交织面料反面需要熨烫的位置喷水。将熨斗温度调到直接熨烫毛/涤交织面料的温度挡。待水在毛/涤交织面料反面渗透均匀，先从反面烫干；再翻转毛/涤交织面料，使其正面向上，垫干布烫出直皱。

（3）涤纶仿毛面料熨烫

操作与毛/涤交织面料相同，不再重复。

知识拓展

一、毛纤维的主要品种及纤维形态

（一）主要品种

毛纤维包括绵羊毛、山羊绒（开司米）、骆驼毛（绒）、牦牛毛（绒）、马海毛等。

1. 绵羊毛

通常按细度和长度，绵羊毛分成细羊毛、半细羊毛、长羊毛、杂交羊毛、粗羊毛五个类型。其中，细羊毛质量最好，其直径在25 μm以下，或品质支数在60支以上。细羊毛毛质均匀，手感柔软而有弹性，光泽柔和。

（1）羊毛光泽柔和、自然，这是由于每一根纤维表面鳞片的漫射现象所致。由于羊毛弹性好，表面有卷曲，因此毛型面料有身骨，不易起皱。羊毛下水后会产生收缩和缩绒。

（2）由于导热性小，羊毛纤维保暖性能优于其他纤维，成为冬季极好的保暖面料的原料。在天然纤维中，羊毛纤维的吸湿、透气性最好。

（3）羊毛纤维的强力比棉纤维差，强力很低；不耐晒、不耐热，耐热性不如棉纤维好，熨烫温度一般为160～180℃。

（4）由于羊毛纤维耐酸不耐碱，因此毛型面料洗涤时要用中性或略偏酸性洗涤剂(液)，全毛服装通常干洗；羊毛纤维主要成分是蛋白质，易被虫蛀。

（5）缩绒性是指羊毛在湿热条件下，经机械外力反复作用，纤维集合体逐渐收缩紧密、交编毡化的性能。利用羊毛纤维的缩绒性对羊毛面料进行缩绒处理，使绒面紧密、手感丰满，以达到保暖的作用。缩绒性会导致毛型面料或毛料服装尺寸不稳定。这可通过氧化法或树脂法进行防缩处理。

我国的新疆绵羊毛质量最好。一般毛型面料所用的毛是绵羊毛。

2. 山羊绒

山羊绒俗称开司米（英译名）。山羊绒是紧贴山羊皮生长的浓密细软的绒毛，是一种贵重的纺织原料。山羊绒纤维直径比细羊毛还细。我国山羊绒平均直径在14.5～16 μm，平均长度为35～45 mm。山羊绒纺制的主要产品（如羊绒衫、羊绒大衣等）具有细、轻、软、暖、滑等特点，都是高档、贵重的纺织品，深受国际市场的欢迎。

3. 马海毛

马海毛也称安哥拉山羊毛。马海毛纤维粗长，纤维表面光滑，光泽强。纤维强度及回弹性较高，不易收缩、毡缩，易于洗涤。马海毛常与羊毛等纤维混纺，用于大衣、羊毛衫、围巾、帽子等高档服饰。

4. 兔毛

兔毛有普通兔毛和安哥拉兔毛两种，其中以安哥拉长毛兔毛品质较好。兔毛具有轻、软、暖、吸湿性和保暖性好的特点，但强力低。这是由于兔毛纤维的鳞片少而光滑，抱合力差，因此其织成的面料易掉毛。兔毛常与羊毛或其他纤维混纺，用于制作羊毛衫等。

5. 骆驼毛

骆驼毛由粗毛和绒毛组成，具有独特的驼色光泽。粗毛纤维构成外层保护毛被，称驼毛；细短纤维构成内层保暖毛被，称驼绒。驼毛多用于衬垫；驼绒的强力大，光泽好，御寒保温性能很好，适宜织制高档粗纺毛面料和针织面料，用于制作高档服装。

6. 牦牛毛

牦牛毛由绒毛和粗毛组成，绒毛细而柔软，光泽柔和，手感柔软、滑腻，弹性好，保暖性好，常与羊毛等纤维混纺织成针织面料和大衣呢。用牦牛粗毛制成的黑炭衬是高档服装的辅料。

（二）显微镜下的细羊毛纤维形态

图5-10-8所示为细羊毛的截面与纵向形态。服装面料中用得最多的是绵羊毛，绵羊毛纤维较长，一般为60～120 mm。

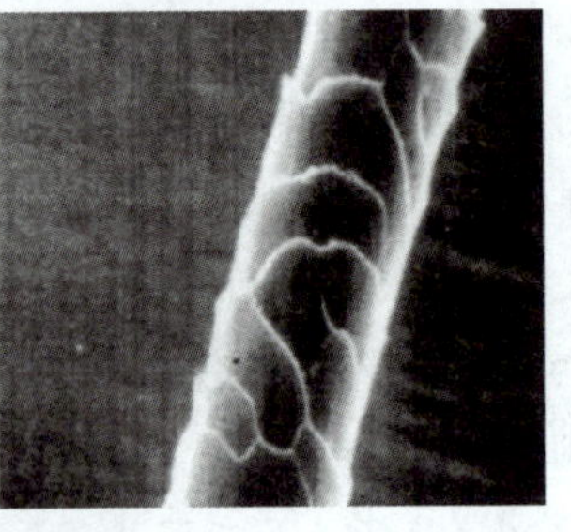

图5-10-8　细羊毛的截面与纵向形态

羊毛纤维与毛型化纤形态特征比较见表5-10-9。

表5-10-9　　　羊毛纤维及常见毛型化纤的形态特征比较

纤维名称	纵面形态	横截面形态
羊毛	表面粗糙，有鳞片	圆形或近似圆形（或椭圆形）
粘胶	表面光滑，有清晰的纵条纹	锯齿形
涤纶	表面光滑	圆形
腈纶	表面光滑、有纵条纹	圆形或哑铃形

二、其他类型的化纤仿毛面料

（一）粘胶仿毛面料

一般是用67%的细旦高卷曲粘胶与33%涤纶混纺高支纱加工而成，具有手感丰润、毛感强的特点，且具有类似凡立丁的外观风格，适合制作女用衣裙、便衣等。

（二）锦纶混纺及交织仿毛面料

采用锦纶长丝或短纤维与其他纤维进行混纺或交织而获得的毛型面料，兼具每种纤维的特点和长处。例如，粘锦华达呢，采用15%的锦纶与85%的粘胶混纺成纱织得，经密比纬密大一倍，具有呢身质地厚实，坚韧耐穿的特点，缺点是弹性差，易折皱，穿着时垂感强。此外，还有粘锦凡立丁、粘锦毛花呢等品种，都是一些常用面料。

（三）腈纶仿毛面料

腈纶仿毛面料品种较多，主要品种如下：

1. 精纺腈纶女式呢

用100%毛型腈纶纤维加工的精纺腈纶女式呢，具有松结构特征。其色泽艳丽，手感柔软有弹性，质地不松不烂，适合制作中低档女式服装。而采用100%的腈纶膨体纱为原料，可织成平纹或斜纹组织的腈纶膨体大衣呢。其具有手感丰满，保暖、膨松的毛型面料特征，适合制作春秋冬季大衣、便服等。

2. 腈纶混纺仿毛面料

腈纶混纺仿毛面料是指以毛型或中长型腈纶与粘胶或涤纶混纺的面料，包括腈粘华达呢、腈粘女式呢、腈涤花呢等。腈粘华达呢又称东方呢，以腈纶、粘胶各占50%的比例混纺而成，呢身厚实紧密、结实耐用，呢面光滑、柔软且具有类似毛华达呢的风格，但是弹性较差，易起皱，适合制作低档的裤子。腈粘女式呢是以85%的腈纶和15%的粘胶混

纺而成，多以绉组织织造，呢面微起毛，色泽鲜艳，呢身轻薄，耐用性好，回弹力差，适宜制作外衣。腈涤花呢是以腈纶40%、涤纶60%混纺而成。因为其多以平纹、斜纹组织加工，故具有外观平挺、坚牢、免烫的特点。其缺点是舒适性较差，因此多用于制作外衣、西服套装等中档服装。

三、毛料网址

精纺毛料：北京金羊毛纺有限公司http://www.bmjy.com.cn/CN/Default.aspx

一、简答题

识读题图5-10-1、题图5-10-2所示的服装标志的各项内容，阐述服装的服用性能和洗涤、熨烫的要点。

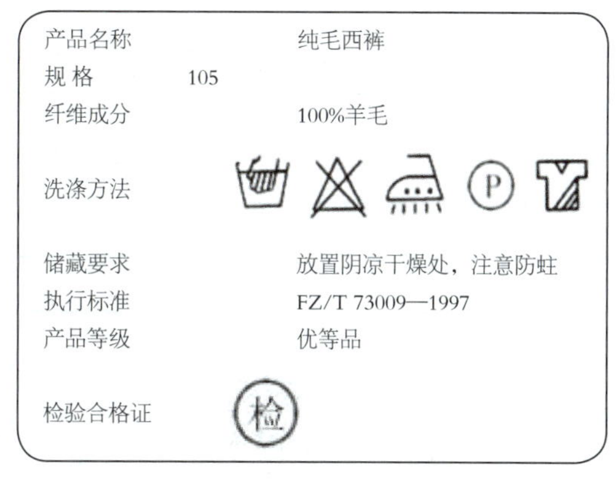

产品名称	纯毛西裤
规格	105
纤维成分	100%羊毛
洗涤方法	
储藏要求	放置阴凉干燥处，注意防蛀
执行标准	FZ/T 73009—1997
产品等级	优等品
检验合格证	检

题图5-10-1 西裤装标志

品名：西装 品牌：威斯康尼
代码：907720104
颜色：蓝色（701）
等级：一等品 检验：
标准：GB/T2664-2001
安全技术类别：GB18401-2003
C类：非直接接触皮肤产品
面料成份：羊毛82% 蚕桑丝18%
里料成份：涤纶55% 铜氨纤45%
洗涤说明：
不可水洗
不可氯漂
中温熨烫
可干洗
不可转笼翻转干燥

题图5-10-2 西装标志

二、单项选择题（请在下列选项中选择一个正确答案并填在括号中）

1. 熨烫服装时，温度是影响熨烫效果的第一因素，因此熨烫服装的温度应该（ ）。

A. 越高越好 B. 越低越好 C. 说不清 D. 根据面料的原料确定温度

2. 利用（ ）的方法能有效地鉴别纯羊毛和纯腈纶两种毛型面料。

A. 燃烧 B. 看外观 C. 看面料组织 D. 看面料颜色

3. 纯毛料用水洗涤后，尺寸会缩短变厚，其主要原因之一是（ ）。

A. 毛料太厚 B. 毛的缩绒性 C. 毛不吸水 D. 毛纤维太长

4. 洗涤全毛西服时，一般采用（ ）。

A. 干洗 B. 手工水洗 C. 家用洗衣机洗 D. 工业洗衣机洗

5. 全毛毛料最大的特点是（ ）。

A. 飘逸、淳朴 B. 自然平挺、保暖美观 C. 易洗快干 D. 不霉、不蛀、易保养

三、实训题

准备50 cm长的整幅纯棉面料、纯麻面料、真丝面料、纯毛面料各1块，用手感目测法和燃烧法鉴别，并把观察结果分别记入题表5-10-1、题表5-10-2，并对4块面料做出判断。

题表5-10-1　　　　棉、麻、丝、毛面料的外观特征记录

项目 序号	色泽	手感	弹性恢复（手攥后放开）	折痕
1号				
2号				
3号				
4号				

题表5-10-2　　　　棉、麻、丝、毛面料的燃烧特征记录

项目 面料序号	燃烧状态			气味	残留物
	接近火焰	在火焰中	离开火焰后		
1号					
2号					
3号					
4号					

任务十一　毛型面料主要品种及应用

知识点： 1. 精纺毛型面料的主要品种和服用性能。

2. 粗纺毛型面料的主要品种与服用性能。

3. 毛型面料的编号和羊毛标志。

技能点： 1. 能够掌握毛型面料的主要品种及应用。

2. 能够根据服装款式的要求，提出适合的毛型面料范围。

任务描述

1. 现代社会中，在正式场合男士一般穿着正装西服以示庄重、体面。正装西服一般用毛型面料(图5-11-1)制作。不同档次的正装西服采用不同类型的毛型面料。

图5-11-1　毛型面料与西服

提出适合制作图5-11-1所示西服的毛型面料，供服装生产厂家选择。西服要求如下：

西服套装造型挺括美观、廓形饱满、肩部圆顺、自然贴体、线条流畅、立体感强，领口、袖口、衣襟要服帖而不翘等，且要穿着舒适、方便。

2. 分别提出适合制作图5-11-2所示外套、女式大衣、女式时装的毛型面料，供服装生产厂家选择。其服装的要求如下：

外套为春秋季节外穿服装，要求笔挺、立体感强；女式大衣为秋冬着装，要求平整挺括，丰厚温暖，柔软而有弹性，且保形性好；女式时装强调轮廓造型和细部表现，外观表现有档次，柔软、飘逸，线条柔和，而且穿着舒适，追求多样化、风格化和个性化。

图5-11-2　毛型面料制作的外套、女式大衣与女式时装

任务分析

西服品质的优劣，面料起关键作用。选择适合制作正装西服、外套、大衣和时装的毛型面料，需要选择服用性能满足有关服装的功能、外观等要求的毛型面料。因此，要完成上述任务，需要了解毛型面料的主要品种、特点及其服用性能。同时，掌握市场上毛型面料的编号和特有的标志，才能够正确地从市场上挑选所需面料。

相关知识

一、精纺毛型面料的主要品种与服用性能

（一）毛华达呢

毛华达呢是用精梳毛纱织制、有一定防水性的紧密斜纹毛织物，适合制作雨衣、风衣、西服套装、中山装和夹克外套等便装，如图5-11-3所示。毛华达呢一般为斜纹组织，表面呈现陡急的右斜纹条，角度约63°，重270～320 g/m²。质地轻薄的毛华达呢采用斜纹组织，称单面华达呢，重250～290 g/m²。采用缎背组织的、质地厚重的毛华达呢称为缎背华达呢，厚实细洁，重330～380 g/m²。华达呢呢面平整光洁，斜纹纹路清晰细致，手感挺括、结实，色泽柔和，多为素色，也有闪色和夹花的。由于经纱密度是纬纱密度的2倍，因此毛华达呢厚实、紧密，坚韧、耐穿。但是，在穿着中毛华达呢长期受摩擦的部位会因纹路被压平容易形成“极光”（面料表面平板而反光的现象）。此外，还有毛经/棉纬华达呢和各种化纤纯纺、混纺华达呢，其风格特征随纤维的特性而异。图5-11-3左图为326 g/m、经纱为60/2股线、纬纱为40支单纱纯毛华达呢，以及纯毛华达呢制作的套装、风衣。

图5-11-3　纯毛华达呢和纯毛华达呢套装、风衣

（二）毛哔叽

毛哔叽是用精梳毛纱织制的一种素色斜纹毛织物，适合制作学生服、军服和男女套装等，如图5-11-4所示。其呢面光洁平整，纹路清晰，质地较厚而软，紧密适中，悬垂性好，以藏青色和黑色为多。毛哔叽比毛华达呢平坦，其斜纹纹路间距比毛华达呢宽，经纬交织点清晰易见。毛哔叽以各种品质羊毛为原料，纱支范围较广，一般为双股

30～60公支，以2/2斜纹组织织制，经密稍大于纬密，右斜纹角度约45° 。毛哔叽的重量为：薄哔叽约190～210 g/m²，中厚哔叽约240～290 g/m²，厚哔叽约310～390 g/m²。图5-11-4左图所示为347 g/m²、60/40毛/涤股线哔叽。

图5-11-4　毛涤哔叽及毛哔叽套装、制服

（三）啥味呢

啥味呢外观特点与哔叽很相似，表面纹路倾斜角约50° ，适合制作春秋季男女西服、两用衫、夹克衫、西式裙裤、女式风衣等，如图5-11-5所示。它通常由深色毛与白色(或浅色)毛混合而成，故呈混色的效果，传统色泽以灰色、咖啡色等混色为主，而目前啥味呢的颜色丰富多彩。经轻缩绒处理的啥味呢，正反面均有毛绒覆盖，毛绒短小均匀且丰满，无长纤维散布在呢面上，底纹隐约可见，手感软糯而不粗糙，有弹性，有身骨，光泽自然柔和。图5-11-5所示分别为304 g/m²纯毛啥味呢和60/40毛/粘啥味呢，以及啥味呢制作的套装。

纯毛啥味呢

毛/粘啥味呢

图5-11-5　纯毛啥味呢、毛/粘啥味呢和啥味呢套装

（四）凡立丁和派力司

凡立丁和派力司均为平纹组织，都是毛型面料中的轻薄面料，适合制作夏季服装，如夏季的西裤、裙子、女式套装与时装等。他们的正反面外观上相同，面料不够柔软，手感爽挺，坚密耐用；由于经纬交织点多，经纬纱弯曲次数多，故凡立丁和派力司的缩水率均较大。 常见的凡立丁采用64支和70支毛条混纺成32/2经纱和纬纱，密度为243根×204根/100 cm²。颜色有素色、混色。派力司一般是混色纺面料，将白色纤维与黑色纤维按一定比例混合纺纱织布，黑色纤维多则深灰，白色纤维多则浅灰。表5-11-1中为236 g/m²纯毛派力司和236 g/m²的纯毛凡立丁的比较。

表5-11-1　　236 g/m²派力司和凡立丁比较

品种 项目	派力司	凡立丁
相同	精纺面料，平纹组织，经纬都用股线，夏季轻薄型，手感滑爽，弹性好，挺括美观	
不同	混色面料，经密大，坚牢耐脏，质地细洁、轻薄，是精纺毛料中最薄的面料，呢面有纵横交错、隐约可见的有色细线条纹	多为单色，是精纺毛料中经纬密度最小的面料，色泽匀净，光泽足

服装应用	 	 

（五）花呢

花呢品种较多。将毛条染成各种颜色，然后纺成所需的色纱，再根据不同色纱的配置以及织纹组织的变化，便可生产出多种花呢。按照编织经纬不同，用40/2～60/2经纬纱，有的可夹入化纤长丝，可以分为条花呢和格子花呢；按照面料厚薄，可分为薄花呢和中厚花呢；按照面料的原材料，也可分为纯毛花呢和混纺花呢等。图5-11-6所示为各式花呢与花呢服装。花呢的品种还有海力蒙、牙签呢、雪克斯金等。

257 g/m²纯毛花呢

295 g/m²毛人造丝花呢

217 g/m²毛涤花呢

80/20毛涤花式纱花呢

图5-11-6　各式花呢与花呢服装

（六）贡丝锦

贡丝锦采用缎纹变化组织。贡丝锦是制作高档西服套装、礼服、大衣、制服的面料，黑色或深色贡丝锦还可为高档制服面料，如用于法院、银行、公安、公路管理等行业的制服面料，如图5-11-7所示。呢面光洁、细腻、身骨紧密，手感滑糯，活络感强，弹性丰富，光泽自然柔和，属高纱支、高纬密的高档面料。除以上特点以外，它的背面浮长较长，呢面显得光亮，光洁平整，织纹清晰，手感滋润，因此两面皆适合制作服装，使用者可自由选择理想的一面。

391 g/m²纯毛赛络贡丝锦

471 g/m²、80/20毛/涤贡丝锦

图5-11-7　贡丝锦和贡丝锦制服、西服套装

（七）精纺女衣呢

精纺女衣呢是采用精纺松结构的毛织物，主要用于制作春秋季各式妇女服装和童装、帽子面料等，如图5-11-8所示。女衣呢大多为匹染素色。有些品种在织造中还常用金银丝、异型涤纶丝、彩色丝等作为镶嵌装饰用料。因此，女衣呢是精纺呢绒中花色变化较多的品种。这种面料花色变化繁多，色泽鲜艳、明快，轻薄、松软，纹路清晰，光泽好，有弹性。

264 g/m²纯毛女衣呢

335 g/m²、45/55 毛/涤女衣呢

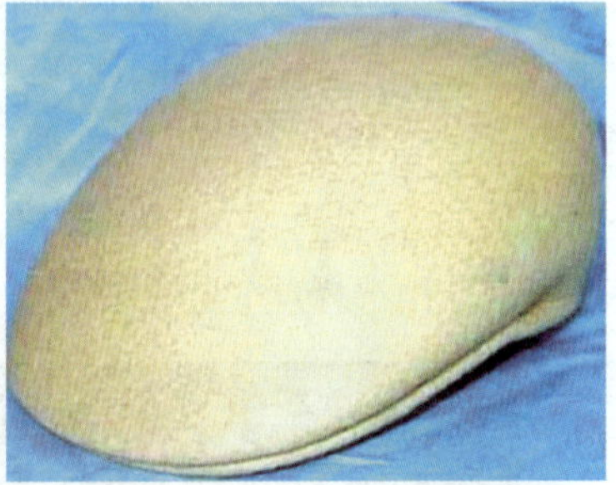

图5-11-8 女衣呢和女衣呢大衣、帽子

（八）板司呢

板司呢是中厚花呢，面料为方平组织，适合制作男女西服、两用衫、夹克衫、猎装、西服裙，如图5-11-9所示。板司呢表面平整，手感厚实、丰满，软糯而有弹性，多为色织面料，色纱一深一浅间隔排列，对比明显，面料表面呈现小格子或者细格状纹路。

341 g/m²、45/55毛/涤板司呢

图5-11-9 毛/涤板司呢和板司呢女套裙

（九）巧克丁、马裤呢

巧克丁又称罗斯福呢，表面呈现与华达呢相同的急斜纹，斜角约63° 。但是，其面料表面纹路比华达呢粗，比马裤呢细。斜纹间距和凹下去的深度不同，第一根浅而窄，第二根深而宽，并以此循环。这种面料的呢面平挺、紧密细洁，手感丰厚，有弹性，光泽自然。巧克丁面料多为素色（灰色、蓝色为主），适合制作春秋大衣，如图5-11-10所示。

马裤呢是精纺呢绒中最厚重的品种。其特点是织纹粗壮而陡峭，斜角为60° ~80° 。按加工工艺，可分为匹染素色和条染混色两种。马裤呢面料质地丰厚，纹路粗壮，坚牢、结实，光泽柔和，富有弹性，保暖性好，穿着舒适，抗皱性强，适合制作猎装、马裤、军服、大衣等面料和帽料等，如图5-11-10所示。

巧克丁　马裤呢

图5-11-10 巧克丁和马裤呢

二、粗纺毛型面料的主要品种与服用性能

粗纺毛型面料采用粗梳毛纱织成，一般经过缩绒和起毛处理，故呢身柔软而厚实，质地紧密，呢面丰满，表面有绒毛覆盖，不露或半露底纹，保暖性好，适宜制作秋冬装。

（一）麦尔登呢

传统麦尔登呢面有细密绒毛覆盖，品质较高，适宜制作冬季服装，如长短大衣、制服、中山装、青年装、军服、西裤、帽料等，如图5-11-11所示。按照原料可分为纯毛、混纺麦尔登呢。它质地紧密、身骨结实、手感丰厚柔软，呢面有丰满密集的绒毛覆盖，不见底纹，且细洁、平整，不起球，耐磨性好，富有弹性，抗皱性好，成衣平挺，保暖性好，穿着舒适。色泽以藏青、黑色或其他深色居多，近年也有中浅色产品。

图5-11-11　各色麦尔登呢与服装

（二）海军呢

海军呢所用羊毛品质比麦尔登呢稍低，有时也把海军呢归为制服呢类，属于制服呢中质量较好的品种。海军呢呢面有紧密的绒毛覆盖，基本不露底纹，有类似麦尔登呢的风格特征。面料表面细洁、平整，质地紧密有身骨，基本不起球，手感柔软有弹性，保暖性好。一般颜色有藏青、墨绿、草绿、米色、灰色等，色泽匀净。海军呢主要用于制作军装、制服、中山装、中短大衣、两用衫、西裤等，如图5-11-12所示。

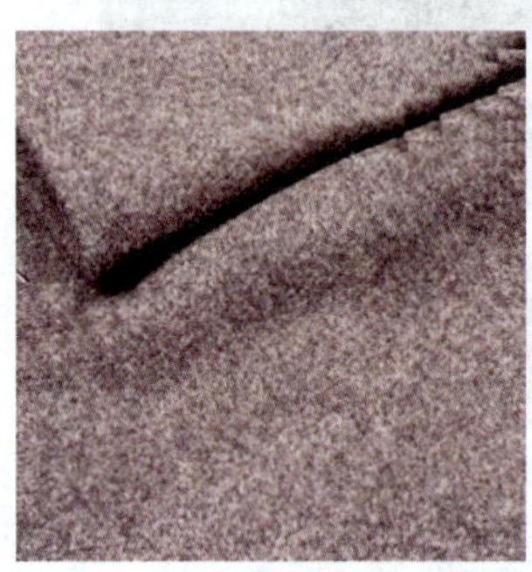

图5-11-12　海军呢和海军呢大衣、女装

（三）制服呢

制服呢是粗纺呢绒中的普通品种，价格较低，结实、耐用，使用面广。制服呢所用羊毛品质较低，呢面较粗糙，不如海军呢细腻， 色泽不匀净，不如海军呢鲜明，色光较差。制服呢质地厚实，保暖性好，但因使用较粗短的羊毛，手感粗糙，呢面织纹不能完全被绒毛覆盖而轻微露底，特别是穿着稍久，经多次摩擦更易出现落毛、露底现象而影响外观。它一般用于制作中低档制服和大衣、外套、夹克衫等，如图5-11-13所示。

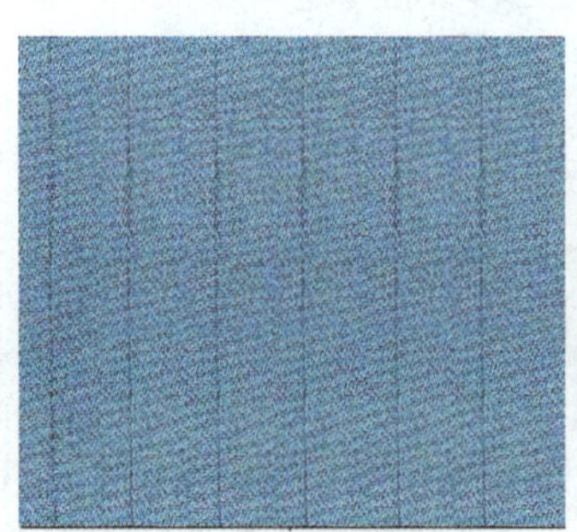

图5-11-13　制服呢与制服呢服装

（四）法兰绒

法兰绒有纯毛、毛混纺两种。传统的法兰绒是将部分原料进行散纤维染色，再掺入部分白纤维，均匀混合后得到混色毛纱进行织制而成，色泽以黑白混色为多，呈中灰、浅灰或深灰色。随着品种的发展，现在法兰绒也有很多素色及条格产品。法兰绒采用平纹或斜纹织成，表面有绒毛覆盖，半露底纹，丰满细腻，混色均匀，手感柔软而富有弹性，身骨较松软，保暖性好，穿着舒适。法兰绒适合制作春、秋、冬季各式男女服装，如中山装、两用衫、西裤、春秋女式大衣、风衣、女马甲、夹克衫以及帽料等，薄型法兰绒还可做衬衫、裙子、连衣裙等，如图5-11-14所示。

图5-11-14　法兰绒和法兰绒服装

（五）粗花呢

粗花呢用单色纱、混色纱、合股线、花式纱线等和各种花纹组织配合在一起，形成人字、条格、圈圈、点子、小花纹、提花等各种花型，花色新颖，配色协调，保暖性好，适用面广，穿着美观、舒适。粗花呢有纯毛、混纺两种，根据用毛的质量分为高、中、低档。粗花呢的手感较粗厚、构型典雅、色彩协调、粗犷活泼、文雅大方，是女时装、女春秋衣裙、西服上装、长短大衣、童装等服装的价廉物美的理想面料，如图5-11-15所示。

图5-11-15　各种花色的粗花呢与服装

（六）钢花呢

钢花呢亦称“火姆司本”，属粗花呢的一种，因为其表面均匀散布红、黄、蓝、绿等彩点，好似钢花四溅而得名。它的用料、重量、组织、染整工艺等与其他粗花呢相似，唯独其外观色彩斑斓、风格独特。钢花呢适合制作春秋季女式短大衣、两用衫、男女西服上装、夹克衫等，如图5-11-16所示。

图5-11-16　钢花呢和钢花呢连衣裙

（七）大衣呢

大衣呢质地丰厚，分高、中、低档。高级大衣呢常采用动物毛（如兔毛、羊绒、驼绒、马海毛）等制成，包括羊绒大衣呢、银枪大衣呢等。常见的大衣呢品种有平厚大衣呢、立绒大衣呢、顺毛大衣呢、拷花大衣呢、花式大衣呢等各种不同风格的产品，适合制作各种大衣、风衣、帽子等，如图5-11-17所示。

顺毛大衣呢

花式大衣呢

图5-11-17　各色大衣呢及其制作的大衣

（八）女式呢

女式呢又称女服呢，多为单色产品，也可通过色织得到各种条、格及印花品种，色泽鲜艳、丰富，常采用流行色谱以适应不同服饰的需要。

1. 按外观风格分，女式呢分为平素女式呢、顺毛女式呢、主绒女式呢、松结构女式呢等。平素女式呢色泽鲜艳，不露底纹或微露底纹；顺毛女式呢的绒毛较长并向一个方向倒伏，滑润细腻、光泽好；主绒女式呢的绒毛密立平齐、不露底，手感丰厚，有身骨、有弹性；松结构女式呢的表面纹路粗犷、清晰露底，手感松软，稍有粗糙感。此外，还有各种风格不一的花式女式呢。

2. 按原料分，女式呢可分为纯毛、混纺和纯化纤女式呢。纯毛女式呢按其所含动物纤维的不同，又可分为羊绒女式呢、兔毛女式呢、驼绒女式呢等。

女式呢手感柔软、丰厚保暖、颜色齐全，但以浅色居多。女式呢适合制作妇女各式服装，其中厚型适于制作秋冬女大衣，中厚及薄型则适于制作春秋上衣、西服套裙、女便服、两用衫等，如图5-11-18所示。

图5-11-18　女式呢和女式呢服装

三、毛面料的编号和标志

精纺、粗纺毛面料根据《毛纺产品分类、命名及编号精梳毛织品》(FZ/T 20015.1—1998)《毛纺产品分类、命名及编号粗梳毛织品》(FZ/T 20015.2—1998)进行编号。

(一)精纺毛面料

精纺毛面料的品名编号由五位数字组成，超出则顺延，具体如下所示：

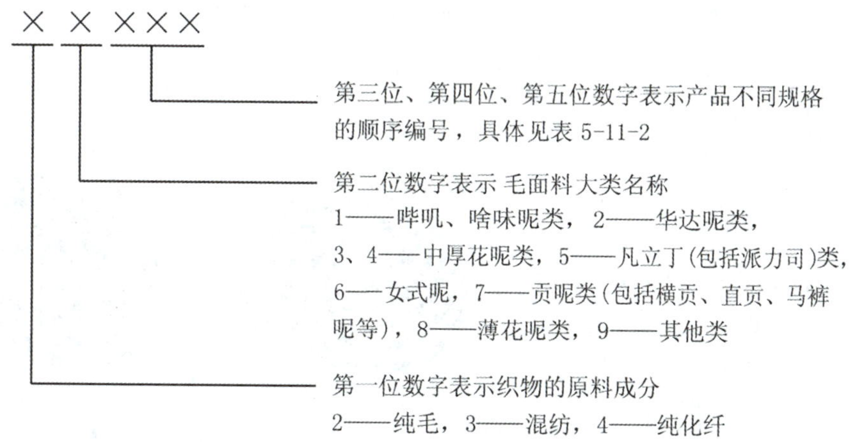

精纺毛面料产品不同规格的顺序编号见表5-11-2。

表5-11-2　　精纺毛面料产品不同规格的顺序编号

编号	品名	纯毛面料	毛混纺面料	化纤仿毛面料
1	哔叽类	21001～21500	31001～31500	41001～41500
	啥味呢类	21501～21599	31501～31599	41501～41599
2	华达呢类	22001～22999	32001～32999	42001～42999
3、4	中厚花呢类	23001～23999 24001～24999	33001～33999 34001～34999	43001～43999 44001～44999
5	凡立丁、派力司类	25001～25999	35001～35999	45001～45999
6	女式呢类	26001～26999	36001～36999	46001～46999
7	贡呢类	27001～27999	37001～37999	47001～47999
8	薄花呢类	28001～28999	38001～38999	48001～48999
9	其他类	29001～29999	39001～39999	49001～49999

(二) 粗纺毛织品统一编号

粗纺毛织物的品名编号也是由五位数字组成，具体如下：

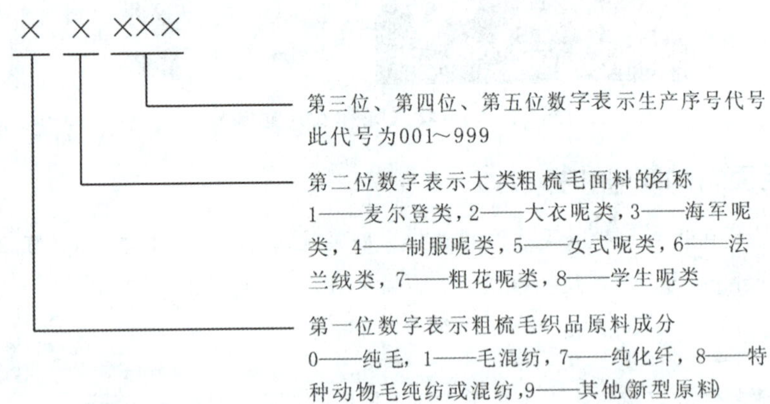

(三) 羊毛标志

全羊毛标志是国际通用的供消费者识别优良品质羊毛产品的标志。使用羊毛标志的产品，其生产过程必须受到严格控制，其成品出厂前须经抽样检验，合格后由国际羊毛事务局授权使用羊毛标志。

国际羊毛局针对全球毛纺服装市场转向休闲风格，推出了新的“羊毛混纺标志”（WoolBlend），代表高质量低羊毛含量的混纺产品。获得此标志的毛纺产品中羊毛含量要求达到30%～50%。

了解了国际羊毛标志，可以在选购羊毛面料时协助判断面料的类别和品质。全羊毛和混纺羊毛标志如图5-11-19所示。

全羊毛标志

混纺羊毛标志

图5-11-19　国际羊毛标志

一、西服用毛型面料

1. 西服的分类

西服分为正装西服和休闲西服。正装西服轮廓规矩有型，款式相对固定，饰有垫肩。休闲西服比较随意，花饰多。正装西装要求外观要平整，不可有折痕，因此要求面料弹性好、挺括不皱。

2. 西服用面料

选择西服面料时，应以穿着场合、季节和目的及西服的款式与价格为考虑的重要因素。高档正装西服一般采用纯毛面料，中高档正装西服多用毛混纺面料，低档正装西服主要采用化纤仿毛面料。制作西服上装的毛型面料，大多数适合制作西裤，所以只要西服上装面料确定了，裤料也就一并确定了。但是，也有个别毛型面料只适合制作西裤。

纯毛啥味呢西服

毛涤花呢西服

图5-11-20　纯毛和毛涤西服

（1）正装西服用面料

西服的面料是决定西服档次的重要标志之一。图5-11-20所示两件西服属于中高档西服，其面料分别为纯毛啥味呢和95%毛、5%涤的花呢。正规西服首选毛型面料见表5-11-3。

表5-11-3　　常见的正装西服用料一览表

类别	品种	档次	特点
纯毛精纺面料	华达呢、哔叽、花呢、啥味呢、贡呢	高档西服面料	质地较薄，呢面光滑，纹路清晰。光泽自然柔和，有漂光。身骨挺括，手感柔软而弹性丰富。不耐磨损，易虫蛀、发霉
毛/涤混纺面料	毛涤花呢、毛涤凡立丁、毛涤派力司、毛涤板司呢	较常见的中档西服面料	挺括，但有板硬感，随涤纶含量的增加，板硬感明显突出。比纯毛面料弹性好，但手感不及纯毛和毛/腈混纺面料。紧握呢料后松开，几乎无折痕。阳光下表面有闪光点，缺乏纯毛面料柔和的柔润感
毛/粘或毛/棉混纺面料	毛粘啥味呢、毛人造丝花呢	较常见的中档西服面料	光泽较暗淡。精纺类手感较疲软，粗纺类则手感松散。这类面料弹性和挺括感不及纯羊毛和毛/涤混纺、毛/腈混纺面料。但是价格比较低廉，维护简单，穿着也比较舒适

续表

类别	品种	档次	特点
涤/粘混纺面料	涤粘花呢、涤粘制服呢	属于低档西服面料	质地较薄，表面光滑有质感，易成形不易皱，轻便潇洒，维护简单。保暖性差，属于纯化纤面料

（2）休闲西服用毛型面料

休闲西服可以选用的毛型面料为三类：一类是纯化纤仿毛面料，如纯涤纶花呢、涤粘花呢、针织纯涤纶、粗纺呢绒；二类是毛混纺面料，如涤毛花呢、涤毛凉爽呢、涤毛粘花呢；三类是纯毛面料，如华达呢、哔叽、花呢、啥味呢、贡丝锦等。

二、外套用毛型面料

1．外套面料的选择要求

外套的面料要薄厚适中，平整挺括、立体感强，弹性好，不容易折皱，保形性好。

2. 外套面料的选择

外套用毛型面料：一类是纯毛面料，如毛哔叽、啥味呢、贡丝锦等；二类是毛混纺面料，如法兰绒、麦尔登、海军呢等；三类是化纤仿毛面料，如粗纺呢绒、制服呢等。

三、大衣用毛型面料

1. 大衣面料选择的要求

冬季大衣面料要求平整挺括，丰厚温暖，柔软而有弹性，且保形性好。

2. 大衣面料的选择

冬季大衣面料：男式大衣选用麦尔登、制服呢、平厚大衣呢、羊绒大衣和粗花呢；女式大衣宜选用女式呢、短顺毛大衣呢、羊绒大衣呢和粗花呢等。

春秋季大衣面料一般多选用华达呢、法兰绒、粗花呢，女式大衣可选用女式呢。

四、女式时装用毛型面料

1. 女式时装面料选择的要求

女式时装在面料的选择上追求多样化、风格化和个性化，强调服装的轮廓造型和细部表现，其面料上常以传统条格为代表的图案如细条、千鸟格、苏格兰格等，并以古典稳重的中性色调为主，色彩与图案通常较为和谐秀丽，格调雅致。

2. 女式时装面料的选择

高档女式时装选用纯毛呢绒，中低档女式时装一般选用毛混纺呢绒和化纤仿毛面料。夏季时装选择轻薄柔软的精纺毛织物为宜，如颜色鲜艳紧跟流行趋势的凡立丁、派力司、薄花呢；春秋季女式时装选择单面华达呢、啥味呢、花呢、女衣呢等；冬季女式时装选用条格法兰绒、羊绒、兔毛和马海毛花呢、中厚花呢，以及选用各种花式纱线、有丰富肌理效果的粗纺花呢和女式呢。

练一练

一、简答题

1. 毛型面料还能制作哪些服装?
2. 精纺毛型面料的特点是什么？品种有哪些?
3. 粗纺毛型面料的特点是什么？品种有哪些?
4. 分析并列出春秋穿西裤能用的毛型面料。

二、实训题

1. 3～5个学生一组，讨论题图5-11-1所示的两种女式套装，应该都有什么样的面料要求？如果要制作这两种女式套装，分别可以选用哪些品种的毛型面料？并说明理由。（分别按照纯毛、毛混纺、毛型化纤面料分类，具体说出品种）

题图5-11-1　女式套装

2. 通过网络搜索、查阅杂志或者实地调研，列出目前较流行的毛型面料。

任务十二 针织面料的判别与检验

知识点： 1. 针织面料与机织面料的区别。

2. 针织纬编面料与针织经编面料的区别。

3. 针织纬编面料的基本组织（纬平针、罗纹、双罗纹、双反面组织）。

4. 针织面料的服用性能。

5. 针织面料的服用性能检测。

6. 针织面料的主要规格。

技能点： 1. 正确区分针织面料与机织面料。

2. 正确判别经编针织面料与纬编针织面料。

3. 能够正确分辨纬编针织面料的基本组织。

4. 能够完成针织面料的规格检验，并掌握针织面料的性能测试与外观质量检查。

任务描述

1. 图6−12−1所示为两种针织面料，判别它们所属的类别是纬编针织面料，还是经编针织面料。

2. 由于纬编针织面料在服装设计制作中应用量大。因此需要掌握纬编针织面料基本组织的判别。辨别图6−12−1所示1号面料和图6−12−2所示的3号、4号、5号纬编针织面料的组织类型。

3. 完成对针织外衣面料（图6−12−2所示的4号面料）、针织内衣面料（图6−12−1所示2号面料）的进厂检验，包括针织面料的规格、性能、质量指标的测定，并检查外观质量。

1号面料

2号面料

图6−12−1 不同类别的针织面料

3号面料

4号面料

5号面料

图6-12-2 不同组织的纬编针织面料

任务分析

1. 首先，要根据面料组织的明显特征，区别针织面料和机织面料。其次，掌握纬编、经编针织面料组织的结构和特点，建立纬编、经编针织面料的概念，并根据简单易行的判别方法区别图6-12-1所示面料的所属类别。

2. 要辨别图6-12-2所示的纬编针织面料的组织类型，就需要掌握典型纬编针织面料的组织结构及其特点。

3. 为确保服装产品的质量，针织面料进入服装厂时，首先要确认品种与规格，因为品种、密度不同，针织面料的服用性能不同，所以要测试针织面料的密度，并要对针织面料做性能测试；然后，检查针织面料外观质量是否合格。只有这样才能制定出合格的技术工艺，生产出合格的服装。针织面料的进厂检验中，重点测试密度、缩水率，外观质量的检验可以参考机织面料的检验方法，在验布机上进行。

相关知识

一、机织面料与针织面料

（一）机织面料

图6-12-3所示的是牛仔面料和纯毛面料。他们的优点是质地硬挺、结构紧密、布面稳定、平整光滑，缺点是弹性差、易撕裂、易折皱。这些面料都是相互垂直的经纱和纬纱在织机上按照一定的规律交织而成，属于机织面料（又称梭织面料）。

牛仔面料

纯毛面料

图6-12-3 机织面料

（二）针织面料

在生活中，用于体育运动的服装，如夏季、春秋季运动服，除了制作宽松外，面料有弹力、透气，还能够满足人体大幅度地剧烈活动。这些运动服装与职业装的面料的服用性能差异很大，这是由于制作运动服装的面料的组织结构与职业装等所采用的面料有本质的区别。

将针织面料放大，观察其面料组织，如图6-12-4右图所示。可以看到面料是由纱线顺序弯曲成线圈，线圈相互串套而形成。针织面料的基本结构单元是线圈。孔状的线圈结构比较松散、柔软、轻便、有弹性和延伸性，具抗皱性和悬垂性。但是，具有脱散性，尺寸稳定性较差的缺点。

针织面料

针织组织放大图

图6-12-4　针织面料

二、纬编针织面料及其组织类型

按照原材料的不同，针织面料可以分为棉、麻、丝、毛、化纤（涤纶、锦纶等）针织面料，具体将在下个任务中介绍。本任务重点介绍针织面料按照织造方法划分的类型。针织面料可以分为经编针织面料与纬编针织面料。织造方法的差异使两类针织面料的性能有很大差别。因为纬编针织面料是针织服装制作中采用较多的针织面料，所以本任务重点介绍纬编针织面料的基本组织。

（一）纬编针织面料的形成及特点

纬编针织面料是指每根纱线按照一定顺序在一个横列（纬向）中形成线圈而编织成的织物，其形成及组织结构如图6-12-5所示。典型纬编针织面料外观如图6-12-6所示。

纬编针织面料具有较好的透气性、柔软性、吸湿性，较大的弹性和延伸性，良好的抗皱性和悬垂性，高抗撕裂强力等特点。同时，纬编针织面料还具有脱散性，尺寸稳定性较差的缺点。所有的纬编针织面料都可以逆编织方向而脱散成线。因此，纬编针织面料可以手工编织。

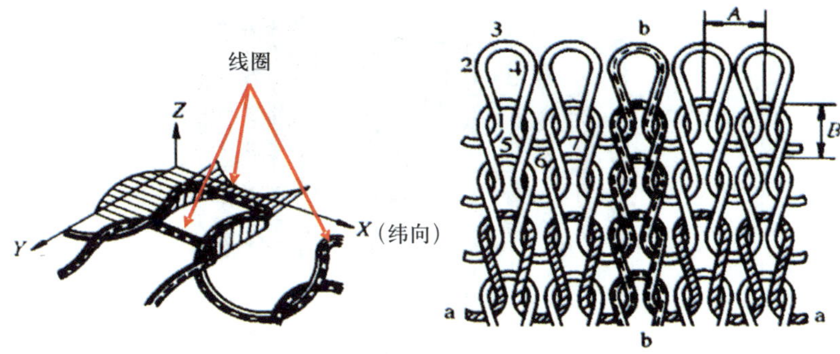

图6-12-5　纬编针织面料的线圈结构图

图6-12-6　纬编针织面料

（二）纬编针织的基本组织

纬编针织面料的基本组织有纬平针组织、罗纹组织、双反面组织，又称三原组织。纬编针织面料的基本变化组织有双罗纹组织。

1. 纬平针组织

纬平针组织的特点是圈柱处于面料的一面，圈弧处于面料的另一面。因此，纬平针针织面料的正反面形成不同的外观，属于单面针织面料，俗称“汗布”，如图6-12-7所示。

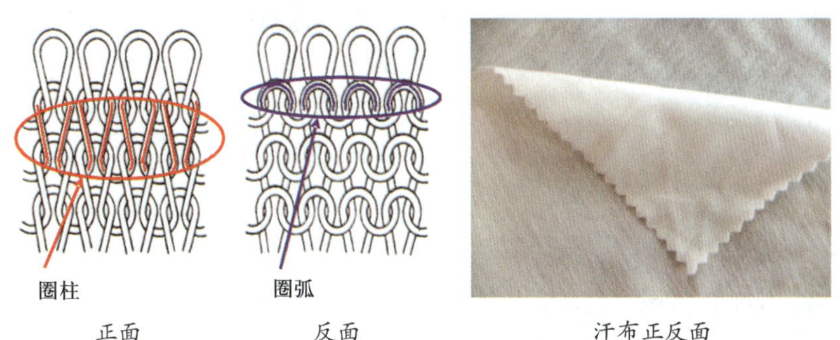

图6-12-7　纬平针组织及面料

2. 罗纹组织

罗纹组织由正面线圈纵行和反面线圈纵行组合配置而成。因此，罗纹针织面料是双面针织物，如图6-12-8所示。根据正反面线圈纵行相间配置的数目不同，可以有1+1罗纹、2+2罗纹、1+2罗纹等。

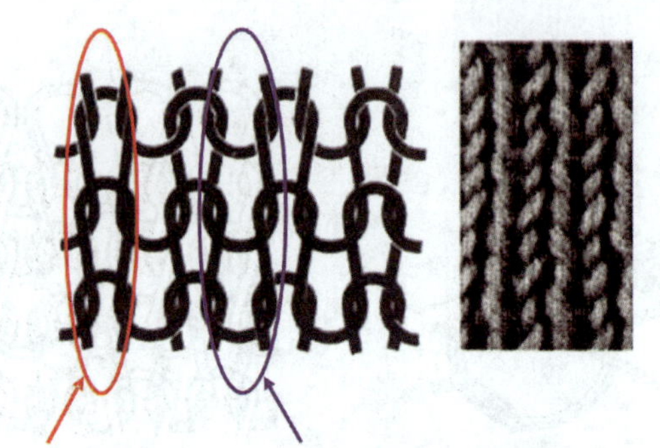

图6-12-8　1+1罗纹组织及实物图

3. 双反面组织

双反面组织由正面线圈横列和反面线圈横列按照一定的比例相间配置而成，如图6-12-9所示。在自然状态下，由于反面线圈横列力图向外凸出，从而使针织面料在纵向缩短，厚度增加，针织面料两面都呈现出圈弧状外观，故称为双反面组织。

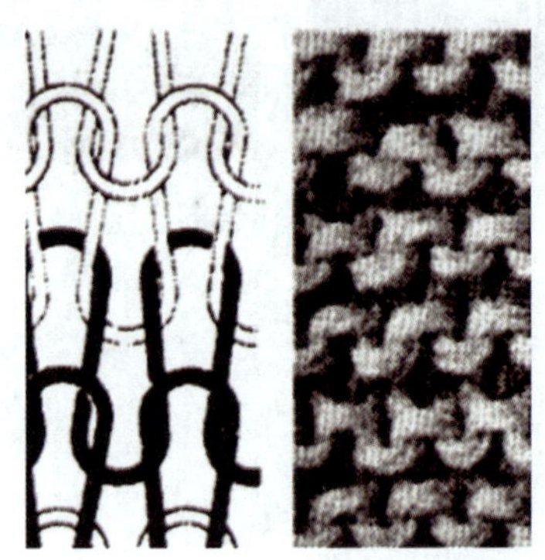

图6-12-9　双反面组织及实物图

4. 双罗纹组织

由两个罗纹组织复合而成，即在一个罗纹组织的反面线圈纵行上再配置另一个罗纹组织的正面线圈纵行，这称为双罗纹组织。双罗纹针织面料俗称“棉毛布”，如图6-12-10所示。双罗纹组织可以在面料正反面均形成相同外观，又称为双正面组织。双罗纹组织也可以分为不同的类型，如1+1双罗纹组织、2+2双罗纹组织等。

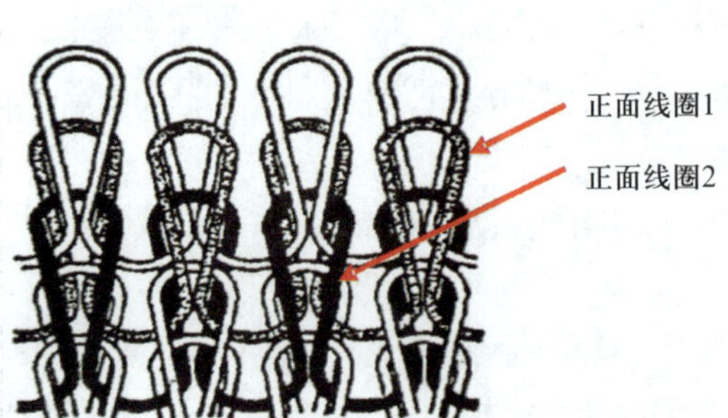

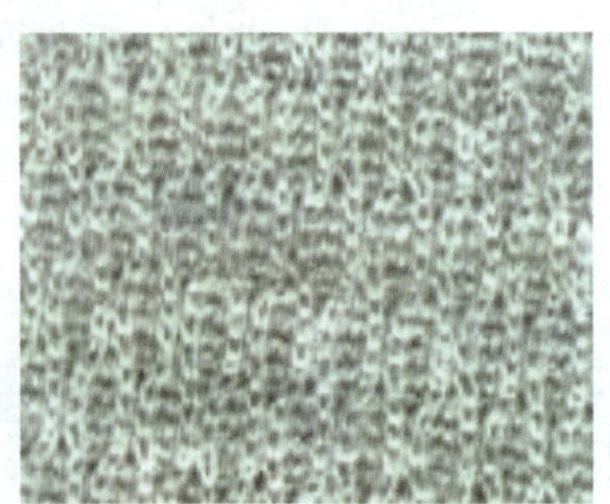

图6-12-10　双罗纹组织及实物图

三、经编针织面料的形成、组织结构和特点

经编针织面料是指多根纱线同时沿布面的纵向（经向）顺序成圈而形成的针织面料，其形成及组织结构如图6-12-11所示。典型经编面料外观如图6-12-12所示。经编针织面料无法用一根纱线编织形成，多根纱线才能形成针织面料。因此，经编针织面料不能用手工编织。

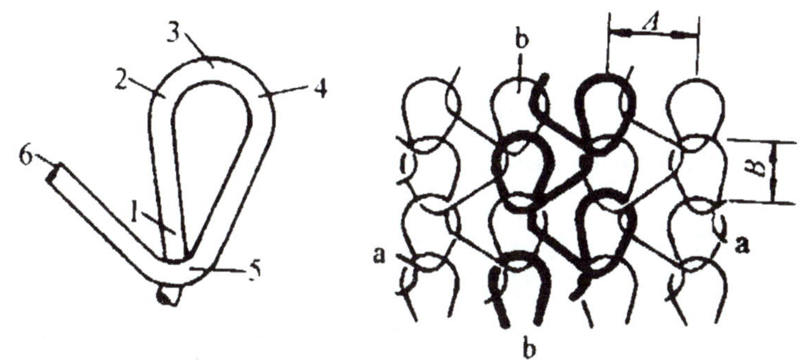

图6-12-11　经编针织面料的线圈结构图

图6-12-12　经编针织面料

经编针织面料具有尺寸稳定性好，面料挺括，脱散性小，不会卷边，透气性好等优点，但其横向延伸、弹性和柔软性不如纬编针织面料。

四、针织面料的服用性能

针织面料是由孔状的线圈形成的，结构比较松散、柔软、透气、轻便。这是针织面料区别于其他面料而表现独特的服用性能。针织面料的服用性能主要有脱散性、延伸性、弹性、卷边性、透气性、柔软性和易勾丝与起毛起球、尺寸稳定性差等。

（一）脱散性

有些针织面料在裁剪后，被切断的布边外线圈由于失去串套联结就会按一定方向发生脱散，这是由针织面料的结构特点决定的。当针织面料的纱线断裂或线圈失去串套联系后，在外力的作用下线圈依次从被串套的线圈中脱出的状态称为针织物脱散性。一般，纬编针织面料比经编织针织面料易脱散，基本组织的针织面料比变化组织的针织面料的脱散性大。

由于针织面料容易出现脱散，在采用这类面料进行服装设计和制作时，就要采用防止脱散的线迹结构（如包缝、绷缝线迹），同时要严加防范缝迹处出现“针洞”。

（二）卷边性

针织面料在裁剪后，衣片边缘会按一定的方向卷边，这种情况多发生在单面针织面料上。单面针织面料在自然状态下边缘产生包卷现象，称为卷边性。这是由于弯曲的纱线在自然状态下力图伸直所造成的。

针织面料发生卷边会影响缝纫工的操作，降低工作效率。现在，国外普遍采用一种喷雾式黏合剂喷洒于开裁后的布边上，以克服卷边问题。

（三）延伸性

针织面料的延伸性是指针织面料在受到外力拉伸时，其尺寸伸长的特性。

针织面料的延伸性可分为单向延伸和双向延伸。单向延伸是指针织面料仅受一个方向拉力的作用时，其尺寸沿着拉伸方向增加，而垂直于拉伸方向的面料缩短的程度。双向延伸是指针织面料受到纵向和横向同时拉伸时，其面积的增加程度。

（四）弹性

针织面料的弹性是在受外力拉伸时尺寸伸长的特性，即当外力去除后，线圈结构又恢复到原来形状。

在裁剪、缝制、整烫等作业中，对拉伸性或弹性好的针织面料 ，均应加以注意，防止因为牵拉使规格尺寸发生变化。缝制时，要选用与被缝制针织面料拉伸性相适应的弹性缝线及弹性线迹结构。

（五）透气性、柔软性

针织面料是由孔状的线圈形成的，结构比较松散，面料因而柔软、轻便，其中含有空气量较多，因而针织面料具有较好的透气性、柔软性。

（六）吸湿性

由于针织面料是由孔状的线圈形成，因而具有较好的吸湿性。针织面料能及时吸收人体排出的汗液，起到散热和调节体温的作用，使人体感觉舒适。

（七）勾丝与起毛、起球

针织面料在使用过程中碰到尖锐的物体时，其中纤维或纱线容易被勾出面料表面，这种现象称为勾丝。在穿着或洗涤过程中受到摩擦，纤维从针织面料表面外露出来而形成毛绒，这些“起毛”的纤维不能及时脱落而被纠缠在一起形成纤维团，即是所谓的“起球”。由于针织面料结构比较松弛，其比机织面料更易发生勾丝、起毛和起球现象。起毛、起球现象更多地出现在穿着使用中，而勾丝问题在服装面料加工中就易出现，直接影响服装的制作质量。为了克服勾丝问题，要求缝纫机及各种工序的操作台案尽可能打磨光滑或在台面包覆光洁的坯布；操作工要经常修剪指甲，或操作时佩戴薄型尼龙手套。

（八）尺寸稳定性

由于针织面料的组织结构和基本组织单元——线圈而造成其尺寸稳定性差。应该从原料选用、组织结构、后整理加工等方面加以克服，提高尺寸稳定性。

（九）抗皱性、悬垂性

针织面料的结构决定了其质地松软，具有良好的抗皱性、悬垂性。

五、针织面料的服用性能测试

服装厂对针织面料进行进厂检验时，应重点选择与其服装生产有直接关系的性能进行测试，主要有伸缩率实验、染色牢度实验和耐热度实验。

（一）伸缩率实验

在受到水和湿热等外部因素的刺激后，针织面料会发生伸缩，其伸缩程度就是伸缩率。针织面料伸缩的原因有机械力、热、水、缩绒伸缩等。其中，以合成纤维为原料的针织面料主要发生热伸缩，以天然纤维及人造纤维为原料的针织面料主要发生湿伸缩，只有毛针织面料发生缩绒。针织面料伸缩率计算公式如下：

$$伸缩率=\frac{测试前试样的长度（宽度）-测试后试样的长度（宽度）}{测试前试样的长度（宽度）}\times 100\%$$

伸缩率值大于零，即该材料有缩短；伸缩率值小于零，即该材料有伸长（这种情况在服装材料中较少见）。伸缩率包括：

1. 自然伸缩率

自然伸缩率是指针织面料没有任何人为作用和影响，在自然状态下产生的伸缩变化。伸缩率的测试方法如下：

首先，将从仓库中取一个包装中的一匹针织面料，打开后选择该匹面料的头、中及尾部位，在其左、中、右三处做好长度记号。然后，将整匹针织面料拆散抖松，在没有任何张力下，将其在室内静放24小时。接着，在做有记号的位置对面料进行复测，即可计算出材料的自然伸缩率大小值。

2. 湿热伸缩率

湿热伸缩率是指针织面料在水浸、喷水、干烫、湿烫等加工处理中产生的伸缩变化。

（1）采样

要去除布匹的头端与尾端1 m以上长度的（因开始织布时的张力有显著变动，要从头部除去数米）布料，取50 cm长的布料，然后再除去两侧的布边（因两边纹道的张力与门幅中部的张力有差异，会影响测试的准确性，如针织面料、静电植绒类面料两边应除去10 cm），并记录好针织面料的原始长度和宽度数据。

（2）干烫伸缩率的测试

干烫伸缩率是指针织面料在干燥情况下，用熨斗熨烫，使其受热后产生伸缩的程度。

干烫温度：印染棉针织面料190～200℃；合成纤维及混纺印染针织面料150～170℃；粘纤印染针织面料80～100℃；印染丝针织面料110～130℃；毛针织面料150～170℃。

干烫时间：分别按各类温度条件，在试样上熨烫15 s后，等待针织面料冷却。

测试：待面料凉透后，测试试样长度和宽度，然后计算该针织面料的伸缩率。

计算公式为：

$$\text{干烫伸缩率}=\frac{\text{干烫后织面料长度（宽度）收缩量（cm）}}{\text{干烫前织面料长度（宽度）（cm）}}\times 100\%$$

（3）水浸伸缩率的测试

水浸伸缩率是指让针织面料完全浸泡在水里，使其充分吸湿而产生的伸缩程度。

湿润条件：将试样完全浸泡在60℃的温水中，用手搅动，使试样充分吸收水分。待15 min后取出，然后捋平面料，并在室温下晾干（不可绞拧）。此项实验也可用缩水机进行测试。

测量和计算：测量其试样长度，然后计算伸缩率。

计算公式为：

$$\text{水浸伸缩率}=\frac{\text{浸水前试样长度（宽度）}-\text{浸水后试样长度（宽度）}}{\text{浸水前试样长度（宽度）}}\times 100\%$$

（二）染色牢度实验

针织面料的染色性能测试主要是对其色牢度进行测试，目的是检验有色针织面料在生产加工及穿着使用过程中掉色、褪色而产生的搭色现象。对于针织服装产品主要考虑洗涤、熨烫及摩擦色牢度。

1. 熨烫色牢度的测试

染色针织面料通过熨烫，有时会出现变色或褪色。这种变色、褪色是以对其他面料的沾色程度来确定的。测试方法如下：

（1）采样

在需要测试的面料上，距离布边5 cm处取5 cm×5 cm大小的面料作为试样。每种实验方式准备5块（数量可根据实验的要求和项目决定）试样。

（2）工具和辅助材料准备

准备与针织面料试样相同大小的白棉布若干块，作为沾色用。电熨斗的表面温度必须能够在120～200℃的范围内调节，要求调节度在±5℃。而电熨斗的自重按底面折算成面料承受压力约为1.96～2.94 kPa（20～30 gf/ cm^2）。

（3）实验温度

熨斗的熨烫温度分为5级，1——200℃，2——180℃，3——160℃，4——140℃，5——120℃。温度的误差为±5℃。

（4）干法实验

将白棉布平铺于熨烫台上，然后将5块试样与白棉布正面相对复合，再将熨斗温度分别调至5挡规定温度，逐一放置在5个试样上各15 s。然后，将试样和白棉布按不同的实验温度编号，放在暗处4小时后与原样对比。按《GB 250—64染色牢度褪色样卡》的规定评定其色牢度。

（5）湿法实验

将白棉布平铺于熨烫台上，在上面放上含水100%的试样，5个试样与白棉布的正面复合，再在其上面放上含水100%的白棉布，然后将熨斗温度分别调至5级规定的温度，逐一放置在5个试样上各15 s，再按不同的温度编号。实验后将染色布晾干，与原样进行对比，按《染色牢度沾色样卡》（GB 251—64）进行评定。

2. 洗涤色牢度的测试

染色针织面料的洗涤色牢度实验，可将试样与沾色布缝在一起，然后放在清水或一定温度的洗涤液中，在机械或人工搅拌下，按规定的时间和浸渍、洗涤条件实验后，观察其沾色程度。根据纤维种类和沾污程度的不同，可采用不同的方法和条件进行测试。

（1）采样

在布匹匹头、尾部1 m处，分别在门幅的中间和边道位置处，剪取5 cm×10 cm大小的试样各2块（印花布类，应按花布的各种颜色取全），并取同样大小的白棉布与试样布正面复合缝住。

（2）洗涤液配置

水温50℃，加洗涤剂（无增白剂）或皂粉5 g，比例为50∶1，浸渍时间10 min。

（3）测试方法

将试样放入洗涤液中，用机械或手工搅拌，也可将试样往复搓洗10次，10 min后用清水漂洗，随后晾干（如果采用烘干方式，温度不可超过60℃），通过原样和试样褪色后的色差，未沾色白布和沾色白布色差的对比，按《染色牢度褪色样卡》（GB 250—64）进行评定。

如果做清水实验，可改用常温清水，不加洗涤剂，其他条件可按上述办法测试。

（三）质量实验

由于针织面料的延伸性、弹性较大，因此在针织面料规格中一般不用长度单位(如米、码等)，而采用质量单位(如克、千克等)。在针织面料性能测试中主要测试针织面料单位面积的干燥质量。

1. 针织坯布圆刀划样法

在坯布上用圆刀划样器截取直径11.3 cm试样5块或10块，试样面积为100 cm^2，称取干燥试样总重，将试样一起放在电子天平上称重（精确到0.01 g），然后放在105～110℃烘箱中，烘至恒重。计算公式如下：

$$1\ m^2干燥质量(g) = \frac{样布干燥质量(g)}{试样块数/(100\ cm^2)} \times 100$$

2. 针织坯布全幅取样法

将长50 cm的全幅针织坯布修剪平齐，平铺在工作台上，在中间及两边测量长度及幅宽（取三次平均值），放在天平上称重（精确至0.01 g），然后将布样在105~110℃烘箱中烘至恒重。计算如下：

$$1\ m^2干燥质量(g) = \frac{样布干燥质量(g)}{样布面积(cm^2)} \times 100\%$$

六、针织面料的主要规格

1. 密度

针织面料的密度，用以表示一定纱支条件下针织面料的稀密程度，是指针织面料在单位长度内的线圈数。通常采用纵向密度和横向密度来表示。针织面料的密度主要是测量光坯密度，这是成品质量的考核指标。

（1）横向密度。横向密度是指沿线圈横列方向在规定长度（50 mm）内的线圈数。计算公式：

$$P_A=50/A$$

式中 P_A——横向密度，线圈数/50 mm；

A——圈距，mm。

（2）纵向密度

纵向密度是指沿线圈纵行方向在规定长度（50 mm）内的线圈数。计算公式：

$$P_B=50/B$$

式中 P_B——纵向密度，线圈数/50 mm。

B——圈高，mm。

（3）密度对比系数C

纵向密度和横向密度的比值，反映了线圈在针织面料中的形态，计算公式：

$$C=P_A/P_B=B/A$$

2. 单位面积的干燥质量

针织面料单位面积的干燥质量是指每平方米干燥的针织面料的克重数(g/m^2)。它是国家考核针织面料质量的重要指标。

针织面料单位面积的干燥质量可用称重法测量，在针织面料上用取样器剪取100 cm^2的布样，放入预热到105～110℃的烘箱中，烘至恒重后在电子天平上称出样布的干重Q'，针织面料单位面积的干燥质量$Q(g/m^2)$为：

$$Q = 100Q'$$

3. 幅宽

针织面料的幅宽是指坯布横向(纬向)的宽度尺寸。圆筒形坯布以双层计算。

针织面料的幅宽是以2.5 cm为一档。针织面料的幅宽的测量：

测量针织面料的幅宽应在平台上进行，测量时尺与布边成垂直（用尺应精确到1 mm），测量幅宽3～5处。若遇到幅宽差距较大时，可适当增加幅宽测量次数。测的幅宽数字以算术平均值代表，不足1 mm时以小数点四舍五入为整数。

4. 断裂强力、顶破强力和断裂伸长

断裂强力：在连续增加的负荷作用下至断裂时，针织面料所能承受的最大负荷。

顶破强力：在连续增加的负荷作用下至被顶破时，针织面料所能承受的最大负荷。

断裂伸长率：在连续增加的负荷作用下至断裂时，针织面料所伸长的长度与针织面料原长的百分比。

5. 伸缩率

针织面料在加工或使用过程中尺寸变化的百分率。针对针织面料的服装设计与制作，一般指洗涤伸缩率（洗缩）。

任务实施

一、纬编、经编针织面料及组织类型的判别

1. 判别经编与纬编针织面料

由于经编针织面料与纬编针织面料的织造方法差异大。因此，其形成的针织面料的组织在外观上表现也不同。同时，纬编针织面料和经编针织面料的服用性能也有所区别，所以可以从其脱散性和延伸性来进行比较。通常采用目测、手感的简单方法进行辨别。

（1）观察面料纹路

最简单、直观的辨别方法就是观察，正反面纹路是一致的针织面料是纬编针织面料，正反面纹路相互垂直的针织面料是经编针织面料。其中，1号面料的两面纹路一致，而2号面料的两面纹路相互垂直。

（2）拉伸面料

根据纬编组织和经编组织的特点，可以用拆解面料的方式来进行判别，即拉伸针织面料的线圈。经编的线圈无法被拆开，而纬编的线圈能够被拆开。其中，1号面料的线圈能够被拆开，而2号面料的线圈无法拆开。

另外，拉伸1号、2号面料，其中1号面料的纵横两个方向都能够很好的延展开，而2号面料沿纵向被拉伸，在横向上比较紧，很难拉伸开。

综合上述的检测，可以判别1号面料属于纬编针织面料，2号面料属于经编针织面料。

2. 判别纬编针织面料的组织类型

根据纬编面料的基本组织的特点，采用目测、手感的简易方法进行判别。1号面料的

一面光滑，纹路紧密，另一面粗糙，能看到明显的纹路排列，而且布边卷起。3号面料拉伸时弹性比1号好，两面都具有的直条凸纹，在拉伸时面料才露出横向的圈弧。4号面料的两面外观相同，只能看到横向交错的线圈，用手拉伸面料也不会露出纵行线圈。5号面料的两面都呈现出圈弧状外观，而且手感比前三块面料要厚实。

因此，判断1号为纬平针组织的针织面料，3号为罗纹组织的针织面料，4号为双罗纹组织的针织面料，5号为双反面组织的针织面料。

二、针织面料的入厂检验

针织面料的入厂检验可以参照本任务的相关知识中介绍的方法检验针织面料的染色牢度、质量。这里重点介绍面料纵横密度的测试、缩水率测试。

1. 测试面料纵横密度

（1）面料准备

外衣面料——4号面料（纬编双罗纹面料）1块；内衣面料——2号面料（经编针织面料）1块。

（2）测试密度

进行针织面料的密度测试时，用织物密度镜离布边5 cm以上测量纵向、横向各5次，每次测量5 cm（羊毛衫密度每次测量5 cm，折合为10 cm计算），取平均值精确到0.5个针圈。针织面料的密度测量部位如图6-12-13a、b所示。请学生将测试结果分别记录在表6-12-1中，并计算2块面料纵向、横向的密度平均值。

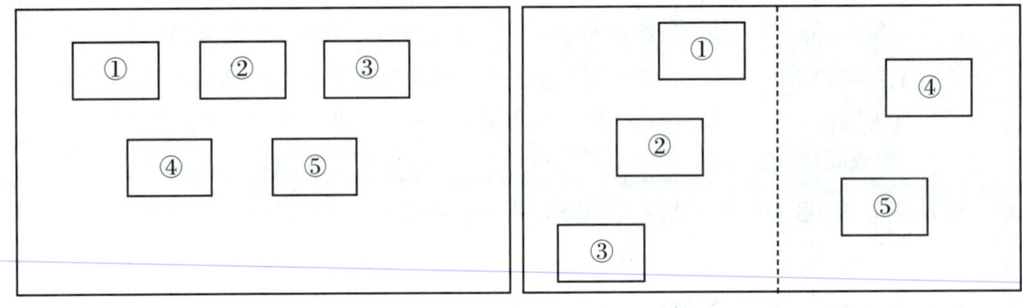

a) 外衣面料密度测量部位　　b) 内衣面料测量部位

图6-12-13　针织面料密度测量部位

表6-12-1　针织面料密度测试记录表

项目 \ 测量值 \ 测试点		①	②	③	④	⑤	平均值
外衣坯布	纵向						
	横向						
内衣坯布	纵向						
	横向						

2. 测试面料缩水率

（1）面料准备

1号面料（纬编针织面料，棉质）1块、2号（经编针织面料，锦纶）1块。

（2）手工测试面料缩水率

面料缩水率是指让针织面料的纤维完全浸泡在水里，使其充分吸湿而产生的伸缩程度。测试方法详见水浸伸缩率的测试。请学生自行测量针织面料浸水前和浸水后的长度、宽度，记录在表6–12–2中，并计算出结果。

表6–12–2　面料缩水率手工测试记录　(mm)

结果 \ 测量内容 项目		长度		宽度	
		浸水前	浸水后	浸水前	浸水后
1号面料测量值					
2号面料测量值					
手工水浸伸缩率计算结果	1号面料				
	2号面料				

注意事项：针织面料浸水前后测量其长宽时，应将面料平铺在实验台表面，在无外力拉伸状态下测量。

（3）设备测试面料的缩水率

1）设备、工具

采用M988型针织面料缩水实验机，转速为（500±20）r/min，容量为40 L，如图6–12–14所示。

其他工具包括钢卷尺或木尺，精确度为0.1 cm。

图6–12–14　M988型织物缩水实验机

2）实验条件

试液与清水之比为1：50；温度，（45±2）℃；时间，棉和化纤面料浸泡30 min，弹力锦纶面料浸泡60 min。

3）试样准备

取样：实验坯布需经热定型后24小时取样。数量：每个品种不少于两块，每块取样长度为70 cm×幅宽/2。

试样标记：试样沿纵向和横向各量取三处。纵向量50 cm，横向量全幅（平幅织面料离边10 cm；幅宽在1 m以上者，离布边20 cm；圆筒针织面料离布边5 cm）。用画粉或铅笔对正线圈画好“+”字记号并用棉线沿标记精细缝纫，并将缩前的纵横向尺寸记录在表6–12–3（请学生自己完成数据测量）。

一般情况下，针织面料试样测量标记方式如图6–12–15所示。锦纶圆筒针织面料分别量取上下两层，量取时应精确至0.1 cm。本项目测试的棉针织面料和锦纶针织面料的试样标记分别如图6-12-16、图6-12-17所示。

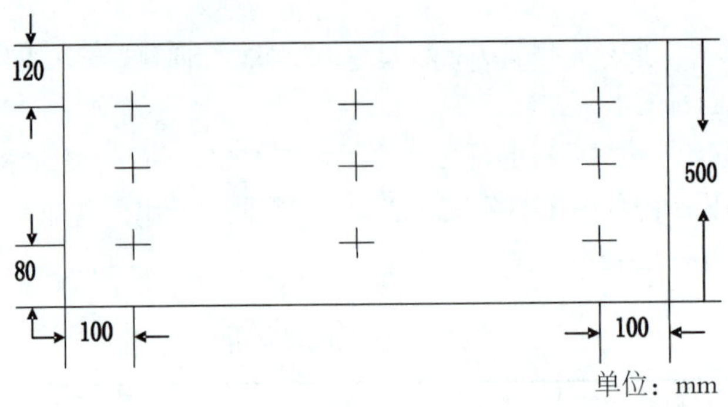

图6-12-15　针织面料测量标记

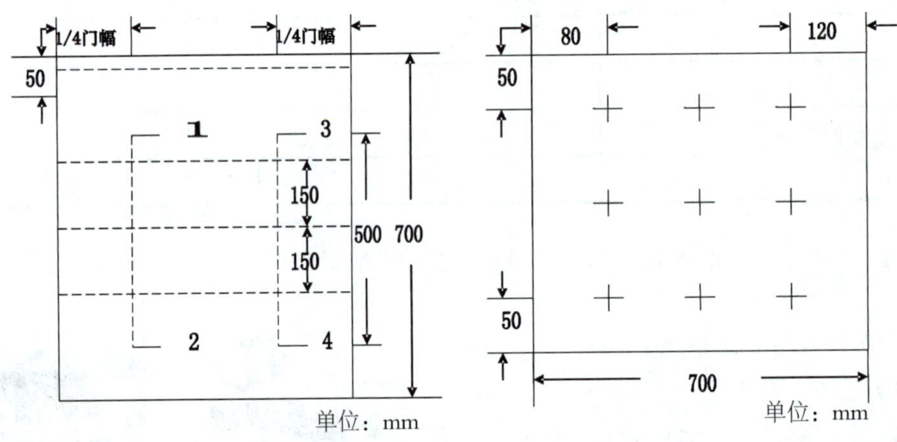

图6-12-16　棉针织面料测量标记　　图6-12-17　锦纶针织面料测量标记

4）缩水操作

按照试样布的质量，缩水机内加入45℃热水至规定标记投入试样，加盖保温，按开关电钮，使搅拌轮转动样布，运转到规定时间。放水后，将带水试样用手拖出，浸入冷水冷却，再放入脱水机内，脱水2～5 min。然后，将布沿边平幅悬挂室内阴干，同时用手轻轻拍平试样，消除皱纹。

5）测量和计算

将晾干后的试样放在平台上，在原标记上精确量出纵向、横向缩后长度，记录在表

表6-12-3　　面料的缩水率设备测试记录

项目 \ 测量值 \ 测试点			①	②	③	平均值
1号面料	纵向	缩水前				
		缩水后				
	横向	缩水前				
		缩水后				

续表

项目 \ 测量值 \ 测试点			①	②	③	平均值
2号面料	纵向	缩水前				
		缩水后				
	横向	缩水前				
		缩水后				

6-12-3中，然后求出平均值。实验前和实验后实测距离以纵向、横向分别测得三次数据的算术平均值代入，计算至小数后两位，按四舍五入法保留一位小数。（请学生自行完成测量并记录和运算）

计算公式为：

$$缩水率=\frac{缩前平均值-缩后平均值}{缩前平均值}\times 100\%$$

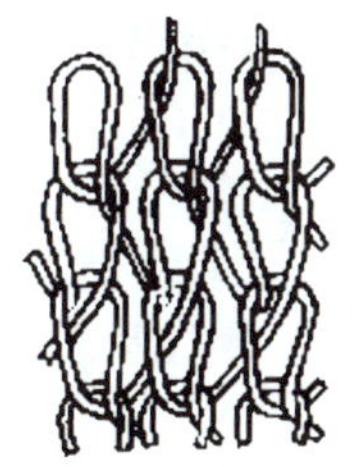

图6-12-18　经平组织

知识拓展

一、经编针织物的基本组织

经编针织物的基本组织有经平组织、经缎组织。

（一）经平组织

每根经纱轮流在相邻两根针上垫纱，每个线圈纵行由相邻的经纱轮流垫纱成圈，如图6-12-18所示，由两个横列组成一个完全组织。这种组

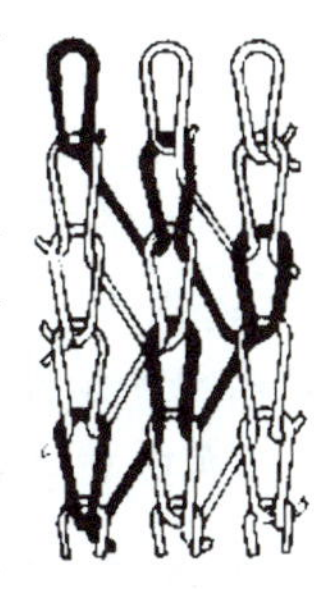
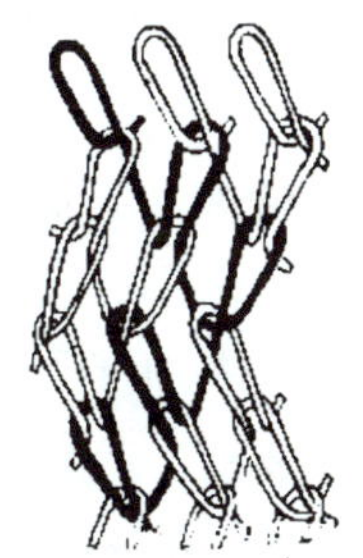

图6-12-19　经缎组织

织具有一定的纵、横向延伸性，且卷边性不显著，常与其他组织复合用于内衣、外衣、衬衫等针织面料中。

（二）经缎组织

经纱顺序垫放在两枚以上相邻的针上，形成线圈至一定位置后，依次返回的经编组织，如图6-12-19所示。这种组织是利用每根经纱依次在三根或三根以上的织针上垫纱，然后再顺序地返回原处编织而成。其特点是每根经纱顺序地在许多相邻纵行内构成线圈，如图6-12-19所示。经缎组织的延伸性较好。当纱线断裂时，线圈沿纵行逆编织方向脱散。经缎组织常与其他经编组织复合以得到一定的花纹效果。

二、针织印染布国家标准

GB/T 411—2008 棉印染布　FZ/T7 2004.1—2000针织坯布　FZ/T7 2004.2—2000针织成品布

一、单项选择题（请在下列选项中选择一个正确答案并填在括号中）

1. 针织面料与机织面料在起毛起球方面相比，（　）。

A. 针织面料易起球　B. 机织面料易起球　C. 无法比　D. 说不清

2. 针织面料和机织面料的根本区别是：（　）。

A. 针织面料的基本结构是线圈　B. 机织面料的基本结构是线圈

C. 针织面料是经纬纱交织而成　D. 机织面料延伸性比针织面料大

3. 制作内衣一般采用（　）。

A. 全棉机织面料　B. 全棉针织面料

C. 纯麻机织面料　D. 非织造面料

二、判断题（判断正误并在括号内填“√”或“×”）

1. 针织面料、密度小的面料、纱线加捻小的面料不易起毛起球。（　）

2. 针织面料适合制作内衣、运动衣、T恤衫等。（　）

3. 针织面料的三原组织是平纹、斜纹和缎纹。（　）

三、简答题

比较机织棉、麻、丝、毛面料与针织面料，说出它们的区别。

四、实训题

1.3～5人一组，从身边找出纬编方式的毛衣和经编方式的毛衣各一件，观察它们的组织结构，请用手感目测法比较他们的区别。

2. 在老师的指导下，10位学生一组，用两种颜色的粗腈纶毛线进行编织，成品长20 cm、宽20 cm。分别按照下列组织编织：纬平针、罗纹、双反面组织。

编织完成后，观察成品的两面纹路，并对成品进行拉伸实验。然后，小组间进行交流，讲出组织的纹路特征和拉伸的感受。

任务十三 针织面料主要品种及应用

知识点： 1. 针织面料的分类。

2. 针织面料的主要品种及应用。

技能点： 能根据服装款式的要求，提出适用的针织面料品种。

任务描述

图6-13-1所示为人们日常生活中经常穿着的内衣套装、圆领衫、文化衫、T恤衫、运动衫和运动套装等服装。提出适合制作上述服装的针织面料，供服装生产厂家从中选择。

内衣套装、圆领衫、文化衫、T恤衫都属于人体贴身穿着的服装，要求透气性好，吸汗、柔软、舒适；运动衫和运动套装在运动中穿着，要求能够适应大的形体变化，弹性好、吸汗、轻便、透气，而且要能够反复穿着，不容易磨损。

内衣套装

圆领衫

文化衫

T恤衫

短袖运动衫

运动套装

图6-13-1 常见的针织服装

任务分析

圆领衫、内衣套装都属内衣。所谓内衣是指穿着于外衣、中衣以里与体肤较接近的内穿服装。文化衫、T恤衫既可内穿，又可内衣外衣化，都是与体肤较接近穿着的服装。这类服装应该具有很好的透气性，吸汗、柔软、舒适。运动衫和运动套装适合在运动时穿，这类服装要有高弹性、吸汗、轻便、透气等。

总之，适合这几类服装的面料主要选择针织面料，因为针织面料具有较好的吸湿性、透气性、柔软性、延伸性和弹性等。但针织面料的品种较多，要选用合适的针织面料，还要从针织面料的品种和服用性能等特点分析。

相关知识

按照编织方式分类，针织面料可以分为纬编针织面料和经编针织面料；按照所用原料分类，针织面料主要有棉、麻、丝、毛、涤纶、锦纶等种类。

一、按照编织分类的针织面料主要品种

（一）纬编针织面料的主要品种

纬编针织面料的主要品种见表6-13-1。

表6-13-1　　纬编针织面料的主要品种

面料品种	图示	服用性能	服装应用
纬平针针织面料		纬平针针织面料俗称“汗布”，它是单面针织面料，具有很高的横向延伸性，易卷边，沿编织方向和逆编织方向都易脱散。单面针织面料轻薄，吸湿性强，透气性好，手感柔软	主要用于内衣类的服装

续表

面料品种	图示	服用性能	服装应用
罗纹针织面料		罗纹面料有很好的弹性，只可以逆编织方向脱散，裁片会沿纵行方向卷边，透气性好，手感柔软	1+1罗纹常用于衣服的下摆、袖口、领口，2+2罗纹制作弹力衫、毛衣等
双罗纹针织面料		双罗纹面料俗称“棉毛布”。双罗纹面料厚实耐用，保暖性较好，弹性好，不易脱散，不卷边	适合制作棉毛衫裤、休闲服、运动服、T恤衫等服装
双反面针织面料	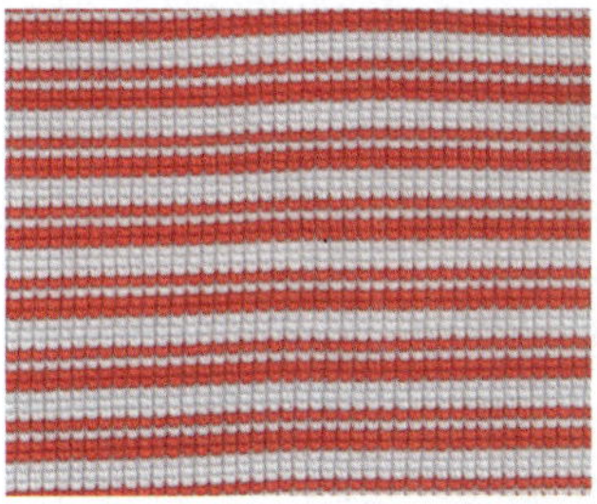	双反面针织面料可以用1+1和2+2等不同的横列组合，形成凹凸条纹和花纹。该面料厚实，具有良好的纵、横延伸性和弹性	适于毛衣、运动衫、童装等成形产品
提花针织面料		提花面料的延伸性较小，脱散性较小，这种面料较厚实，平方米重量较大，有良好的花纹效应，美观大方	适于制作T恤衫、外衣、毛衣等
集圈针织面料		集圈面料厚实，纵向、横向拉伸性较小，可形成花色效应，形成凹凸网眼效应，形成色彩效应	适于制作春夏季针织外衣、T恤衫、春秋套装等

续表

面料品种	图示	服用性能	服装应用
毛圈针织面料		毛圈面料较紧密，毛圈松散易转移，具有良好的保暖性与吸湿性，手感厚实、柔软	适于制作睡衣、浴衣、休闲服等
长毛绒针织面料		长毛绒面料厚实，手感柔软，保暖，比天然毛皮轻，不易被虫蛀	用于冬季服装、大衣、外衣等
复合针织面料		复合面料是由两种或两种以上的纬编组织复合而成。复合面料结构稳定、紧密、挺括，具有横楞效应，保暖性好	广泛用于保暖内衣、运动衣、外衣等

（二）经编针织面料的主要品种

经编针织面料的主要品种见表6-13-2。

图6-13-2　　经编针织面料的主要品种

面料品种	图示	服用性能	服装应用
经平针织面料		布面平挺，外观均匀，纹路较好，不会卷边，透气性好	适合制作T恤衫、内衣

续表

面料品种	图示	服用性能	服装应用
经平绒针织面料		经平绒面料手感光滑、柔软，延伸性和悬垂性较好	薄型的主要用于衬衫、裙子面料；中厚型、厚型的则可作外衣
经缎针织面料		经缎面料可产生隐形的横条外观，可形成锯齿形外观效应，有较强的反光效果	常用于外衣面料
经编网眼针织面料		经编网眼面料质地轻薄，弹性和透气性好，手感滑爽、柔挺	主要用于夏令男女衬衫面料、运动衣里料
经编丝绒针织面料		表面绒毛浓密耸立，手感厚实、丰满、柔软，富有弹性，保暖性好	主要用于冬令服装、童装面料
经编毛圈针织面料		手感丰满、厚实，布身坚牢、厚实，弹性、吸湿性、保暖性良好，毛圈结构稳定	主要作运动服、翻领T恤衫、睡衣裤、童装面料

二、按原料分类的针织面料主要品种

针织服装穿着舒适、贴身合体、无拘紧感、能充分体现人体曲线。针织面料质地柔软、吸湿、透气，具有良好的弹性、延伸性及可生产性。现代针织面料所用原料很多，各种天然纤维、人造纤维、合成纤维都可用于生产针织面料。各种纤维的针织面料的服用性能不同，所制作的针织服装不同。下面介绍几种常用原料的针织面料。

（一）棉针织面料

棉针织面料具有吸湿性好、耐热、耐水洗、耐碱、体肤触感好等优良特性，是制作各种内衣、婴儿服、便服、运动服、T恤衫及夏季外衣的良好面料，如图6-13-2所示。纯棉针织外衣一般要采用纤维较长的高级原棉，进行丝光整理和防缩、防皱整理，以提高光泽和挺度。

此外，棉与麻、腈纶、锦纶、涤纶等纤维混纺或交织的针织面料也被广泛采用。

图6-13-2　棉针织面料和棉针织衫

在市场上曾流行的“丝盖棉”针织面料就是表面用涤纶长丝，里面用棉纱交织而成。它既有纯棉面料的透气、吸湿等优良性能，又有涤纶面料的良好光泽、抗皱免烫、挺括、坚牢耐磨、易洗快干等特点，被广泛用来制作运动装和外衣。

（二）麻针织面料

麻针织面料触感凉爽，吸湿性好，强力是羊毛的4倍，湿态强力比干燥时增加70%。精漂亚麻面料有绢丝般的光泽，容易吸收及挥发水分，是夏令时装的理想面料，适用于制作高级针织外衣、T恤衫等，如图6-13-3所示。麻针织面料常采用苎麻与其他纤维的混纺纱编织，如苎涤纱（苎麻60%，涤纶40%或苎麻35%，涤纶65%）、苎毛纱（苎麻25%，毛75%）、苎腈纱(苎麻35%，腈纶65%)等。

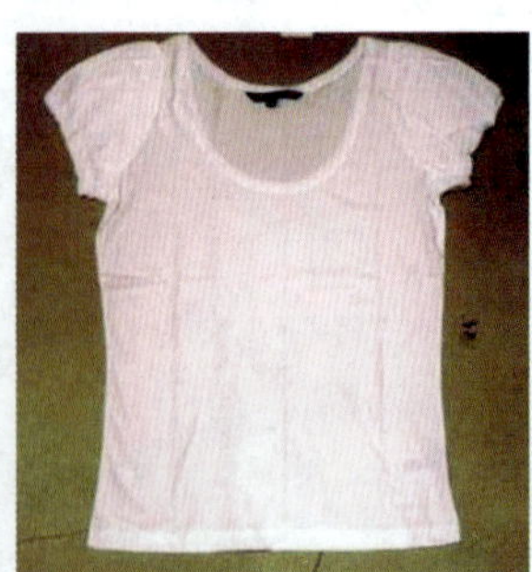

图6-13-3　麻针织面料和麻针织衫

当前，新材料——人造棉亚麻针织面料的成分是人造棉85%，亚麻15%，克重为130 g/m^{2}左右。面料特性兼具有人造

棉的柔软和亚麻的抗菌、快干等优点，手感柔滑、干脆，富有垂性，性价比高，是春夏T恤衫面料的优选材料。

（三）真丝针织面料

真丝针织面料主要以绢丝针织面料为主。绢丝针织面料质地轻柔，富有光泽和弹性，但是织造和服装制作难度较高，目前生产量很少，主要用来制作高级的夏令的内衣和外衣，如图6-13-4所示。

图6-13-4 真丝针织面料和真丝针织衫

图6-13-5 毛针织面料和毛针织连衣裙

（四）毛针织面料

毛针织面料触感柔软，抗皱性、弹性、保暖性、吸湿性均很好，耐酸但不耐碱（在碱液中易“毡化”），易虫蛀。毛纱或毛线主要用于成型或半成型编织（如羊毛衫等），也可用毛与腈纶（或涤纶）混纺纱织制针织“乔赛”坯布，用于制作针织外衣、T恤衫等，如图6-13-5所示。

（五）涤纶针织面料

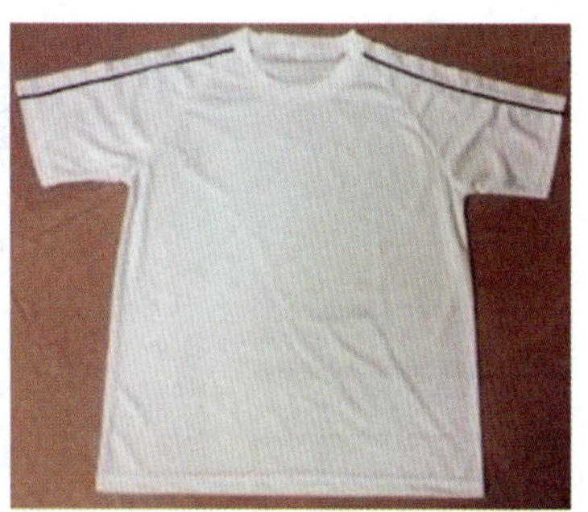

图6-13-6 涤纶针织面料和涤纶针织跑步衫

涤纶针织面料强力、弹性、抗皱性和耐热性均好，可进行永久性免染整理和打褶加工，易洗快干。各种涤纶弹力丝经编面料是制作外衣、百褶裙等理想面料，如图6-13-6所示。涤纶等合成纤维由于吸湿性较差，穿着时不吸湿，人体易产生闷热感，而且易产生静电，易吸尘，因此不适宜制作贴身内衣，一般应与棉、麻、毛等纤维进行混纺和交织。

（六）锦纶针织面料

锦纶针织面料强力和保温性好，耐磨性最强，耐酸、耐碱，防虫蛀，染色性好，并有热可塑性，可以做永久性变形加工。弹力锦纶针织面料常用于各种运动衣、游泳衣、尼龙弹力衫或外衣的面料，如图6-13-7所示。

任务实施

一、针织服装的类别

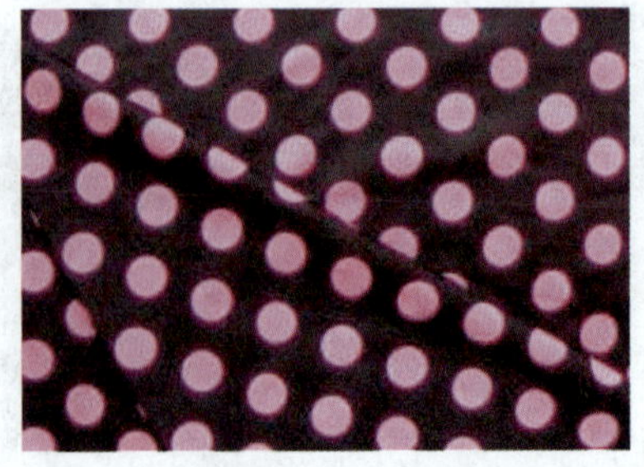

图6-13-7　锦纶针织面料和锦纶针织衫

针织服装分为内衣、中衣、外衣。针织内衣有普通针织内衣、补整内衣、装饰内衣和健身内衣。针织中衣有针织衬衫、T恤衫。针织外衣有毛衫、运动装、休闲装、时装。

二、从面料中选出合适制作内衣、T恤衫、运动服的针织面料

1. 从针织面料中选出合适的品种制作内衣

针织内衣是与体肤接近的内穿服装，选择面料时要考虑面料具有透气、吸汗、舒适、柔软、保温、保护人体、协调皮肤运动，甚至调节人体体形等功能，如图6-13-8所示。适合制作内衣的针织面料有：汗布、罗纹面料、双罗纹面料、经平面料和制作保暖内衣的复合面料及新型纤维针织面料等。在材质方面，棉、真丝针织面料适用于针织内衣。

图6-13-8　针织内衣

2. 从针织面料中选出合适的品种制作T恤衫

T恤衫既可内穿，又可当作外衣，是与体肤较接近穿着的服装，适合T恤衫的针织面料应该具有透气、吸汗、柔软、舒适，色彩绚丽，面料轻薄等功能和特点，如图6-13-9所示。应选择的针织面料有：双罗纹面料、提花面料、集圈面料、经平面料、经编毛圈面料和复合面料。在材质方面，棉、麻、真丝、毛针织面料适用于T恤衫。

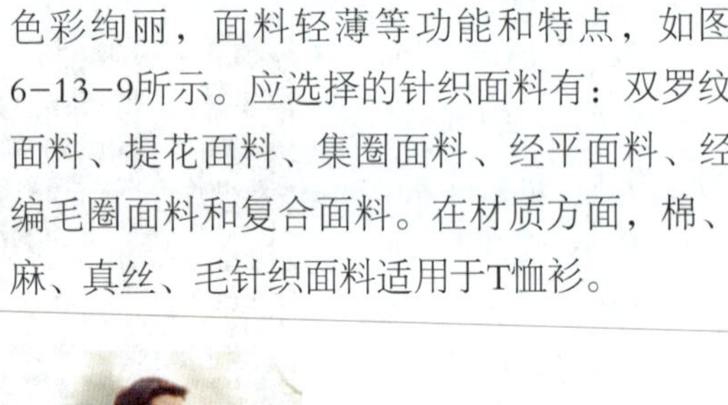

图6-13-9　针织T恤衫

3. 从针织面料中选出合适的品种制作运动服装

运动服装适合在运动时穿，这类服装要有弹性、吸汗、轻暖、透气、宽松、大方等功能和特点，如图6-13-11所示。应选择的针织面料有：双罗纹面

图6-13-10　运动套装、休闲运动装

料、双反面面料、涤盖棉针织面料、锦纶针织面料、经编毛圈面料、经平绒面料和复合面料等。在材质方面，棉、棉/锦混纺或交织面料、涤纶针织面料、锦纶针织面料适用于运动服装。

 知识拓展

羊毛衫又称毛衫，是用毛纱或毛型化纤纱等编织成的针织衣物。它属于针织纬编的范畴。羊毛衫分为手工编织、机械编织。手工编织主要用钩针和棒针编织。机械编织主要用横机和圆机编织。

图6-13-11　常见羊毛衫

一、羊毛衫的特点

羊毛衫同其他针织面料相比，最主要的特点是延伸性强、弹性好，具有良好的柔韧性、保暖性和透气性。这些主要特点决定了羊毛衫穿着舒适度、服用性能优良。此外，羊毛衫还具有色泽鲜明、花色繁多、款式新颖、经久耐穿等特点，使得其深受广大消费者的青睐，在针织服装中占有重要的地位，如图6-13-11所示。

我们现在穿着的羊毛衫有精纺类羊毛衫，其特点是平整、挺括、针路清晰、光洁、弹性好，抗拉伸度高；与精纺羊毛衫相比，粗纺类羊毛衫纱线的线密度较高（即纱线较粗），抗拉伸度低，但毛绒感强，手感柔软，延伸性和悬垂性较好，并且具有较好的保暖性和透气性。

羊绒衫、驼绒衫和牦牛绒衫等高档羊毛衫，是羊毛衫产品中的佼佼者。其表面绒茸短密适度，手感柔软、滑糯，有天然色泽。兔毛衫的特色在于纤维细，光泽柔和，表面毛绒耸起，且有枪毛，外观独具风格，质轻、蓬松，触感滑爽，保暖性胜过羊毛衫。马海毛衫表面绒毛长，光泽鲜亮，手感柔中有骨，并且不易起球。

化纤类毛衫织物的共同点是：较轻，回潮率较低，纤维断裂强力比毛纤维高，不会被虫蛀，但其弹性恢复率低于羊毛，保形性不及纯毛毛衫，比较容易起球、起毛和产生静电。腈纶衫色泽鲜艳、蓬松性好，保暖性也接近纯毛毛衫。近几年来，国际市场中腈/锦混纺的仿兔毛纱、变性腈纶仿马海毛纱编织的毛衫可以与天然兔毛、马海毛产品媲美。弹力锦纶衫、弹力涤纶衫、弹力丙纶衫具有坚牢、耐穿、弹性优良的特性。

动物毛与化纤混纺的毛衫，具有各种动物毛和化学纤维的“互补”特性，其外观有毛感，抗拉伸强力得到改善，降低了毛衫成本，物美价廉。

二、羊毛衫常用款式及配套产品

羊毛衫及其配套产品常用款式规格：

（一）男装款式

开衫：V领男开衫、V领马鞍肩男开衫、V领斜肩男开衫。

套衫：V领男套衫、V领斜肩男套衫、一字领男套衫。

背心：V领男开背心、V领男套背心。

裤子：游泳裤、男长裤。

（二）女装款式

开衫：V领女开衫、V领女开衫（带口袋）、V领斜肩女开衫、圆领女开衫、青果领女开衫、猎装式女开衫、中式对襟女开衫、西装领收腰女开衫、翻领夹克女开衫、直襟女大衣。

套衫：V领女套衫、圆领女套衫、蝙蝠袖女套衫、圆领短袖女套衫。

背心：V领收腰女开背心、V领女套背心。

裤子：女长裤、女短裤。

短裙：连衣裙、U领背心裙、旗袍裙、喇叭裙、直筒裙。

（三）童装

开衫：V领男童开衫、翻领女童开衫。

套衫：樽领男童套衫、圆领女童套衫。

（四）毛衫配套产品

长围巾、披肩、帽子、手套、袜子。

练一练

一、简答题

1. 针织面料的服用性能有哪些？
2. 纬编针织面料、经编针织面料的主要品种有哪些？

二、实训题

1. 2～3个学生一组，分析题图6-13-1中两套针织服装的服装功能要求，并讨论提出适用的针织面料。

2. 通过网络搜索、查阅杂志或者实地调研，列出目前较流行的针织面料。

儿童内衣套装

儿童运动套装

题图6-13-1　针织套装

课题七　毛皮、皮革及其服装应用

任务十四　毛皮及其服装应用

知识点： 1. 天然毛皮的服用性能。

2. 真假毛皮的判别。

3. 毛皮的主要品种与服用性能。

4. 天然毛皮的质量。

技能点： 1. 能够鉴别真假毛皮。

2. 能根据客户对毛皮服装质量、档次要求，提出合适的毛皮品种。

任务描述

随着生活水平的提高，人们对服装的档次要求也日益提高，各种档次的毛皮服装已开始进入平常百姓家。

1. 图7–14–1所示分别为天然毛皮大衣和人造毛皮大衣。用简易的方法判别真假毛皮，并鉴别天然毛皮的质量优劣。

2. 制作图7–14–1所示款式的毛皮大衣。一种为中高档毛皮大衣，一种为低档毛皮大衣。为厂家提供毛皮品种的选择范围。

服装要求：天然毛皮大衣手感要好，毛皮光泽柔顺，要有档次。但是，要能够保持一定销售量，为一部分收入较高的人士能够接受和消费得起。人造毛皮能够保证保暖、耐穿等实用要求，外观接近天然毛皮。

3. 除了制作大衣外，说出在服装设计和制作中毛皮的其他用途。

1号毛皮大衣

2号毛皮大衣

图7–14–1　毛皮大衣

任务分析

毛皮以保暖、高贵而著称，但毛皮的品种很多，加之人造毛皮的出现，制作毛皮服装的原料有了很大的选择空间。稀有天然毛皮档次高，价格高，只有少数人才能消费。部分普通品种的天然毛皮因为价格较低，已和人造毛皮一样，进入了平常百姓家。在选择毛皮面料时，首先能用简易的方法判别天然毛皮与人造毛皮。其次，选择毛皮来制作客户所需要的各种服装、辅料和服饰，就必须掌握天然、人造毛皮的分类、品种和服用性能。

相关知识

毛皮分为天然毛皮与人造毛皮。现就天然毛皮、人造毛皮主要品种与性能，以及毛皮的质量与真假毛皮的判别介绍如下。

一、 天然毛皮及其服用性能

（一）认识天然毛皮

天然毛皮的剖面分成毛被与皮板，其主要成分是蛋白质。毛被一般由针毛（或称枪毛）、粗毛和绒毛三种毛组成，如图7-14-2所示。针毛生长数量少、较长而呈针状，多具有漂亮的颜色；绒毛数量最多，细而且短，常呈现浅色的波卷；而粗毛数量比针毛多而比绒毛少，长度介于针毛和绒毛两者之间，下半段形似绒毛，上半段又像针毛。天然毛皮中，绒毛对保暖性起决定作用，针毛和粗毛则显示颜色和花纹。

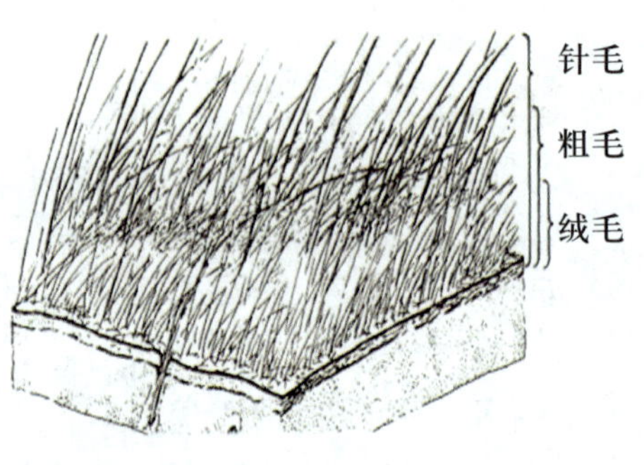

图7-14-2　天然毛皮的结构

（二）天然毛皮的服用性能

动物毛皮剥除下来后需要经过准备工序、鞣制工艺和整理工序，才能成为可以用于制作毛皮服装的原料。我们通常把鞣制后的动物毛皮称为天然毛皮。天然毛皮具有透气、吸湿、保暖、耐穿、华丽等特点。

在外观上，天然毛皮具有动物毛皮的自然花纹，在制作服装时还可以通过挖、补、镶、拼等缝制工艺形成绚丽多彩的花色。

天然毛皮轻便、柔软。天然毛皮皮板有良好的吸湿性，密不透风；毛被的毛绒间可以存留空气，从而起到保存热量的作用，具有极好的保暖性和防风性能。因此，裘皮是防寒服装的理想材料。裘皮坚实耐用，既可用于面料，又可充当絮料。

天然毛皮保养性差，不可水洗，不能暴晒。由于天然毛皮的主要成分是蛋白质，储存时要防虫蛀。“物以稀为贵”，裘皮服装为人们喜爱的珍品，特别是名贵裘皮服装价格非常昂贵，属于高档消费品。

（三）天然毛皮的服装制作

一件天然毛皮服装的生产一般要经过天然毛皮的分类与选择、毛皮的切割、缝制、整烫，才能制成成品毛皮大衣，如图7-14-3所示。

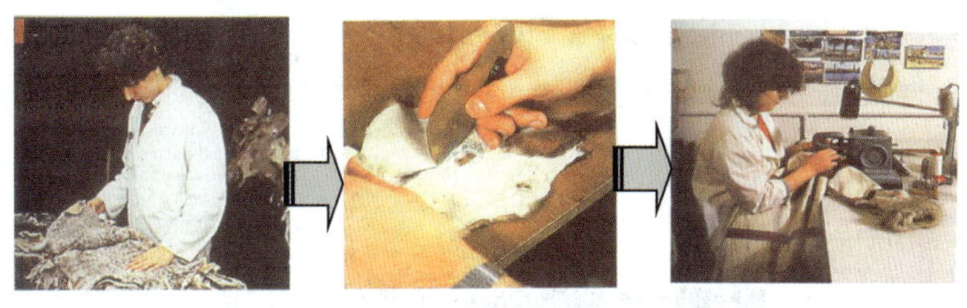

毛皮的选择　　毛皮的切割　　毛皮的缝纫

毛皮整烫　　毛皮大衣成品

图7-14-3　天然毛皮服装的制作过程

二、 天然毛皮的主要品种

比较常见的动物毛皮有绵羊、山羊、兔、狗、猫皮等；比较珍贵的动物毛皮有水獭、紫貂、水貂、狐、豹、虎皮等。其中，水獭皮质量最佳，毛密绒厚，富有光泽，有很好的防水性，较其他毛皮耐穿耐用。

（一）水獭皮

水獭皮是贵重的动物毛皮，不但外观美丽，而且特别厚，绒毛厚密而柔软，几乎不会被水浸湿，保温抗冻作用极好，保暖性能超过貂皮，故有兽类“毛皮之王”的美称。水獭的毛皮珍贵美观，质轻而韧，可制成的奢华大衣、皮帽、皮领等。图7-14-4所示为水獭与水獭皮大衣。

图7-14-4　水獭与水獭皮大衣（局部）

（二）紫貂皮

野生紫貂全身为棕黑色或褐色；人工饲养的紫貂有黑、

图7-14-5　紫貂与紫貂皮大衣

白、蓝、黄等颜色。紫貂的毛皮御寒能力较强。紫貂皮的毛被细而柔软，底绒丰富；皮板薄而坚韧，保暖性强。因此，紫绍皮是一种十分珍贵的毛皮。图7-14-5所示为紫貂与紫貂皮大衣。

（三）水貂皮

水貂是一种珍贵的毛皮兽，属水陆两栖动物。野生水貂全身呈黑褐色，额头为白色；人工饲养的貂皮颜色有15种以上，其中最受欢迎的有本黑貂皮、白色貂皮、棕啡貂皮、棕黑色貂皮、咖啡色貂皮、银灰色貂皮、珍珠色貂皮、黑十字貂皮等。水貂皮的针毛光滑、柔软、润亮，绒毛细密灵活，皮板结实。图7-14-6所示为水貂与水貂皮外套。

图7-14-6　水貂与水貂皮外套

（四）狐皮

狐皮按地域分为南方产和北方产。南方产的狐狸皮张幅较小，毛绒粗短，色红黑无光泽，皮板薄而干燥；北方产的狐狸皮的品质较好，毛细绒足，皮板厚软、拉力强、张幅大，背色红褐。用于制作服装的狐皮品种主要有以下几种：

红狐皮：红狐皮毛色棕红，光泽艳丽，毛细绒厚，柔软灵活，其御寒能力仅次于紫绍皮。

银狐皮：银狐生活在北极圈内，其毛色银白素雅，别具特色。银狐皮属上等毛皮。

东沙狐皮：东沙狐皮毛色棕黄，腹部为白色，毛绒厚，张幅大。

西沙狐皮：西沙狐皮毛色棕黄，胁部为灰蓝色，毛粗硬，针毛与绒毛匀齐。

图7-14-7所示为红狐皮、银狐皮与红狐皮、沙狐皮服装。

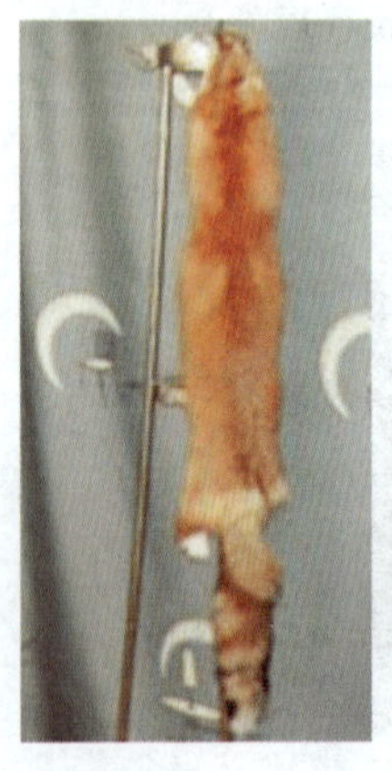

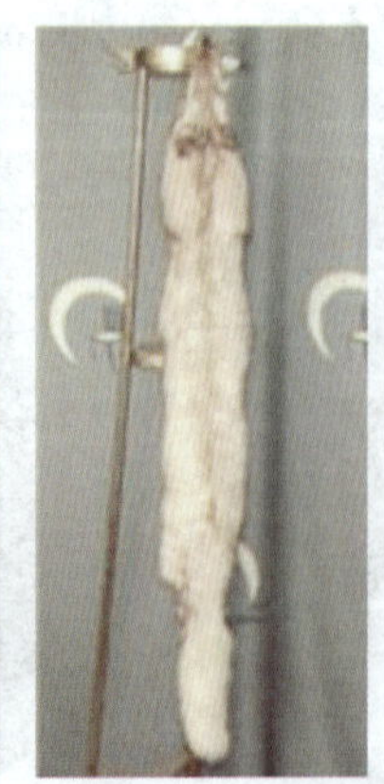

图7-14-7　红狐皮、银狐皮与红狐皮、沙狐皮服装

（五）羊皮

由于产地的地理、气候及饮食条件的不同，通过杂交改良得到的品种各异，因此羊皮质量有很大差异。用于服装制作的羊皮主要分三类：

绵羊皮：绵羊皮又包括三种。一是细毛羊皮，它的皮板大，毛被纯白，毛细密均匀，多弯曲，弹性好，光泽柔和美观。二是半细毛羊皮，它的张幅较大，皮板轻薄，毛绒丰厚，花弯多，质量轻，毛色洁白。三是粗毛羊皮，它主要包括蒙古羊、西藏羊、哈萨克羊、滩羊等。粗毛羊皮的毛粗大，皮板厚实、耐用，卷曲较少。

图7-14-8 滩羊与滩羊皮服装

山羊皮：山羊皮多为白色，毛呈半弯、半直状态，张幅较大，皮板柔软坚韧。针毛可拔掉制笔或制刷，拔针后的绒皮用来制裘，未经拔针的山羊皮一般用来做衣里或衣领。

羔皮：羔皮是绵羊的幼羊皮。羔羊的毛被花弯、结絮多样化。滩羊羔皮的特点是毛缮花形弯曲多，像萝卡丝形状，底绒无黏结性，色泽光润，皮板绵软，洁白而轻松，多用于制作服装。图7-14-8所示为滩羊与滩羊皮服装。

三、天然毛皮质量优劣的判定

天然毛皮由皮板和毛被构成，因此判定天然毛皮的质量一看皮板，二看毛被，三看毛被与皮板的结合紧密程度。

1. 皮板的性能

皮板主要看它的抗张强度*、耐磨性、坚牢度、弹性、延伸性、坚韧性等。各种毛皮的皮板抗张强度一般足以满足服装的要求，具有良好的耐磨性，可以长期使用而不损坏。皮板一般具有良好的弹性和一定的延伸性及稳定性，且柔韧、挺括，便于缝制，有较好的接缝强度，并具有抗皱性。皮板一般还具有可塑性，可在湿状态下将其牵拉成一定形状然后用钉子固定，干燥后即可保持这种状态不变。皮板除了物理机械性能外，还要关注皮板的大小、软硬、厚薄、损伤情况等。

2. 毛被的性能

对天然毛皮的质量判定重点要观察毛被的色彩、光泽、疏密、长短、粗细。一般说来，毛被的针毛和粗毛色彩丰富，光泽艳丽，绒毛则色彩自然、柔和。毛皮的外观质量与绒毛的密度和毛的高度成正比。栖息水中的毛皮兽的毛皮（如水獭皮）毛绒细密、柔软、光洁；栖息山中的野生动物毛皮（如狐狸皮）色彩优美，毛厚板壮；而混养家畜的毛皮（如羊皮、兔皮）含杂质较多，毛显粗糙。毛的粗细和针毛、绒毛的比例决定毛被的柔软度。一般细毛、长毛显得柔软，通常是发育好的短绒较柔软。

---

*是指物体能够承受的最大拉力。

3. 毛被与皮板的结合

天然毛皮的毛被滑爽、柔软，具有抗搓性，坚牢度很好，可以长期穿着而不脱落，并抵抗外力的拉扯。

天然毛皮的损伤情况主要指“光板”（指毛被掉光，露出皮板部分）、掉毛、虫害等。优质毛皮的毛被松软、光洁，外表美丽，有良好的保暖性；皮板柔韧，有弹性、可塑性及吸湿透气性。

4. 鉴定天然毛皮的质量

鉴定天然毛皮质量的优劣，可用四个字概括，即“看、吹、摸、抓”。“看”，观察毛皮的花纹是否均匀，是否有光泽，及色彩是否均匀或者艳丽；“吹”，用嘴对着毛皮的毛被吹一口气，优质的毛被倒伏下去后迅速弹起，在毛被上形成一条一闪而过的痕迹，随即毛被恢复原有状态，说明毛的松软程度与绒毛的细密程度较好；“摸”，用手抚摸毛被，感觉毛皮光滑、细腻，手心有温暖感，属于好毛皮，如果手感粗糙则毛皮质量较差；“抓”，用手攥毛皮，感受毛皮的柔软程度。

四、人造毛皮

外观类似动物毛皮的长毛绒型织物。绒毛分两层，外层是光亮粗直的刚毛，里层是细密柔软的短绒，如图7-14-9所示。人造毛皮常用于制作大衣、服装衬里、帽子、衣领等。

（一）人造毛皮的主要品种

根据生产方法的不同，人造毛皮主要有三种。

1. 针织人造毛皮

它是在针织毛皮机上采用长毛绒组织织制而成的。长毛绒采用腈纶、氯纶或粘胶纤维纱，底布采用涤纶、腈纶纱或棉纱等。

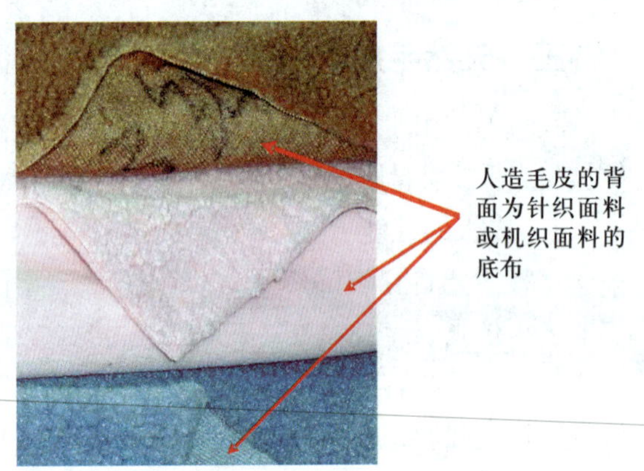

图7-14-9　人造毛皮

2. 机织人造毛皮

它是在双层组织的经起毛机上织制而成。

它的底布一般是棉纱作为经、纬纱，用于形成毛绒的经纱采用羊毛或腈纶、氯纶或粘胶纤维等。

3. 人造卷毛皮

人造卷毛皮用粘胶纤维、腈纶等纤维为原料。人造毛皮有固定的幅宽，整个幅面的毛被均匀一致，其毛被色泽和花纹可以人为设计和织制。因而，使用人造毛皮可以简化服装制作工艺，增加花色品种，而且价格较低，易于保存。另外，人造毛皮具有天然毛皮的外观，在服用性能上也与天然毛皮接近，是极好的天然毛皮代用品。图7-14-10所示为毛被多样、色彩丰富的人造毛皮。

图7-14-10　色彩丰富的人造毛皮

（二）人造毛皮的服用性能

目前，多数人造毛皮用腈纶纤维作毛绒，棉或粘胶纤维等机织物及针织物作为底板组织。其服用性能是：色彩丰富，外观仿天然裘皮性强；质量轻、光滑柔软、保暖，但是保暖性比天然毛皮差，易产生静电，易沾尘土；结实耐穿；不霉、不易蛀、耐晒、价廉，可以水洗，但洗后仿真效果逐渐变差。人造毛皮的质量判定与天然毛皮类似。

随着人造毛皮的生产工艺越来越先进，人造毛皮的外观和服用性能越来越接近天然毛皮，在服装生产中正逐步替代天然毛皮。

五、真假毛皮的区分

区分真假毛皮的最简单办法就是观察毛皮的底部是织物还是皮板。除了从毛皮的反面观察外，即使毛皮制成了服装也可从其正面拨开长毛，观察毛被底部是否有经纱、纬纱或线圈组织。

另外，还可以采用燃烧法鉴别。天然毛皮的毛被组成物质是蛋白质，具有燃烧毛发的特征（如毛发燃烧的臭味，燃烧后的残留物状态），而人造毛皮绝大多数采用腈纶或粘胶材料，没有天然毛皮的燃烧特征。

任务实施

一、区分天然毛皮和人造毛皮

现代人造毛皮的制作技术发展很快，从毛皮的正面不容易分辨出毛皮的真假。但是，可以通过对比毛皮的反面进行辨别。天然毛皮的反面是紧致的皮层，而人造毛皮的反面可以清楚地看到清晰的基层织物组织，既可能是针织物，又可能是机织物，如图7-14-11所示。图7-14-11的左图中，看不出其是真是假，但是从图7-14-11的右图中可

图7-14-11　人造毛皮正、反面

以非常清楚地看到该毛皮的反面是针织纬平组织。通过这样的鉴别可以分出图7-14-1所示的毛皮大衣，1号是天然毛皮大衣，2号是人造毛皮大衣。

二、鉴别天然毛皮的质量

观察图7-14-1左图所示的毛皮，毛质浓密而富有光泽，毛色一致；在用手摸其表面，触手柔软，用手把毛皮的毛向上及后方刷动，没有秃毛或毛尖破裂或毛色黯淡，向毛皮表面吹一口气，毛皮上的绒毛被压倒后迅速恢复原状。将皮毛接近鼻子，没有闻出毛皮有任何异味。可以判断这样的毛皮质地优良。

三、毛皮大衣的原料选择建议

毛皮大衣的制作，一般是从其销售价格来决定选择什么样的原料。要根据客户对毛皮服装质量和档次的要求，选用天然毛皮或人造毛皮的不同品种制作大衣。

1. 分析中、高档毛皮大衣的原料

要制作中、高档次的毛皮大衣，一般从天然毛皮中选择，然后根据毛皮的原料价格进行比较。

（1）貂皮

貂皮是价格昂贵的天然毛皮服装材料。貂皮有好几种，紫貂皮较其他品种水貂皮更加轻盈、皮板薄、柔韧，针绒毛更纤细而华丽，因此被称之为“裘皮之王”，也被视为“软黄金”。由貂皮制成的大衣价格从3 500～50 000元不等。

（2）水獭皮

比貂皮更昂贵的毛皮原料是水獭皮。水獭的皮下脂肪层薄，因此毛皮厚实且绒毛密，不易吸水，其保暖性能超过貂皮。如图7-14-12所示，水獭皮大衣里子是黑丝绸，毛皮全部是新疆罗布泊地区珍稀野生水獭皮，标价30万元。现在，大部分水獭皮是人工养殖所产，所制作裘皮大衣价格在几千元至几万元。

图7-14-12　野生珍稀水獭皮大衣

（3）狐狸毛皮

狐狸毛皮也是制作大衣的理想毛皮。狐狸品种多，其中北方产狐狸皮品质较好，毛细绒足，皮板厚软，拉力强。但是，从总体而言，狐狸毛皮的质量、档次低于貂皮。

比较之下，要制作任务提出的毛皮大衣且能够有一定的销售量，建议选择天然貂皮。

2. 分析低档毛皮大衣的原料

要制作低档毛皮大衣，一般选择人造毛皮，一般价格不会超过1 000元。可以根据图7-14-1所示右图的款式要求从机织人造毛皮、针织人造毛皮、人造卷毛皮中选择。

四、毛皮制作的其他服装与服饰

图7-14-13　紫貂背心、狐皮和兔皮外套

1. 除了制作大衣外，毛皮还可制作背心、外套等服装。图7-14-13所示分别为紫貂皮背心、狐皮和兔皮外套。

2. 毛皮还可制成帽条、围脖、领子、里料和手袋等，如图7-14-14所示。

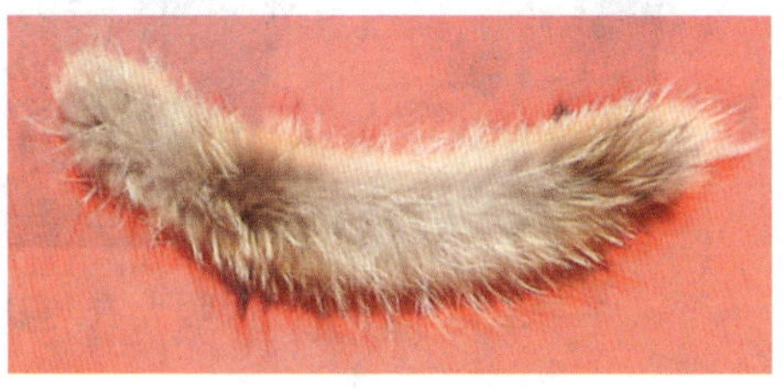

图7-14-14　毛皮制作的帽条、围脖、领子和手袋

练一练

一、单项选择题（请在下列选项中选择一个正确答案并填在括号中）

1. 天然毛皮的毛被中一般没有（　　）。

A. 粗毛　B. 细毛　C. 绒毛　D. 针毛

2. 判断天然毛皮的质量优劣时，下列方法正确的是（　）。

A. 用火烧毛皮上的毛

B. 观察毛皮的色泽是否鲜亮

C. 用手攥毛皮，观察它的恢复速度

D. 吹毛皮的毛，观察毛被恢复是否迅速，而且能否与原来一致

3. 大多数人造毛皮用（　）纤维作毛绒，棉或粘胶纤维等机织物及针织物作为底板组织。

A. 人造棉　B. 涤纶　C. 腈纶　D. 氨纶

二、判断题（判断正误并在括号内填"√"或"×"）

1. 天然毛皮由针毛、粗毛、绒毛组成。（　）

2. 人造毛皮的底布一般是机织布。（　）

3. 人造毛皮和天然毛皮一样也具有针毛、粗毛和绒毛。（　）

4. 鉴别天然毛皮和人造毛皮时，只需要闻一闻毛皮的味道就能够分辨，因为天然毛皮有一股臭味。（　）

三、简答题

如题图7-14-1所示为一件保暖大衣，其中里料和领料用的是毛皮，说出毛皮的作用，并说明如何判定其是天然毛皮还是人造毛皮。

题图7-14-1　保暖大衣与其领部图

四、实训题

5～8个学生一组，从身边收集带有毛皮装饰的服装，判断毛皮装饰部分的类型（天然毛皮、人造毛皮），说出毛皮可以制作的其他服装和服饰的类型。

任务十五　皮革及其服装应用

知识点： 1. 天然皮革的分类。

2. 皮革的加工与服用性能。

3. 皮革品种与质量。

4. 天然皮革和人造皮革的鉴别。

技能点： 能根据皮革服装质量和价位的要求，选用合适的皮革，并能鉴别天然皮革和人造皮革。

 任务描述

随着生活水平的提高，皮革服装已被人们广泛穿着。皮革可以制作西服、夹克、裙子、风衣等，如图7-15-1所示。

图7-15-1　皮夹克、外套和风衣

1. 给出两块皮革原料，如图7-15-2所示，既有天然皮革又有人造皮革。用简易的方法判别真假皮革，并鉴别天然皮革的质量优劣。

2. 服装厂要生产图7-15-1所示左侧款式的皮夹克。为厂家提供毛皮品种的选择范围。

服装要求：皮夹克秋冬季节穿

1号皮革

2号皮革

图7-15-2　皮革原料

着，手感要柔韧，要有档次。

3. 除了夹克、外套外，说出皮革还适宜制作的服装。

任务分析

要鉴别天然皮革和人造皮革，需要了解皮革的基本分类、服用性能，掌握简易的鉴别方法。要给高档的皮革外套选择合适的原料，必须掌握天然皮革、人造皮革的主要品种、服用性能及其应用，然后针对服装要求进行选择。

相关知识

按来源不同，皮革分为天然皮革与人造皮革。其中，人造皮革又可分为人造革与合成革。

一、 天然皮革的分类

（一）按原料分类

按照原料来源不同，天然皮革的分类见表 7-15-1。

表 7-15-1　天然皮革的分类

分类	品种	分类	品种
兽皮革	羊皮、猪皮、牛皮、马皮、鹿皮等	鱼皮革	鲨、鲸、海豚等
海兽皮革	江猪等	爬虫皮革	蛇、鳄鱼

（二）按用途分类

按照用途不同，天然皮革可分为工业用革、服装用革、生活用革（鞋、手套、球、箱包等），如图7-15-3所示。

工业用皮革：传输带

服装用皮革：皮夹克

皮风衣

皮裤

生活用皮革：足球

手套

皮鞋

皮包

图7−15−3　皮革的用途分类

（三）按外观形态分类，

按照皮革外观不同，天然皮革分为光面革及绒面革。图7−15−4所示的手套中，左为光面革，右为绒面革。光面革表面保持原皮天然的粒面，从粒纹中可以分辨原皮的种类以及品质的好坏。绒面革是革面经过磨绒处理的皮革，当设计需要或皮面质量不好时，可以把皮革加工成绒面革。绒面革具有柔和的光泽外观，手感软糯，适宜制作高档的服装与鞋帽。其缺点是易吸尘沾污，不易保养。

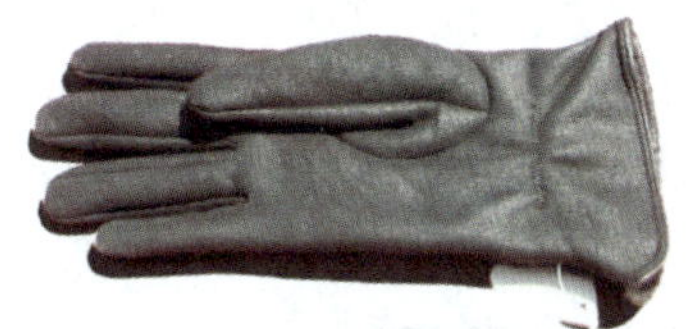

光面革手套

绒面革手套

图7−15−4　光面革手套与绒面革手套

目前，服装用天然皮革主要为羊皮、猪皮、牛皮，其他动物皮比较少见。我国制革原料资源丰富，尤以猪皮、山羊皮资源丰富著称于世。

二、天然皮革的主要品种

天然皮革中常用的品种有猪皮、牛皮、羊皮、马皮、麂皮、鳄鱼皮等。

（一）猪皮革

猪皮革皮厚、粗糙，弹性差；三点（毛孔）一撮，呈三角形，如图7−15−5所示。猪皮可以制作皮衣，比较结实，而且价格便宜。猪皮的透气、透水性好，也是制鞋的主要原料。

图7−15−5　猪皮革

（二）牛皮革

黄牛皮革是优良的服装材料；黄牛皮革毛孔好像满天星斗，革面细，强度高，多用作皮鞋。图7-15-6所示为牛皮革。

图7-15-6　牛皮革

（三）羊皮革

山羊皮革薄、粒面紧实、光泽好、坚牢、柔韧；绵羊皮革表面细致平滑、手感柔软，延伸性较大，但不坚固。山羊皮革毛孔像鳞片或锯齿状，花纹呈“水波纹”状，革轻，薄而软。绵羊革毛孔像鳞片或锯齿状。羊皮革多用于制作服装。图7-15-7所示为羊皮革。

图7-15-7　羊皮革

（四）马皮革

马皮革毛孔呈椭圆形，稍大，成山脉状。马皮革的不同部位差别较大：马皮前身较薄，组织较松，可加工成鞋面皮革、服装皮革；马皮后身较紧实，加工为防水鞋面皮革、靴帮或鞋底皮革；马皮在臀部两侧各有一块椭圆形的皮，特别紧实，称为“股子皮”，十分耐磨，多用于靴帮。图7-15-8所示为马皮革。

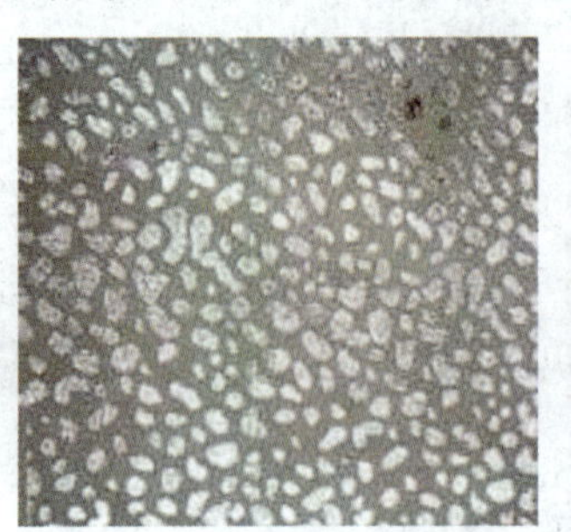
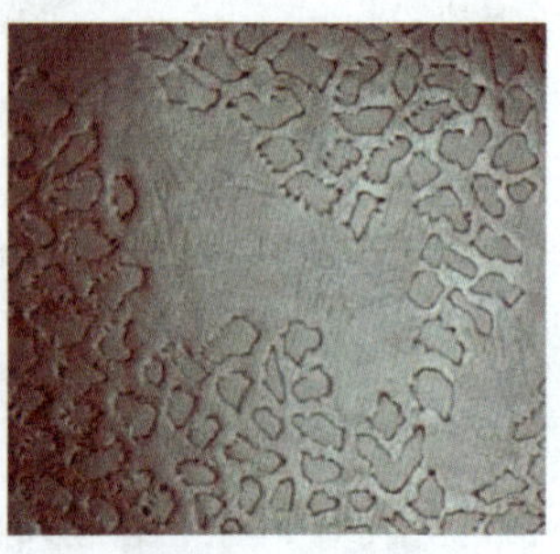

图7-15-8　马皮革

（五）麂皮革

麂皮革为绒面革，柔软、细腻、松散，表面有丝绸感，常用于加工绒面革，可以用于制作麂皮服装。另外，生麂皮还可以用于擦拭汽车中的玻璃或者反光镜，熟麂皮可以用于擦拭高精密的仪器（如显微镜、折射仪等）。图7-15-9所示为麂皮革。

图7-15-9　麂皮革

三、天然皮革的加工与服用性能

（一）生皮的加工

由动物体上剥下的皮革称为生皮。生皮还不能直接用于制作服装，必须经过浸泡、鞣制、染色和轧光四道工序，如图7-15-10所示。皮板的切面结构有表皮、真皮和皮下组织，在加工过程中，毛、表皮和皮下组织一同都被除去。经过加工处理的光面或绒面皮板被称为皮革。服装用皮革多为铬鞣制，厚度为0.6～1.2 mm，透气性、吸湿性良好，具有染色坚牢且薄、轻、软的特点。

浸泡

鞣制

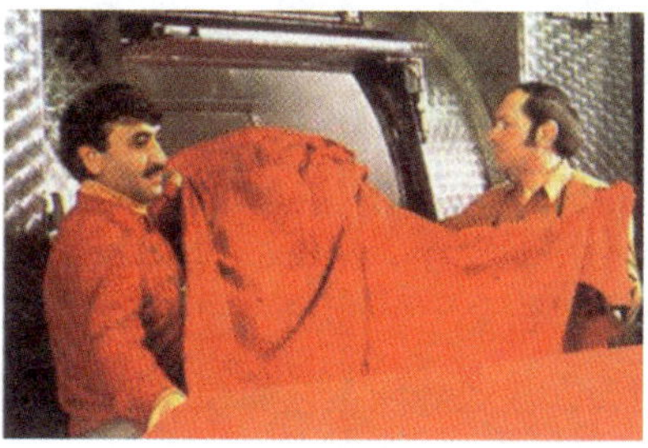

染色

轧光

图7-15-10　生皮的加工过程

为了提高原料皮的利用率，生产厂家往往将较厚的皮板片成多张皮革，故有头层皮、二层皮、三层皮等之分。一般，头层皮（第一层）质量最好，保持原皮的粒面特征，且强度高，但价格较贵。二层（或称二次）以上皮的质量较差，强度低，通常作为绒面革用，若经过涂饰加工也可制成光面革。

（二）天然皮革各部位的特点

天然皮革各部位具有不同的强度、延伸性、厚薄、粒面等性能，一般长度方向延伸性小于横向。动物的皮张形状及各个部位的划分如图7-15-11所示。首先，最好的部位是背脊处的皮，比较结实，粒面平整，延伸性小，厚薄均匀，一般用于衣服的主要部分，如服装的前片。其次，较好的部位是腹部皮，较薄，松软，延伸性大，强度较低，表面粒纹粗，在服装上常用于次要或不明显部位，如作为松紧边。再次，颈肩部皮较厚而硬，横向延伸性大，表面粗糙不平，皱纹多，一般不用于服装正身，而用于兜盖、后部下脚等部位。最后，脐部皮最薄、最松软，延伸性很大，皮张易拉大变形，造成表面涂层断裂而产生裂胶现象，故此部分一般不用于服装。

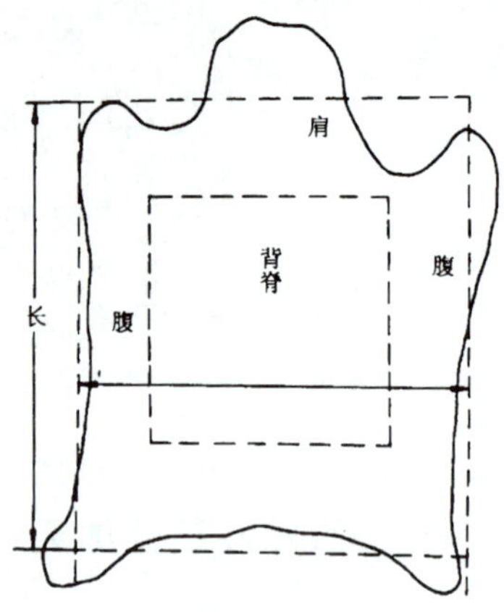

图7-15-11 皮张示意图

（三）天然皮革的服用性能

用铬鞣的光面和绒面革柔软、丰满、粒面细致，经涂饰的光面革还可以防水。天然皮革品种现有砂洗革、印花革、金银粉或珠光粉涂层革、拷花革、水珠革、丝绸革以及可水洗革等。另外，通过镶拼、编结以及用其他服装材料组合可以构成多种形式，从而获得较高的原料利用率。皮革经过染色处理可得到各种外观。

如今，皮革服装不仅作为春秋冬装，还可经过特殊加工，做成轻、薄、软、垂的夏季衬衫和裙装。服装用皮革除用于缝制服装外，还可以用来做手套、鞋帽、皮包等服饰配件。

四、人造皮革

人造皮革在外观上与真皮相仿，服用性能优良，缝制方便，从而被服装行业大量使用，并以其物美价廉而独具优势。

（一）聚氯乙烯人造革

聚氯乙烯人造革是第一代人造革，其服用性能较差。聚氯乙烯人造革同天然皮革相比，耐用性较好，强度与弹性好，耐热、耐寒、耐油、耐酸碱、耐污、易洗并不燃烧、不吸水、不脱色，而且具有厚薄均匀、张幅大，裁剪缝纫工艺简便等特点。但是透气性和透湿性都不如天然皮革，制成的服装鞋帽舒适性较差，逐渐被淘汰。图7-15-12所示为常见的人造革。

图7-15-12　人造革

（二）聚氨酯合成革

聚氨酯合成革是在机织、针织或非织造布上涂敷一层聚氨酯而制成的，这层树脂具有微孔结构，如图7-15-13所示。聚氨酯合成革的性能主要取决于涂敷涂层的方法和底布的种类。总的来说，其性能明显优于聚氯乙烯人造革，具体表现如下:

1. 强度和耐磨性高于聚氯乙烯人造革。

2. 表面涂层具有开孔结构，服装用聚氨酯合成革涂层薄，因此柔软而有弹性，透湿性相当高，卫生性能优于聚氯乙烯人造革。

3. 涂层不含增塑剂，表面光滑紧密，可以着多种颜色和加工花纹，并耐化学试剂清洗。

4. 在低温条件下的断裂强力和弯曲疲劳较高，可以在−40～−45℃下使用，有些品种可在−60℃使用。

5. 采用单组分物料涂层的聚氨酯合成革的耐光性、耐老化性和耐水性较好。

6. 柔韧、耐磨，外观和性能接近天然皮革，而且裁剪、缝纫工艺简便，适用性广。

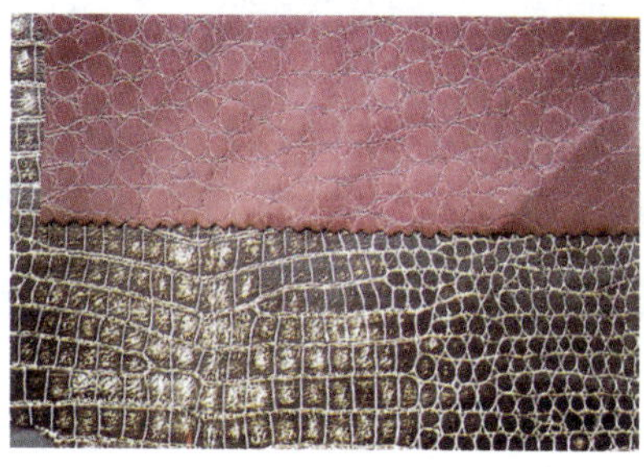

图7-15-13　合成革

（三）人造麂皮

人造麂皮（图7-15-14）的生产方法主要有三种：第一种是对聚氨酯合成革表面进行磨毛处理，其底布采用化纤中的超细纤维制成的无纺布；第二种方法是在涂过胶液的底布上， 采用静电植绒工艺，使底布表面均匀地布满一层绒毛，从而产生麂皮般的绒状效果；第三种方法是将专门的经编针织物进行拉绒处理，使得织物表面呈现致密的绒毛状。

人造麂皮柔软、轻便、绒毛细密，透湿性良好，并且外观很像天然麂皮，因此是制作仿麂皮服装的理想材料。

图7-15-14　人造麂皮

五、服装用皮革的质量要求

服装革无论是天然皮革还是人造皮革，服装用皮革的质量要求可以概括为七个字"轻、松、软、挺、滑、香、牢"。此外，服装革还要求厚薄均匀，颜色均匀一致，色差小，具有较好的透气性和吸湿、排湿性。绒面革则要求绒毛均匀、细致、长短一致，革必须有合理的厚度，以保证必要的强力，不可为了追求轻软、舒适而一味求薄。如果服装用皮革过薄，尤其是磨去粒面的正面绒服装革，其强力相对降低，制成的皮革服装在穿用时容易破损。

六、天然皮革与人造皮革的区分

天然皮革和人造皮革尽管在外观上很相像，但在服用性能上有很大差别。例如，天然皮革的含水量可达28%~30%，人造皮革只能吸收3%~4%的水分。所以，穿天然皮革服装，比穿人造皮革服装要舒适得多。具体可以从以下几方面来区分它们。

1. 一看表面粒面

天然皮革粒面清晰，表面有不规则的粒面花纹，毛孔眼深、不均匀。人造皮革表面粒面均匀，毛孔眼浅，排列整齐，粒面纹不深。如果用手指从皮革反面向上顶，真皮表面有隐约纹路可见，而人造皮革表面则较平滑。

2. 二看断面与反面

从断面和反面观察，天然皮革断面呈无规则的纤维状，如果仔细观察可区分出断层间组织不同，反面有绒，拉得出纤维状物；而人造皮革断面均匀，反面有针织物、机织物或非织造布作基布。

3. 三做滴水实验

天然皮革吸湿透气性优于人造皮革。透气性难以简单比较，而吸湿性可通过滴水实验来判断。天然皮革滴上水后，水被皮吸收得多，用布擦掉后，该处颜色变深；而人造皮革无以上现象。

4. 四闻气味

天然皮革有动物皮毛的臭味，人造皮革具有刺激性较强的塑料气味。

5. 五燃烧检验

天然皮革的组织物质是蛋白质，具有燃烧羊毛等毛发的气味和松而脆的灰烬，而人造皮革主要为聚氨酯合成革，它不会用蛋白质纤维织制的基布，涂层用的是聚氨酯，不会有燃烧毛发的气味。

任务实施

一、判别天然皮革和人造皮革

准备试管、镊子、酒精灯、实验台。特征记录见表7－15－2。

1. 观察比较图7－15－2所示的两块皮革的表面、断面、反面。
2. 在皮革上做滴水实验，观察皮革渗透水的状态。
3. 用手摩擦皮革表面，闻其散发的味道。
4. 从两块皮革上分别剪下一小块，进行燃烧，闻燃烧过程中的味道，观察燃烧后的灰烬。

表7－15－2　　天然皮革和人造皮革的比较

项目/记录结果/皮革序号	目测			滴水渗透	摩擦味道	燃烧	
	表面	断面	反面			燃烧中味道	残留物
1号	粒面清晰，表面有不规则的粒面花纹，毛孔眼深，不均匀	无规则的纤维状，可区分出断层间组织不同	反面有绒，能拉出纤维状物	滴上水后，表面吸收较多，用布擦除残留水分，该处颜色变深	臭味	毛发燃烧的味道	松而脆
2号	粒面均匀，毛孔眼浅，排列整齐，粒面纹不深	断面均匀	反面为针织物基布	滴上水后，水分浮在表面，不向下渗透，用布擦除水分，该处颜色不变	无臭味	无浓烈的毛发燃烧的味道	收缩的硬块，不易压碎

结论：根据上述观察记录进行比较分析，1号原料为天然皮革，2号原料为人造皮革。

二、制作皮夹克与西服的皮革原料

皮夹克与西服通常在秋冬季穿着，要求保暖、舒适、柔软、美观。根据服装要求，宜采用天然皮革。天然皮革中，羊皮是最适宜制作皮革服装的原料。山羊皮革质量较好，皮薄，粒面紧实，花纹呈“水波纹”状，光泽好，坚牢、柔韧，是制作高档夹克和西服的主要面料，如图7-15-15所示。而绵羊皮质量略低，表面细致平滑，毛孔像鳞片或锯齿状，轻薄而软，强度不如山羊皮革。

图7-15-15　山羊皮的夹克与西服

另外，目前市场上的皮装很多，其中很多是合成革制作的，具有比天然皮革更均匀的外观，而且皮革柔软，价格也较天然皮革低得多。

三、皮革制作的其他服装

皮革除了可以制作夹克与西服外，还可以制作外套与风衣，如图7-15-1中的中图和右图。皮革还可以制作保暖服、裙子等，如图7-15-16所示。

图7-15-16　皮制保暖服、裙子

练一练

一、单项选择题（请在下列选项中选择一个正确答案并填在括号中）

1. 最适合制作皮夹克、西服等服装的皮革是（　　）。

A. 黄牛皮　B. 水牛皮　C. 羊皮　D. 猪皮革

2. 天然皮张各部位的特点是不规则的，最好的部位是（　　）。

A. 背脊处的皮　B. 腹部皮　C. 颈肩部皮　D. 脐部皮

3. 人造皮革中用于仿真皮最多、效果也最好的是（　　）。

A. 聚氯乙烯人造革　B. 聚氨酯合成革　C. 人造麂皮

二、判断题（判断正误并在括号内填“√”或“×”）

1. 天然皮革中常用的品种有猪皮、牛皮、羊皮、马皮、鹿皮、鳄鱼皮等。（　　）
2. 猪皮、牛皮、羊皮中，羊皮最适合制作服装。（　　）
3. 天然皮革粒面清晰，表面有不规则的粒面花纹，毛孔眼不深、不均匀。（　　）
4. 人造皮革断面均匀，反面有针织物、机织物或非织造布作基布。（　　）
5. 天然皮张各部位是规则的，各部位具有相同的强度、延伸性、厚薄。（　　）

三、简答题

1. 说出曾接触过哪些皮革制品？各有什么特点？主要用于制作什么服装或服饰？
2. 如图7-15-16所示的皮制保暖服、裙子，如何判别它们是天然皮革还是合成革？

课题八 服装材料的选配

任务十六 选择服装面料

知识点： 1. 选择服装面料的原则。

2. 常见服装面料的选择。

3. 四季服装面料的选择。

4. 服装面料的缩水率。

5. 判别纯棉、纯麻、真丝、纯毛面料的简易方法。

技能点： 能够根据服装穿着的环境、对象、要求和目的，分析服装对面料服用性能的要求，并根据性能要求的重要性顺序，选择适当的服装面料。

任务描述

服装设计师设计的当季高档正装西服套装，具体款式如图8-16-1所示。设计师的设计目标是：适合春秋季节穿着，消费群为商务成功人士，服装价格定位在2 000元以上；面料色彩采用本年度最流行的浅灰条纹。因此，要求选用高档西服面料，面料质量上乘，手感柔软、弹性好、抗折皱。为该款式西服套装选择合适的面料品种。

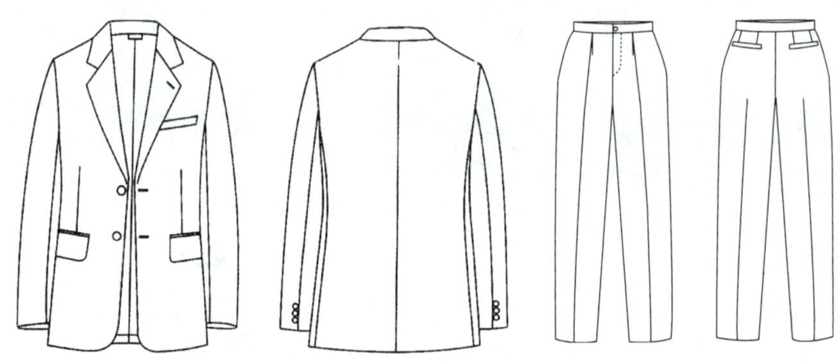

图8-16-1 高档西服套装的设计款式图

任务分析

要为服装选择合适的面料，首先要明确服装的类别、款式，服装穿着的季节、场合，服装穿着的人与目的；其次，要分析和明确服装对面料的外观、舒适性、耐用性、保养性和安全性五个方面的服用性能的要求；接着，要考虑服装的档次与面料的价格。

为此，要学习和掌握选择服装面料的原则，以及各类典型服装面料的选择。在选择面料时，还要能从不同类的面料（如纯棉、纯麻、纯丝、纯毛面料）中，快速判别所要选择的面料。

相关知识

一、选择服装面料的原则

人们在选择面料时，总是希望服装面料的所有的服用性能都很好。但是，实际上，不同品种面料的服用性能都有各自特点，既有优点也有缺点。因此，要科学地选择服装面料，为满足服装的主要功能目标和要求而筛选。一般，选择服装面料应该按照以下原则进行：

首先，要明确服装的类别、款式，服装穿着的季节、场合，穿着服装的对象与穿着目的。其次，依据上述情况，分析这件（套）服装对面料外观、舒适、耐用、保养和安全性五个方面的要求，并排出五个方面服用性能要求的重要性顺序。

选择面料时，首先满足服装最重要的服用性能要求。例如，冬季服装面料，最重要的服用性能要求是保暖性；夏季服装面料，最重要的服用性能要求是舒适性（如吸汗、透气、凉爽等）；内衣的面料，吸湿、柔软、安全、卫生、无刺激是最重要的服用性能要求；外套的面料，挺括、悬垂、不易变形、不褪色等是最重要的服用性能要求。然后，再依据第二重要、第三重要等顺序依次确定满足条件的服装面料。

二、典型服装的面料选择

按照服装用途、对象的不同，典型服装包括生活服装、职业服装、礼仪服装、内衣、儿童服装、运动服装、劳动保护服装、舞台服装。这些服装对面料有不同的服用性能要求。下面按照上述常见服装类型介绍其面料。

（一）生活服装面料

生活服装是人们穿着频率最高的服装，其类型比较多，如外出生活装、居家生活装、厨房服装、寝室服装、沐浴服装等，如图8-16-2所示。其中，外出穿着的生活服装，面料需要有耐磨的性能和外部环境相适应的色彩格调；居家生活服装一般以手感柔软、色彩温和、图案清晰、穿着舒适的纺织面料为主；厨房服装、寝室服装、沐浴服装分别有其不同的服用性能，但都要有耐脏、易清洗、保暖、随意、吸湿、触感好等服用性能。由此可见，生活服装穿着的目的一般以整洁、悦目、舒适、方便为主，所以要将舒适性作为选择面料的首要考虑因素，其次是对服装面料保养性的要求，然后才是对外观和耐用性的要求。

机织的棉型面料和棉针织面料大多具有很好的舒适性和保养性，因此在居家生活服装中普遍运用。

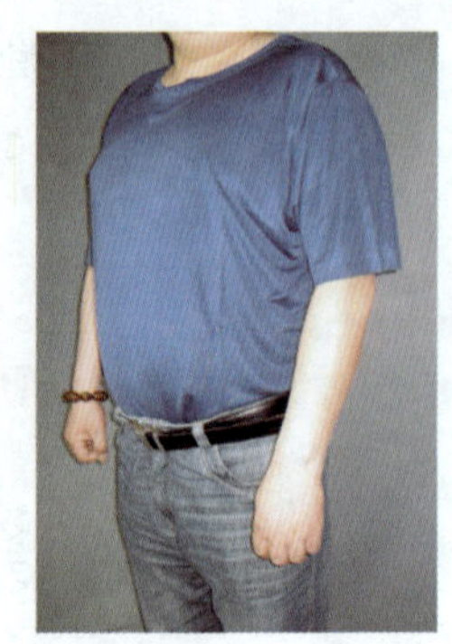

图8-16-2 家居服装

（二）职业服装面料

职业服装（简称职业装）是统一的制服，能够表现职业的特点，并显示着装者的身份、职务、任务和行为的特定服装，如图8-16-3所示。职业装用于将着装的团体与其他人区别开。职业服的穿着目的是展现群体形象，起着整体统一、美观和标志的作用。职业服装面料应端庄大方，并能够适应众多对象的群体穿着。所以，要将外观的挺括、抗皱作为选择面料的首要考虑因素。毛料具有挺括、抗皱等外观性特点，因此毛料是职业服的首选。其次，要依据不同的职业，确定其他服用性能的要求。职业装一般选择素色面料。面料的档次按不同的职业要求而不同，可以是全毛、毛混纺或化纤仿毛面料。

图8-16-3 职业装

低档职业装多采用化纤仿毛面料，中档职业装多采用毛混纺面料（也有选择棉混纺、化纤仿棉面料）。高档职业装主要采用纯毛面料。化纤仿毛的职业装面料主要有麦尔登、海军呢、制服呢、法兰绒、粗花呢、纯涤纶花呢、涤粘花呢、粗纺呢绒、大衣呢等。毛混纺职业装面料主要有涤毛粘花呢、涤毛花呢、凉爽呢。纯毛职业装面料主要有啥味呢、凡立丁、派力司、直贡呢、哔叽。

另外，某些职业（如礼仪小姐）的职业服装就是礼仪服装，可参见下面的“礼仪服装面料”；某些职业装是劳动保护服装，可参见下面的“劳动保护服装面料”。

（三）礼仪服装面料

礼仪类服装（简称礼服）一般是在一些比较特定的场合穿着的，如图8-16-4所示。穿着的目的，或是为了符合礼节，或是为了表示敬意、彰显自我。因此，礼服首要的服用性能要求是醒目、庄重、华贵。礼仪服装面料的要求首先是外观亮丽。礼仪服装一般选择纱支较高、质感细腻、外观平整、色泽柔和的高档毛料，或是色彩鲜艳、图案秀美、织工精细、光泽明艳的丝绸面料。毛料礼仪服装用于庄重严肃的场合，丝绸礼仪服装用于喜庆欢乐的场合。其中，丝绸服装要考虑耐用性与保养性，因此一般场合（如饭店仪式场

合）所使用的礼服多选择化纤仿真丝面料。

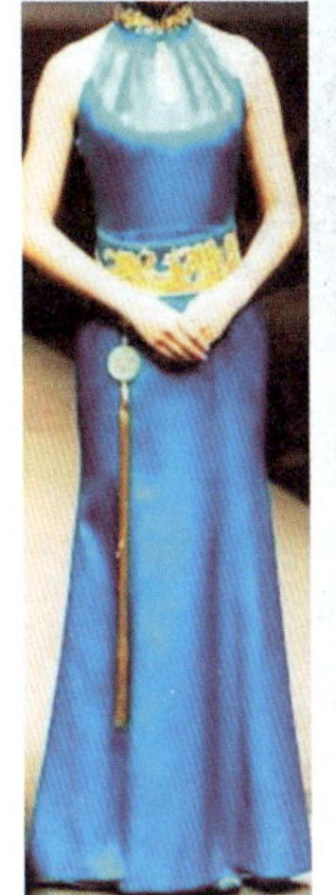
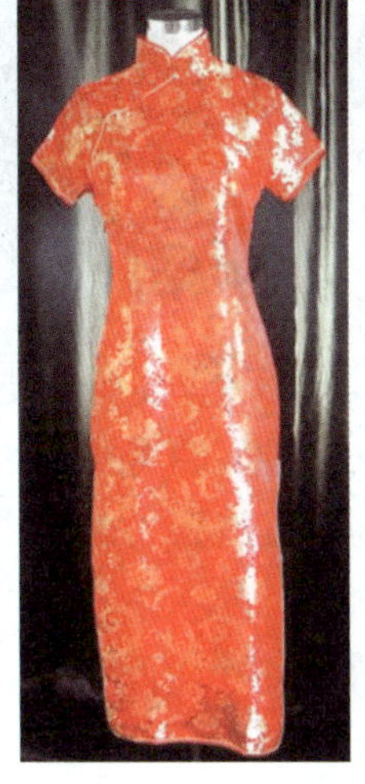

图8-16-4　礼仪服装

（四）内衣面料

内衣是直接接触人体皮肤的服装，如图8-16-5所示。首先，内衣一定要舒适，所以内衣一般选择吸湿、透气性能良好的天然纤维面料，如棉纤维、细软的毛纤维以及真丝纤维的材质等。由于针织面料手感柔软、伸缩性好，所以内衣多为针织面料。除了上述服用性能要求之外，内衣还要求卫生、安全，要求面料有较好的透湿性，不含对人体有害的物质，甲醇含量也要小于规定值。

图8-16-5　内衣

（五）儿童服装面料

儿童服装（图8-16-6）要符合儿童生长发育时期的特点，满足儿童生理和心理的需要，保护儿童不受伤害。儿童稚嫩、好动、天真、活泼，因此，对面料有特别的要求。一般选择全棉面料，如全棉小花面料、灯芯绒卡通图案面料、色织格面料、彩格绒面料；机织和柔软舒适的针织面料都适合。儿童服装面料还要考虑防火和阻燃等功能。

图8-16-6　儿童服装

（六）运动服装面料

图8-16-7 运动服装

运动服装是运动员在训练、比赛时穿着的服装，或是人们健身和进行体育锻炼时穿着的服装，如图8-16-7所示。第一，面料要有足够的弹性和延伸性；第二，面料要有良好的吸湿、透湿和散热性能；第三，接触皮肤的运动服装，要有柔软的手感和舒适的皮肤触感；第四，面料的外观要鲜艳夺目，与运动员积极向上的精神面貌、健美的身姿相协调，同时在比赛、表演时便于观看。所以，运动服装一般都是针织面料，如棉/氨纶、丝/氨纶、吸湿化纤/氨纶包芯纱的针织面料是运动服装的理想面料。

（七）劳动保护服装面料

劳动保护服装（简称劳保服）是人们在特殊的操作环境中（如高温、高电压、高毒害等环境）保护人体安全穿着的服装，如图8-16-8所示。劳保服的穿着目的是为了保护人体不受伤害。劳保服面料的选择对服装能否起到保护人体安全的作用关系重大。例如，电焊工人的劳保服、电器工人的劳保服要求不同，前者面料要耐高温、阻燃，后者面料要防止静电，具有绝缘特性。还有的劳保服需要耐火、隔热的特殊性能，有的需要防辐射的功能等。因此，劳保服面料要将耐用性和保护性放在选择面料的首位，可以选择棉混仿或化纤仿棉的功能型面料。

图8-16-8 劳保服装

（八）舞台服装面料

舞台服装（简称舞台服）穿着目的是为了追求悦目的舞台表演效果，如图8-16-9所示。舞台服装和礼服首要的是满足色彩鲜艳纯正、光泽亮丽、抗皱挺括、悬垂的要求。舞台服装的要求是面料在舞台灯光的照射下显现出艳丽动人的色彩和轻柔飘浮的质地感觉，它注重的是远距离灯光下服装的色彩、图案、质感的夸张效果。因此，其对服装面料的外观性要求是首要的。舞台服装是特殊场合穿着的服装。对于穿着者来说，这类服装的穿着次数有限，因此对服装面料的耐用性、舒适性，保养性是其次的要求。舞台服装和礼服的区别是：舞台装主要是在灯光下远距离观看，而礼服属于参加高档社交场合的近距离穿着，更要求凸显身份和品位，因此礼服的面料要求高于舞台服装。所以，一般情况下礼服多选用真丝面料，而舞台服装在保证外观华丽的基础上，为了降低价格可以选择中低档的丝绸类面料（如丝混纺或化纤仿真丝面料）。

总之，以外观性为主要服用性能要求的舞台服装和礼服，应选择有光泽的服装面料。套装、西服应选择挺括、弹性好的服装面料。以垂坠感为主要服用性能要求的长裙、风衣等应选择悬垂性好的材料。以舒适性为主要服用性能要求的休闲服装、家居服装和内衣，应要选择柔软、通透性好、吸汗性强的面料。以耐用性、易保养为主要服用性能要求的劳保服装等，应选择坚固、耐用的面料。

图8-16-9 舞台服装

应该注意的是安全卫生是必须和基础的要求，任何服装材料和服装都必须满足基本的安全卫生要求。

综上所述，在选择服装面料时，要根据服装款式、穿着要求和场合，确定服装的服用性能的主要要求，以此为主要依据首先满足服装对服用性第一位的要求，其次再考虑第二位和第三位的要求。

三、不同季节服装的面料选择

按不同季节的服装，面料可以分为春秋季服装面料、夏季服装面料和冬季服装面料等。

（一）春秋服装面料

春秋季节气候宜人，是人们着装打扮的好时光，这两个季节的服装面料是最丰富的，也是最美的。春季服装的色彩，稍浅的颜色给人时尚、轻松地感觉，可以冲淡漫长冬季的深色给人带来的压抑深重的感觉；而秋季服装的色彩，偏重于浓烈，给人以丰满美丽的感觉。春秋季可以按服装的需要选择不同的面料，一般以中等厚薄的面料为主，选择范畴最广，可以是各种棉型面料、麻型面料、精纺毛料或针织面料，也可以是皮革面料。

（二）夏装面料

在炎热的夏季，明亮、浅淡一些的色彩，特别是一些冷色调，如蓝色、蓝紫色、蓝绿色等，可以使人感觉轻松、悦目的气息。夏季人们容易出汗，所以夏季服装对面料透气、透湿、凉爽等舒适性的要求是第一位的。丝绸面料，各种薄型的全棉、涤棉混纺、粘胶纤维的棉型面料，高档的亚麻、苎麻面料和针织面料等是夏季服装常用的面料。

（三）冬装面料

冬季天气比较寒冷，轻巧、柔软、暖和是现在人对冬季服装的要求。各类粗纺毛料是冬季服装面料的首选，如全毛、毛混纺面料，或者化纤仿毛（如超细化纤、腈纶仿毛面料）面料等都是非常适合的冬季服装面料。裘皮和皮革由于有良好的隔热、挡风效果，常用于冬季服装面料。带保暖层的冬季棉服，可以选择各类中等偏厚的棉型面料；各种羽绒服可以选择各类密度较高的丝绸面料。

四、服装面料的缩水率

选择服装面料时，除了注重面料的色泽、手感、质地、服用性能等外，还要考虑面料用量。面料用量的多少受到服装款式、规格尺寸、布料幅宽、使用方向和面料的缩水率等因素影响。其中，面料缩水率影响了缝制预留量以及与面料配合的辅料（如里料、衬料、垫料）的选择。一般来说，缩水率最小的织物是合成纤维及其混纺面料，其次是毛面料、麻面料，棉面料缩小率居中，缩水较大的是粘胶纤维、人造棉、人造毛类面料。常用服装面料缩水率具体见表8-16-1。

表8-16-1　　服装制作中常用面料缩水率

类别	品种	缩水率（%）	
		经向	纬向
棉型面料	纯棉平布（细、中、粗）	3.5	3.5
	纯棉府绸	5	2
	纯棉卡其	5	2
	纯棉斜纹、哔叽	4	3
	纯棉贡缎	4	3
	纯棉麻纱	6	2
	涤棉混纺（平布、府绸、卡其）	1	1
	人造棉	10	8
毛型面料	纯毛精纺	3.5	3
	毛涤精纺（涤纶含量40%以上）	2	1.5
	粗纺花呢（羊毛含量60%以上）	3.5	3.5
	粗纺花呢（羊毛含量60%以下）	5	5
	粗纺绒面料（羊毛含量60%以上）	4.5	4.5
	粗纺绒面料（羊毛含量60%以下）	5	5
	涤棉混纺毛面料（华达呢）	1.5	1.2

续表

类别	品种	缩水率（%）	
		经向	纬向
丝绸面料	真丝面料（电力纺、素绉缎、真丝绸等）	5	2
	真丝交织面料(软缎等)	5	3
	人造丝交织面料（双色缎等）	8	3
	纱织面料（乔其纱、双绉等）	10	3
	化纤仿真丝面料（涤纶仿真丝）	0.5	0.5
	化纤仿真丝面料（锦纶仿真丝）	2	2

五、判别纯棉、纯麻、真丝和纯毛面料的简易方法

在根据服装选择面料的过程中，面对各类不同材质的面料，应该掌握简易判别棉、麻、丝、毛面料的方法。一般从面料外观风格特征、面料表面与拆解纱线的方法来进行判别。如图8-16-10中的六款服装，它们分别由棉型、麻型、丝绸和毛型这四类最常见的机织面料制作的服装。

图8-16-10　四类面料制作的六款服装

（一）从外观风格特征上判别

机织面料主要分为棉型面料、麻型面料、丝绸面料和毛型面料，这四大类中的每一类又可按原料分为纯纺、混纺或交织和纯化纤三类。每大类最具代表性的是纯棉、纯麻、真丝和全毛面料，它们最具各类的外观风格特征，具体见表8-16-2。

表8-16-2　　　棉、麻、丝、毛类的纯纺面料特征

<table>
<tr><th colspan="2">面料种类</th><th>特征</th><th colspan="2">图例</th></tr>
<tr><td colspan="2">纯棉面料</td><td>淳朴、自然、舒适、温暖；厚度中等</td><td>纯棉灯芯绒</td><td> 全棉卡其</td></tr>
<tr><td colspan="2">纯麻面料</td><td>粗犷、自然、干爽；厚度中等</td><td>纯苎麻面料</td><td>纯亚麻面料</td></tr>
<tr><td colspan="2">真丝面料</td><td>精美、高雅、华丽、轻柔、飘逸；厚度偏薄</td><td> 真丝杭纺</td><td> 真丝双绉</td></tr>
<tr><td rowspan="2">全毛面料</td><td>精纺</td><td>庄重含蓄、活络、富有弹性、平挺不皱；厚度中等偏厚</td><td>全毛华达呢</td><td>全毛花呢</td></tr>
<tr><td>粗纺</td><td>厚实丰满保暖、不露织纹；厚度厚</td><td>全毛麦尔登</td><td>全毛大衣呢</td></tr>
</table>

根据表8-16-2所列的棉、麻、丝和毛面料的特征，对照图8-16-10的六款服装，可以看出图8-16-10所示的长裤、短风衣应该是由棉型面料制作的，睡衣应该是由麻型面料制作的，唐装应该是由丝绸面料制作的，西服、外套应该分别是精纺、粗纺毛型面料制作的。

（二）通过面料表面与拆解纱线判别

纯棉、纯麻、真丝和全毛四类面料中，前三种面料的纤维都属于短纤维，而绝大多数真丝面料都是真丝长丝织成（除了绢丝面料和细丝面料是由真丝的短纤维织成）。由短纤维织成的面料表面有纤维头端，即我们通常所说的“毛羽”，如图8-16-11所示，未经染整的苎麻布的表面有许多毛羽。经染整后，表面毛羽大大减少，但仔细观察面料的表面，仍然能看出它们是由短纤维织成。如图8-16-12所示放大的全棉卡其和真丝杭纺面料中，全棉卡其表面仍能看到微小的纤维头端，因此其放大的表面给人以毛绒的感觉，而真丝杭纺面料则没有纤维头端，放大的表面给人以平整、光滑的感觉。由此，可以将真丝面料与纯棉、纯麻和全毛面料区分开。

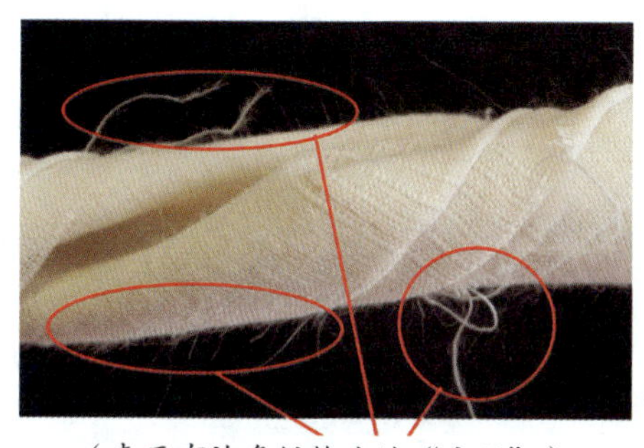

（表面有许多纤维头端“毛羽”）
未经染整的苎麻布

图8-16-11　未经染整的苎麻布表面的毛羽

（视觉上毛绒感较强）
全棉卡其

（视觉上平整光滑）
真丝杭纺

图8-16-12　放大的全棉卡其和真丝杭纺

棉、麻和毛纤维的长度、粗细和外观状态是不一样，这是判别它们的依据之一，见表8-16-3。

表8-16-3　　棉、麻、毛纤维的长度、粗细和外观特征

纤维种类	纤维长度（mm）	纤维粗细	外观特征
棉纤维	23～33	最细、最软	长短不齐
麻纤维	46～122	粗且硬	长短不齐
毛纤维	55～110	粗、有弹性	长短不齐，有卷曲

首先，将面料的纱线拆解下来，如图8-16-13所示。并把拆解下来的纱线按照其捻度的反方向将其退捻，将纱线分解为单纤维状态。如图8-16-14所示，将三种不同面料上的纱线分解得到3束纤维。上方的1号白色纤维最短，中间的2号红色纤维和下方的3号白色纤维的长度差不多；但是，2号红色纤维有明显卷曲，而3号白色纤维呈平直状态。根

据表8-16-3中纤维特征判断，上方的1号白色纤维是棉纤维，中间的2号红色纤维是毛纤维，下方的3号纤维是麻纤维。

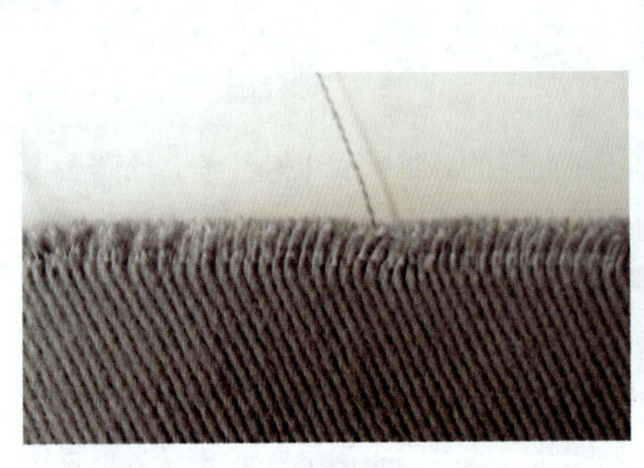
图8-16-13　从面料上将纱拆下来

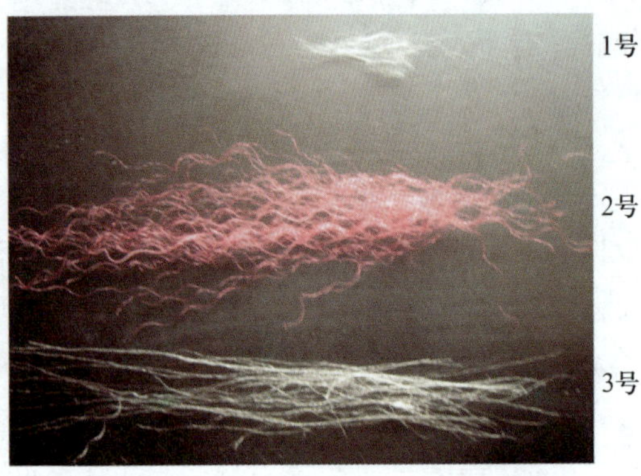

图8-16-14　分解得到的3束纤维

请注意，当上述各类面料混杂在一起时，一般无法通过燃烧法区别。原因是：棉纤维和麻纤维的燃烧特征一样，毛纤维和丝纤维的燃烧特征类似。

任务实施

一、分析西服着装要求

本任务的西服是供商务社交场合穿着的正装西服套装，对外观、质地要求较高，要保证外形流畅自然、造型优美、平服，挺括、饱满、肩部圆顺、自然贴体流畅。其次，穿着季节为春秋季节，气候温暖，因此对面料的厚薄有一定的要求。然后，西服套装穿着必须舒适、卫生。

二、归纳面料应具备的特点

面料要具备美观、抗皱性强、弹性好、色泽自然柔和的特点；面料厚薄适中；同时，面料要透气、舒适、柔软、滑爽；而且高档次的西服应该坚牢、耐穿；同时满足卫生、安全的基本要求。

三、确定面料范围

根据上述要求，可以选择全毛精纺毛料。此类面料包括了华达呢、哔叽、花呢、啥味呢、贡呢等品种。这些品种的面料大多质地较薄，呢面光滑，纹路清晰。光泽自然柔和，有漂光；身骨挺括，手感柔软而弹性丰富，属于西服面料中的高档面料。

四、确定具体面料品种

在确定具体选用的面料品种时，还应该参照当季或者下季面料的流行因素，以及面料价格、服装成品的定价范围。

结合近年西服面料的流行趋势，确定精纺毛料中的花呢。该面料属于薄型毛丝混纺面料，质地轻薄光滑，纹路清晰，光泽柔和自然，身骨挺括，不易折皱，手感柔软，弹性优良，悬垂性良好。其原料为76%的毛、22%的丝和2%的涤纶。这种面料的市场零售价格要在150元/米以上，加上精细的做工、销售成本和品牌效应，该西服套装的市场价格约为2 500元左右（不同的品牌，价格可能有些差异，但一般都要在2 000元以上）。图8-16-15所示为西服套装所用面料与成品图。

图8-16-15　西服面料及制作完成的高档西服套装

练一练

一、判断题（判断正误并在括号内填“√”或“×”）

1. 在选择服装面料时，可以保证服装面料的所有的服用性能都很好。（　）

2. 选择服装面料时，首先分析这件（套）服装对面料外观、舒适、耐用、保养和安全性五个方面服用性能要求。（　）

3. 典型服装包括生活服装、职业服装、礼仪服装、内衣、运动服装、劳动保护服装。（　）

4. 纯麻面料的悬垂性好，粘胶面料的免烫性好，涤纶面料的舒适性好。（　）

5. 夏季面料要轻薄透气，为此可选择纱支高、捻度大、经纬密度小、色泽浅的面料。（　）

6. 生活装一般以手感柔软、色彩温和、图案清晰、穿着舒适的纺织面料为主。（　）

7. 机织的棉型面料和棉针织面料大多具有很好的舒适性和保养性，因此在居家生活服装中普遍运用。（　）

8. 舞台表演服装对面料的要求首先是外观亮丽、色彩鲜艳、图案秀美等，所以外观华丽、光泽明艳的丝绸面料是舞台表演服装的首选。（　）

9. 高档西服要求面料质量上乘，手感柔软、弹性好、抗折皱，一般多选择精梳毛料。（　）

二、简答题

1. 生活装和舞台装注重面料的什么性能？一般选择什么面料？

2. 举例说明如何依据服装的服用性要求，选择合适的服装面料。

三、实训题目

请你为下列两套服装（题图8-16-1）选择合适的面料：

1. 空姐制服，适应空调环境，套装要求外观挺括、平整，抗皱，穿着舒适，方便活动，耐穿、耐洗，有档次。

2. 男士休闲套装，适合家居日常和日常办公活动穿着，穿着场合为春季、夏季的办公场所或一般交际场所。

题图8-16-1　空姐制服和男士休闲套装

任务十七　选配服装衬（垫）料和里料

知识点： 1. 衬（垫）料的作用、种类和选配原则。

2. 里料的作用、种类和选配原则。

技能点： 能够依据服装的款式、品质、功能和用途，合理地选配衬（垫）料、里料。

 任务描述

为课题八任务十六中的高档正装西服套装选配所需要的衬（垫）料和里料，以满足该高档正装西服套装的需要。

 任务分析

西服品质的优劣，是由面料的材质和内部的结构共同决定的。要使西服挺括美观饱满、肩部圆顺、自然贴体流畅，领口、袖口、衣襟要服帖而不翘等，需要借助衬（垫）料来构筑西服的“骨架”。借助面料与衬（垫）料之间的良好配合，塑造西服优美的外部形态。这就要求采用优质衬（垫）料，使其与面料形成最佳组合。

服装里料一方面辅助面料的轮廓，另一方面因为接触内部衣服，需要具备滑爽、耐磨、易洗涤、轻软和不易褪色的特点。同时，里料还能装饰、美化服装内部。应根据服装面料的档次选择合适的里料。

本任务要根据服装面料的性能、色泽、厚薄，科学合理地选配好衬料、里料、西裤腰里料、膝里绸和口袋布，如图8-17-1所示。

a）衬料

b）里料

c）腰里料、膝里绸和口袋布

图8-17-1　西装的衬料、里料、腰里料、膝里绸和口袋布

衬料、垫料和里料是服装重要的辅料。它们和填料一起被称为填充件。要完成上述辅料的选择，必须掌握他们各自的种类、材质、特点和选配原则。

一、衬料的种类、用途与选配

衬料是指服装加工中，为了显示服装造型设计的特性，应用于服装的各个部位内层的一种服装材料。衬料的分类方法很多，常用的方法是按基布的种类及加工方法分类，大致可以分为以下几类。

（一）衬料的种类与用途

1. 棉、麻衬

棉衬为平纹组织如图8-17-2左图所示，有软衬和硬衬(上浆)、本色衬和漂白衬、粗布衬和细布衬之分。棉衬主要用于挂面、裤腰或与其他衬搭配使用，若需硬挺还可上浆。麻衬有纯麻布衬和混纺麻布衬，用麻平纹布或麻混纺平纹布制成。现在的麻衬是由亚麻纤维纯纺布料及其混纺或交织布料经煮练、树脂整理而成，主要用于高档西服的衣领。

2. 马尾衬

马尾衬又称马鬃衬，如图8-17-2右图所示。马尾衬分为包芯马尾衬和普通马尾衬。普通马尾衬是平纹织物，幅宽很窄，产量小。包芯马尾衬幅宽较宽，可以进行特种后整理，其使用价值更高。马尾衬刚性强、弹性好，是专用的胸衬，主要用于各类高档西服及大衣的胸部和肩部。

图8-17-2　棉衬和马尾衬

3. 黑炭衬

黑炭衬是因布面中夹有黑色而得名。它是采用动物性纤维或毛混纺纱为纬纱，以棉纱或棉混纺纱为经纱而织成的平纹布，如图8-17-3所示。黑炭衬具有优良的弹性，较好的尺寸稳定性。它主要用于西服、大衣等外衣前身、盖肩、袖窿部位，使服装上部更挺括，具有较好的悬垂性。黑炭衬是一种能提升服装丰满感和穿着舒适感的特种衬料。

一般，黑炭衬和马尾衬被统称为“毛衬”。

图8-17-3　黑炭衬及其表面放大图

4. 组合定型毛衬

它是以黑炭衬和马尾衬为主并辅以胸绒、嵌条衬和棉布衬等缝制组合成的组合定型毛衬，如图8-17-4所示。组合定型毛衬又可称为胸垫、胸片或胸衬，主要用于西服、大衣等服装的前胸部位。它可使服装的弹性好、立体感强、挺括、丰满、造型美观、保形性好，具有一定的保温性，能弥补穿着者胸部缺陷。胸垫除了组合定型毛衬，还有非织造布胸垫和新型材料胸垫。

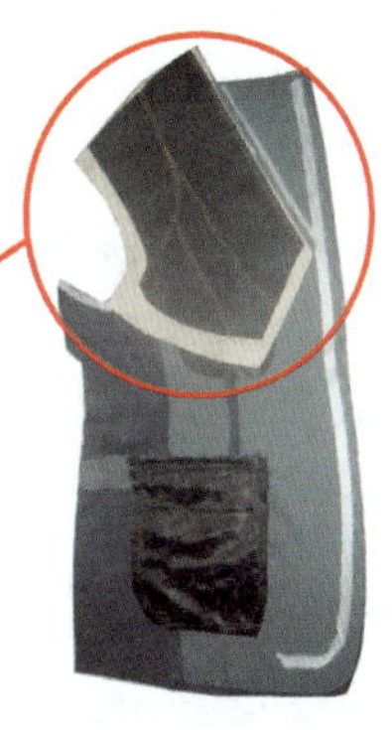

图8-17-4　组合定型毛衬

5. 树脂衬

树脂衬是以棉、化纤及混纺的机织物或针织物为底布，经过漂白或染色等其他整理，并经过树脂整理加工制成的衬料，如图8-17-5所示。这种衬硬挺度和弹性均较好。树脂衬主要用于衬衫的领部、袖口、门襟，西服的硬领衬，裤裙的腰衬、领带衬、牵条衬等，起到挺括、补强作用。

图8-17-5　树脂衬

图8-17-6　黏合衬

6. 黏合衬

黏合衬是在底布上涂上热塑性热熔胶加工制成的衬料，所以黏合衬是由底布和热熔胶组成的。黏合衬由于以粘代缝，简化了服装加工工艺，提高了缝制工效。同时，黏合衬对服装起到造型和保型作用，使服装更加美观、轻盈、舒适，大大提高了服装的服用性能和使用价值。目前，黏合衬的应用已成为服装工业现代化的一个重要标志。黏合衬是应用最广泛的衬。那么，我们如何选用黏合衬呢？仍以高档毛涤西服上衣为例，选择其合适的黏合衬。

要科学、合理地选择黏合衬，首先必须了解和掌握黏合衬的分类与用途，分类与用途见表8-17-1。

表 8-17-1　　黏合衬分类与用途

分类	品种	用途
按底布分	机织黏合衬	按国家标准分为衬衫衬、外衣衬、丝绸衬和裘皮衬
	针织黏合衬	分为经编衬和纬编衬，经编衬多用于前身衬，纬编衬多用于女衬衫衬
	无纺黏合衬	其质量轻、洗涤后不缩水、裁剪后切口不脱散、保形性良好、回弹性优良、洗涤后不回缩、透气性好，使用方便、价格便宜。它是黏合衬的主要底布，所以无纺黏合衬是最主要的黏合衬
按热熔胶的种类分	聚酰胺（PA）黏合衬	PA（俗称尼龙）黏合衬具有良好的黏合性能和手感，耐干洗性能优良，多用于干洗的外衣

续表

分类	品种	用途
按热熔胶的种类分	聚乙烯（PE）黏合衬	分为高密度聚乙烯（PE）和低密度聚乙烯（PE）黏合衬，前者有很好的耐水洗性能，干洗性能差。高密度聚乙烯黏合衬黏合时需要较大的压力和较高的温度；低密度聚乙烯黏合衬可在较低温度黏合，广泛用于暂时性的黏合
	聚酯（PES）黏合衬	它有较好的耐水洗和耐干洗性能，它对涤纶面料黏合强力较高
	乙烯-醋酸乙烯（EVA）及其改性（EVAL）黏合衬	乙烯-醋酸乙烯（EVA）黏合衬，可生产出低熔点的热熔胶，且只需熨斗就可完成黏合加工，特别适合裘皮服装使用。由于它不耐干洗和水洗，只能用于暂时性和不常洗的服装 改性（EVAL）黏合衬耐干洗和水洗，用途广泛

按涂层形状分，黏合衬还可分为有规则点状黏合衬、无规则撒粉状黏合衬、计算机点状黏合衬、有规则断线状黏合衬、裂纹复合膜状黏合衬和网状黏合衬。

选用黏合衬时，首先要考虑黏合衬的耐水洗或耐干洗要符合服装要求；其次，要考虑黏合强度；最后，要考虑黏合衬厚薄、缩水率、弹性、手感等性能与面料尽量一致。

例如，黏合衬厚薄要与面料厚薄相适应，一般情况下黏合衬的厚度不大于面料的厚度的50%。机织面料服装可选用机织黏合衬和针织黏合衬，也可选用无纺布底的黏合衬；针织面料服装，可选用针织底布的黏合衬，也可选用无纺布底布的黏合衬。一般为了确保成衣的延伸性，多选用针织底布的黏合衬。

综合以上因素，在实际选用中，要依据服装的类别、材质，用衬的部位、类别，用衬的目的与要求，选择黏合衬的两个关键因素，即底布和热熔胶的种类，具体选择见表8-17-2。

表8-17-2　　黏合衬的选用

服装品种	用衬要求	用衬部位	用衬类别	衬的选用
外衣（西服、夹克、套装、大衣等）	耐干洗和水洗，手感柔软，富有弹性	用于前身、胸部、挂面、衣领、后身、侧身等	主衬（对整个服装起造型和保形作用） 要用永久性黏合衬	1. 从底布来说，可以是机织、针织、无纺黏合衬 2. 从热熔胶来说，有聚酯（PES）黏合衬、聚酰胺（PA）黏合衬、聚乙烯（PE）黏合衬和乙烯—醋酸乙烯（EVAL）黏合衬四种 （1）对于含有涤纶原料的外衣，可以选用聚酯（PES）黏合衬 （2）对于裘皮和全毛服装，应选择低熔点的聚酰胺（PA）黏合衬，也可以选用改性乙烯—醋酸乙烯（EVAL）黏合衬
		用于腰、门襟、袖口、袋口、袋盖、领头、贴边等较小面积	补强衬（对服装起局部造型、加固补强和保形的作用） 可选择永久性黏合衬，也可选用暂时性黏合衬	
		用于服装的袖窿、止口、下摆叉口、袖叉、滚边等狭长的部位	可起到加固补强的作用，称为嵌条衬，要用永久性黏合衬	
裤和裙	要求耐干洗和水洗，手感柔软，富有弹性	用于袋口、腰、里襟、小件	主要是补强衬和嵌条衬	裤子、裙子用料主要是毛料、仿毛、中长、真丝、仿真丝、涤/棉、纯棉等，主要选用聚酰胺（PA）黏合衬；其次选用聚酯（PES）黏合衬
衬衫	要耐水洗，缩水率小，硬挺而富有弹性	用于衬衫领、袖及门襟等部位	有主衬，也有补强衬	1. 首选高密度聚乙烯（PE）黏合衬，聚乙烯分为高密度聚乙烯（HDPE）和低密度聚乙烯（LDPE）。高密度聚乙烯有很好的水洗性能，干洗性能略差，广泛用于男、女衬衫黏合衬 2. 对于涤/棉、纯棉、真丝的面料衬衫也可选用聚酰胺（PA）黏合衬
工作服运动服等便服	有较好的耐水洗性、透气性，且手感柔软，富有弹性	领、门襟、袖口、袋口	主要是补强衬	工作服、运动服面料主要有中长、仿毛、涤/棉、纯棉的面料等，首选聚酯（PES）黏合衬

根据上表，半毛衬缝制的高档毛涤西服上衣，需要选择如下黏合衬，见表8-17-3。

表8–17–3　　高档毛涤男西服上衣用黏合衬

<table>
<tr><th colspan="2">类别</th><th>使用部位</th><th>作用</th><th>黏合衬种类</th></tr>
<tr><td colspan="2">大身主衬</td><td>前身衣片、侧身、挂面</td><td>使西服上装整体轮廓优美</td><td rowspan="3">因为材质是毛涤，首选PA热熔胶的黏合衬</td></tr>
<tr><td rowspan="2">局部衬</td><td>补强衬</td><td>各个袋口、肩缝线、袖口、袖衩领尖、驳头、下摆、中衩</td><td rowspan="2">可使西服上装的缝制部位挺括，防止伸缩变形，稳定尺寸，使缝纫作业方便，同时缝纫后的西服上装造型优美、不变形</td></tr>
<tr><td>嵌条衬</td><td>袖窿、止口、领窝、领尖</td></tr>
</table>

7. 其他品种的衬(表8–17–4)

表8–17–4　　其他衬的品种、特点与用途

品种	特点与用途
腰里	腰里与腰衬配套使用，腰衬紧贴着面料，腰里紧贴腰衬，两者相辅相成。腰里由树脂衬、织带条和口袋布缝制而成，起防滑、加固与装饰作用。它分为普通型、防滑型、涂层型、打褶型、松紧型等
子母带	子母带是由上面一条宽0.5 cm的带子，下面一条45° 斜纹1～1.5 cm的带子组合缝在一起，用于袖窿和后领，防止袖窿和后领的变形和伸长
口袋布	是服装制作中必不可少的组成部分。西服一般分为上装口袋五只、西裤口袋四只。口袋布一般用涤棉平纹布或涤棉斜纹布
领带衬	是由羊毛、化纤、棉、粘胶纤维纯纺或混纺，交织或单织而成织物，再经煮练（棉类）、起绒和树脂整理而成，起补强、造型、保形作用。领带衬要求手感柔软，富有弹性，水洗后不变形等性能

续表

品种	特点与用途
非织造布衬	非织造布除了生产黏合衬外，还可生产一般非织造衬布和水溶性非织造衬布。水溶性非织造衬布是指由水溶性纤维和黏合剂制成的特种非织造布，它在一定温度的热水中迅速溶解而消失。它主要用于绣花服装和水溶花边的底衬，故又名绣花衬 

（二）服装衬料的选用

1. 服装面料的性能决定衬料的选用

衬料应与服装面料的材质、厚薄、柔软程度、弹性、悬垂性、颜色等方面相配伍。毛料等厚型面料要用厚衬料，对丝绸、棉型面料则要用轻薄、柔软的衬料，涤纶面料用涤纶衬料，弹性面料和针织衬料用针织衬料等；浅色面料配以白色或浅色衬料，深色、不透明面料可用白色或本色衬料。耐热性、缩水性、耐洗涤性、色牢度、坚牢度等要与面料和里料相匹配。

2. 服装种类与用衬的部位决定衬料的选用

许多衬料有很强的针对性和专用性。例如，中高档西服上身要使用组合定型毛衬，中低档大批量生产的西服上身一般只使用黏合衬；裘皮服装有专门的裘皮衬；在衣片弯曲和需归拔处宜用斜裁的嵌条衬；硬挺的衬料应用于服装领部、袖部；外衣的胸部则应选用较厚且弹性好的毛衬等。

3. 服装造型和款式决定衬料的选用

有些设计的效果应考虑以衬来辅助完成，如舞台服装、时装上经常有些夸张的造型，如宽大而竖立的领子、硬挺而伸出的肩部等，都需要硬挺的衬料来塑造。

4. 服装的用途与保养决定衬料的选用

日常服装需要经常水洗，应选择耐水洗的衬料；中高档毛料服装、羽绒服装等需干洗的服装，就应考虑耐干洗的衬料。起绒面料、经过防油、防水整理的面料以及热缩性很高的面料，对热和压力敏感，就要采用非黏合衬。

5. 服装的价格与成本决定衬料的选用

衬料的价格直接影响到服装成本。因此，在确保服装质量要求的条件下，一般选择低廉的衬料。但是，如果稍贵的衬料能够较大程度地提高服装质量，就应考虑采用。

二、服装用垫料

服装用垫料是指为了保证服装造型并修饰人体的服装辅料。服装上使用垫料的部位主要有胸、领和肩部位。

1. 胸垫

即前文所述的组合定型毛衬，如图8-17-4所示。

2. 领垫

领垫又称领底呢，是用于服装领里的专有材料，如图8-17-5左图所示。领垫代替服装面料及其他材料作为领里，可使衣领平展，面里服帖、造型美观、增加弹性、便于整理定型，洗涤后不缩水变形。领底呢主要用于西服、大衣、军警服及其他行业制服。领底呢按用料可分为粘胶、混纺和纯毛领底呢。

3. 肩垫

肩垫又称垫肩，就是用于肩部的垫子，是用来修饰人体肩形或弥补人体肩形“缺陷”的一种服装辅料，如图8-17-7右图所示。它作为改善服装造型的重要垫料被广泛应用，它可以使服装造型美观、挺拔、形体优雅。肩垫一般分为针刺肩垫、定型肩垫和海绵肩垫。

领底呢

肩垫

图8-17-7　领底呢与肩垫

（1）目前，使用较多的是针刺肩垫，即各种材料用针刺的方法复合成型而制成的肩垫，多用在西装、制服及大衣等服装上。

（2）用涤纶喷胶棉、海绵、EVA粉末等材料通过加热在复合定型模具上复合在一起而制成的肩垫称为定型肩垫，此类肩垫多用于女套装、风衣、夹克衫、羊毛衫等服装上。

（3）将海绵切削成一定形状，再黏合成形或在海绵肩垫上包布，这类肩垫为海绵肩垫，多用于女衬衫、时装、羊毛衫等服装。

肩垫的形式既有活络式（能从服装上取下），也有固定式（缝在服装的肩部，不可任意取下）。活络肩垫靠尼龙搭扣、揿纽或无形拉链而装于服装肩部。

选择肩垫的种类、形状与厚度，主要取决于使用目的、服装种类、服装款式、穿着者身材尺寸及流行趋势。

三、里料的品种与选配

（一）里料的品种

1. 天然纤维里料

天然纤维里料中应用较多的是纯棉里料、真丝里料。纯棉里料（如纯棉细平布、绒布等）的优点是透气性与吸湿性好，穿着舒适，有各种质量与色泽，洗涤方便，价格适中。其缺点是不够光滑。它主要用于婴幼儿、儿童服装及中低档夹克便服等，如图8-17-8所示。

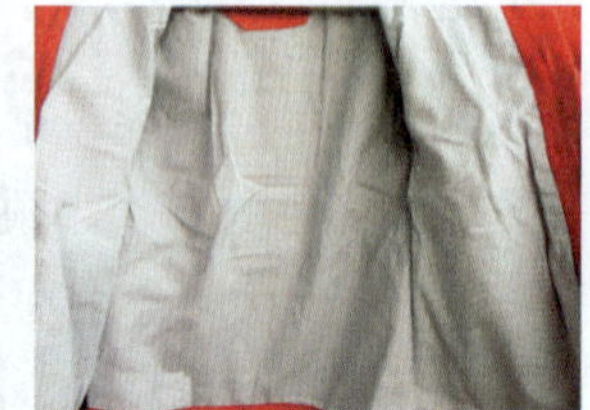
图8-17-8　儿童服装与纯棉里料

真丝里料光滑、轻薄而美观，但不坚牢，价格较高，由于太光滑，裁剪、缝制较困难，加工成本也较高，一般用于高档服装，如丝绸、纯毛服装，如图8-17-9所示。由于其凉爽感好，静电小，特别适用于夏季薄型毛料服装。

图8-17-9　真丝裙子与真丝里料

2. 化学纤维里料

化学纤维里料（如涤纶与锦纶长丝织成的平纹素色涤纶绸和尼龙绸、色织条格塔夫绸及斜纹绸等）简称化纤里料，是目前国内外普遍采用的里料，如图8-17-10a、b、c、e所示。由于化纤里料吸水性差、易生静电、舒适性差，因此它不宜作为夏季服装的里料。一般，风雨衣普遍采用这类里料。

a) 涤纶里料

b) 色织袖里

c) 粘/丝里料（如美丽绸）

d）棉混纺色织里料

e）涤/粘交织里料

f）粘/棉交织里料（如羽纱）

图8-17-10　各种里料

粘胶与醋酯纤维里料包括棉型粘胶短纤织物、富纤织物等，价格便宜，是中低档服装里料。长丝织物如粘胶丝软缎、美丽绸（图8–17–10c）、醋纤绸、铜氨绸等，光滑而富丽，易于热定型，是中高档服装普遍采用的里料。但由于其湿强力低，缩水率大，不宜用于经常水洗的服装，而且需充分考虑里料的预缩及裁剪余量。

3. 混纺和交织里料

混纺和交织里料的优点是兼有两种原料的性能。例如，涤/棉混纺里料结合了天然纤维和化学纤维的优点，吸水、坚牢、价格适中，适应各种洗涤方法，常用于夹克及防风性的服装；醋酯纤维与粘胶纤维混纺里料光滑、质轻，与真丝里料相似，适用于各种服装，但要注意其裁口边缘易脱散。较厚重的里料常用于外套、毛皮大衣等服装。以粘胶长丝为经纱、粘胶短纤维或棉纱为纬纱而织成的羽纱（图8–17–10f）也是西装、大衣及夹克等服装普遍采用的里料。羽纱比美丽绸结实，但不如美丽绸光滑。图8–17–10d所示为棉混纺色织里料，图8–17–10e所示为涤/粘交织里料。

其他还有用粘胶纤维、羊毛混纺纱与棉纱织成的驼绒，有时也用于服装里料。

(二)里料的选配

如果要制作一件藏青色涤纶桃皮绒面料的春秋季穿夹克，一般需要选用什么里料呢？里料的选择必须与面料相匹配，还要受到服装款式和面料的限制，通常要考虑以下几方面。

1. 考虑面料的质地、厚薄和色彩

秋冬季厚重和蓬松面料的服装要求防风、保暖，里料的密度要大些，宜用厚重些的里料，如呢绒、毛皮等较厚的面料，应配以质地相当的美丽绸、羽纱；而春秋季穿的中等厚度的棉型面料多采用薄型里料，如涤棉、尼龙绸、涤丝绸等。里料的颜色一般与面料相协调，尽量采用同色或近色，特殊情况下（如装饰需要）可采用对比色或非同类色。一般女装里料的颜色应比面料颜色浅淡，浅色面料应配不透色的浅色里料。特别是碎花面料，配以浅色里料，则花型更清晰突出。

2. 考虑面料的性能

尽量保证里料的缩水率、耐热性能、耐洗涤性、强力等与面料相似。例如，天然纤维里料适用于对应的天然纤维服装；化学纤维里料适用于对应的化纤面料服装，保证它们的缩水率、耐热性等相适应。

3. 考虑面料价值

里料的使用价值和经济价值应与面料相当。在满足穿着的基础上，里料的价格一般不超过面料的价格，如纯毛、真丝面料可用真丝的里料，也可用化纤、混纺和交织的里料；棉型、麻型面料就没有必要用真丝的里料，可以用纯棉里料，或化纤、混纺和交织的里料。

4. 考虑实用性和方便性

里料的质量对服装的影响不容忽视。里料应光滑、耐用，使服装穿脱方便，能保护面料，并根据季节的需要应具备吸湿、保暖、防风等性能。里料的色牢度要好，避免因出汗或遇水导致落色而沾染面料或内衣。这也是涤棉、尼龙绸、涤丝绸里料被普遍使用的原因。

基于以上原则，春秋季穿着的藏青色涤纶桃皮绒面料的夹克，可以选择与面料同类色或相近色、厚薄适宜的涤丝绸里料，既能满足性能要求，又价格适宜，光滑、耐用、色牢度好，满足了实用又方便的需要。

任务实施

西服在生产工艺上一般分为黏合缝制和毛衬缝制。毛衬缝制工艺是指对西服前身覆合组合毛衬的工艺过程。毛衬的弹性好、立体效果佳，使用与面料伸缩性一致的毛衬可以确保西服的悬垂性、透气性和挺括性。

工业化生产（批量生产）的中高档正装西服套装多采用毛衬缝制和黏合缝制相结合的新式工业化工艺。这种工艺既要在指定部分粘上黏合衬，又要在上装前身覆合毛衬，也被称为半毛衬缝纫工艺。这种服装制作工艺是正装西服中普遍采用的，是传统毛衬工艺与现代黏合工艺的结合体。

一、衬料的选配

采用这种工艺制作的西服上装需要大身衬、局部衬、组合毛衬，西服裤子需要局部衬、腰衬；垫料需要领呢和肩垫，如图8-17-11所示。这些衬（垫）料的选择都要考虑面料的厚薄、性能、使用的部位等因素的影响，进行科学地选配。半毛衬缝纫工艺西服需用的有黏合衬和组合定型毛衬，其中黏合衬分为大身衬和局部黏合衬，具体见表8-17-5。

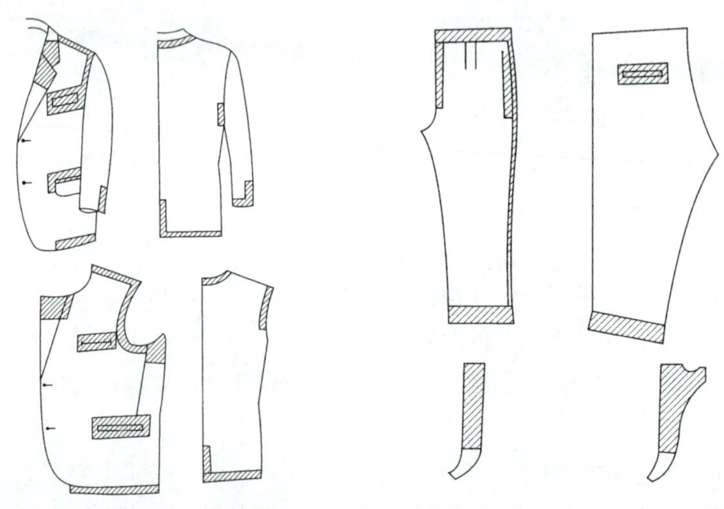

图8-17-11　西服各用衬部位

表8-17-5　　　　半毛衬缝纫工艺西服用衬一览表

类别	衬布的分类		位置和作用
上衣用衬	黏合衬	大身衬	用在前身、侧身、挂面、领驳处
		局部衬	用在领尖、领口、肩缝线、驳头、袖窿上部、腋部、胸袋口、袖口、袖衩、前身止口、前身边与底摆、背衩处，起到补强、硬挺、防拉伸和平服作用
	组合定型毛衬		用在胸肩部位，使西服上衣的胸肩部挺括、饱满、悬垂、柔软
裤子用衬	黏合衬	局部衬	用在腰部、门襟、侧袋口、侧缝线、裤脚口、后袋口、裤襟处，起到补强、硬挺、防拉伸和平服作用
	腰衬		用于裤腰的条状衬布，是加固面料，起硬挺、防滑和保形作用。根据需要，可用普通型、防滑型、涂层型、打褶型、松紧型
口袋布	西服上装口袋五只，选用与面料色泽相同的尼龙绸；西裤的口袋四只，选用漂白涤棉平纹布		

二、里料的选配

里料是用于服装夹里的材料，其中包括口袋布，它不仅要实现实用功能，还要从服装里面装点美化服装。

西服上装需要全里，西服裤子需要腰里、膝里。里料的选配需要考虑面料厚薄色泽；要考虑缩水率、耐热性能、耐洗涤性等性能；要考虑里料是否光滑、耐用，使服装穿脱方便等。现在，中高档西服由于不考虑保暖，面料一般偏薄，所以西服上装里料和裤子的膝里可以用价格较高的真丝，也可以用价格较低的涤纶绸等，还可以用价格适中的尼龙绸、粘胶丝软缎、美丽绸、醋纤绸、铜氨绸等（一般较多选用同色或相近色的尼龙绸和涤纶绸）。比较讲究的西服上衣中，大身用尼龙绸或涤纶绸，袖里用铜氨绸，在腋下袖窿部加附两层半椭圆形或倒三角形的纯棉细布用于吸汗。西服裤子的腰里用漂白的涤棉细布，也可以用专门的含里料的腰里衬。图8-17-12所示，大身用的是56/44深色涤粘绸，袖里用的是54/46白色粘涤绸；裤子的口袋布和腰里用的是白色涤棉细布，膝里用的是白色涤纶绸。

图8-17-12　西服选用的里料

三、垫料的选配

胸垫选用组合定型毛衬。领底呢选用同色系、厚度相当的混纺和纯毛领底呢。肩垫选大小和厚薄相适应的针刺肩垫。

一、填空题（请将正确答案填在空白处）

1. 常见的衬布有________、________、________、________、________和________。

2. 黏合衬是在底布上涂上热塑性热熔胶加工制成的衬布，所以，黏合衬按底布的种类分成________、________和________；按热熔胶的种类分成________、________、________和________。

二、单项选择题（请在下列选项中选择一个正确答案并填在括号中）

1. 高档西服选配里料，是为了（　）。

A. 美观且穿着方便　B. 使西服有弹性　C. 易洗　D. 易保管

2. 高档西服之所以配衬料，是为了（　）。

A. 美观且穿着方便　B. 使西服挺括且有弹性　C. 易洗　D. 易保管

3. 随着服装工业现代化的发展，应用最广泛的衬料是（　）。

A. 马尾衬　B. 黑炭衬　C. 黏合衬　D. 组合定型毛衬

三、简答题

1. 简述选择衬料和里料的一般原则。

四、实训题

1. 为题图8-17-1所示的西服套装选配所有的衬（垫）料和里料。

2. 为题图8-17-2所示的保暖服选配所有的衬（垫）料和里料。

题图8-17-1　西服

题图8-17-2　保暖服

任务十八　选配服装连接件

知识点： 1. 线的作用、种类和选配原则。

2. 纽扣的作用、种类和选配原则。

3. 拉链的作用、种类和选配原则。

4. 带和绳的作用、种类和选配原则。

技能点： 针对任意服装，依据服装的款式、品质、功能和用途，运用服装辅料的知识，合理地选配西服套装所需的连接件。

任务描述

面料、里料、衬料裁剪成衣片后，需要缝制成型；同时，西服要实现穿着功能，离不开纽扣、拉链等。本任务根据已经确定的精纺花呢面料和对应的里料、衬料，继续为课题八任务十六（图8-18-1）中的高档正装西服套装选配服装连接件。

图8-18-1　西服面料与高档西服套装

任务分析

要达到任务十六中西服套装成品的效果，除了选择适合的面料和与之配套的衬（垫）料、里料外，还必须搭配与之相宜的各种辅料。要求辅料具有美观、弹性好、坚牢等特点，而且大小和伸缩性与面料相吻合。

1. 要将分割的面料组成服装，使其能够被穿着，同时还实现美化与装饰功能，缝纫线是必不可少的。首先要根据面料的材质、厚薄、色泽和西服的款式要求选配相应材质、规格和色泽的缝纫线。

2. 其次是选配材质、形状和大小合适的各种纽扣，以满足西服上衣和裤子所需的纽扣。

3. 最后，裤子门襟还需要选择合适的拉链、裤腰处需要裤钩等。

相关知识

合理地选配辅料，能完善服装的功能，增强服装美感，提高服装的档次，同时从服装的细节可以衬托出穿着者的身份和社会地位。因此，作为服装重要材料的服装辅料，是服装的基础，也是服装的亮点。

服装连接件主要有线、纽扣、拉链、带和绳。它们的主要功能与作用是将部件或将衣片连接成整件服装的作用，同时也起到美化与装饰作用。为了科学合理地选择缝纫线、纽扣、拉链等连接件，我们必须首先学习它们的分类、品种与选配知识。

一、线的品种与选配原则

线类包括缝纫线、工艺装饰线和特种用线。从材质上分，缝纫线有棉线、化纤线和包芯线；工艺装饰线有绣花线、编织线、结线和金银线；特种用线有医用线、防水线和阻燃线等。其中，缝纫线是介绍的重点内容。

（一）缝纫线的种类

用于缝合服装面料、皮革等衣片，连接各部件所用的线，称为缝纫线。缝纫线是服装加工中必不可少的辅助材料，既有功能性，又富有装饰性（如用于明线）。它直接影响到服装的外观、质量与成本。缝纫线一般由单纱合股而成，单纱细度通常为7.3～65 tex(9～80英支)，缝纫线的合股数有2股、3股、4股、6股等，合股数越多，缝纫线越粗，强度越高，常用缝纫线多为3股结构。缝纫线规格表示方法为单纱的tex(特数)数×合股数。例如，10 tex×3缝纫线表示它是由3根10 tex单纱合股的。常用缝纫线的品种、特点与用途如下：

1. 棉缝纫线

棉缝纫线适合于纯棉服装的缝制，如图8-18-2左图所示。它吸湿性好，有良好的耐热性，能承受200℃以上的高温，适于高速缝纫与耐久压烫。缺点是弹性与耐磨性差，受潮后易生霉。它的单纱细度一般在7.5～36 tex之间，股数多为2股、3股、4股、6股，其中以3股应用最多。

典型品种与用途：一是蜡光缝纫线，常见规格为18 tex×3、28 tex×3、36 tex×3等，一般用于缝制帆布、劳动服等；二是丝光缝纫线，常见规格为9.5 tex×3、14 tex×3、18 tex×3等，丝光缝纫线柔软、美观，适用于缝制中高档棉制品；三是一般无光缝纫线，常见规格为9.5 tex×3、14 tex×3、18 tex×3等，适用于缝制低档棉制品。

2. 真丝缝纫线

它可以是长丝线或绢丝线。真丝线有极好的光泽，手感柔软，表面光滑，如图8-18-2右图所示。真丝线的缝迹光滑，耐热性也较好，其强度、弹性都优于棉线。但是，真丝缝纫线价格高，在使用时易磨损，缠绕在筒子上易脱落。

用于服装缝制的真丝缝纫线主要有三种：一是22～24 dtex×2×7，主要缝制各种高级丝绸服装；二是22～24 dtex×16×2，主要缝制高级毛料服装；三是22～24 dtex×7×3，用于缝制皮革服装。目前，真丝缝纫线已逐步被涤纶长丝线所替代。

棉缝纫线　　真丝缝纫线

图8-18-2　棉缝纫线与真丝缝纫线

3. 涤纶缝纫线

涤纶缝纫线具有强度高、耐磨性好、缩水率低、耐腐蚀、色牢度好、不易霉烂、不虫蛀等优点，且价格相对较低，因此它已在缝纫线中占有主导地位，如图8-18-3左图所示。

涤纶缝纫线分三种：一是涤纶短纤缝纫线，它的单纱细度一般是7.4～29.5 tex，股数为2或3股，适用于棉型各种面料的缝制；二是涤纶长丝线，是一种仿蚕丝型的缝纫线，它的单纱细度一般是8.3～16.7 tex，股数多为2或3股，也有2×3股的，适用于缝制皮制品、滑雪衫、手套、拉链和制鞋；三是涤纶低弹丝缝纫线，规格一般为122 dtex×2，适用于缝制弹性织物（如针织面料），也能代替传统的真丝缝纫线。

4. 涤棉缝纫线

它用65%的涤纶短纤维与35%的优质棉混纺而成，涤/棉线兼有两种纤维的优点，能适应4 000 r/min的高速缝纫，如图8-18-3右图所示。

涤纶缝纫线

涤/棉缝纫线

图8-18-3　涤纶缝纫线与涤棉缝纫线

涤/棉缝纫线的主要规格有：8.5 tex×3，用于缝制薄型高档棉织物；10 tex×3，缝制针织棉毛衫、内衣裤、化纤织物；13tex×3，用于缝制卡其、灯芯绒、厚织物。还有一种涤/棉包芯线，具有涤纶的强度和棉的耐热性，可适应高达到7 000 r/min的高速缝纫，主要用于衬衫的缝制。

5. 锦纶缝纫线

它是由锦纶丝制成，如图8-18-4左图所示。锦纶缝纫线的耐磨性和强度是最高的，且弹性优于涤纶缝纫线，而且质轻，耐腐蚀性能良好，但耐光、耐热性能不及涤纶。

锦纶缝纫线分为单丝缝纫线、复丝缝纫线和弹力缝纫线。单丝锦纶缝纫线一般是透明的，细度范围为133～700 dtex，主要用于针织外衣、游泳衣、提包、窗帘、皮革、鞋、地毯、室内装饰织物等的缝制。复丝锦纶缝纫线用于皮革制品、合成革制品、帆布用品、伞、箱包、地毯、化纤服装、皮鞋等的缝制。锦纶弹力缝纫线主要用于胸罩、内衣、游泳衣、长筒袜、紧身衣等针织物的缝制。

锦纶缝纫线

粘胶绣花缝纫线

图8-18-4　锦纶缝纫线与粘胶绣花缝纫线

6. 其他缝纫线

其他缝纫线有金银线、粘胶绣花线、维纶缝纫线、丙纶缝纫线、麻缝纫线等，它们在服装缝纫上使用较少。图8-18-4右图所示为粘胶绣花缝纫线。

（二）缝纫线的选用

缝纫线是服装材料中的重要辅料，对服装的质量、美观和穿着寿命有重要影响。它依据面料的厚薄、颜色、材质以及服装的使用环境而定。

1. 面料的厚度决定缝纫线的粗细

越轻薄的面料所需缝纫线越细，较粗的缝纫线只能用于厚重的面料。如图8-18-5的

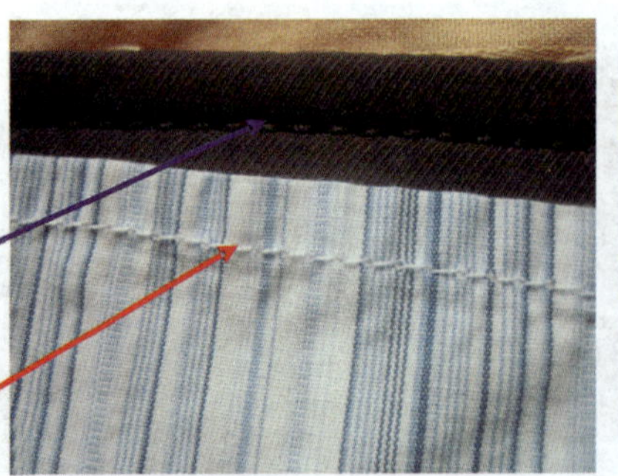

厚面料（牛仔布）用对比色线

图8-18-5　面料颜色、厚度与缝纫线的选用

左图所示，深色的厚面料，用线粗，浅色的薄面料用线细；在满足接缝强度的前提下，可选择的偏细缝纫线，因为粗线要使用粗针，易造成面料损伤。

2. 面料的色泽决定缝纫线色泽

一般选择与面料相同或相近色泽的缝纫线，也有依据服装的设计，选择对比色和其他色泽的缝纫线，以起到装饰作用；浅色衬衫不论面料色泽，都用白色缝纫线。图8-18-5所示，深色面料用线与面料颜色一致；浅色衬衫用白线，蓝色牛仔面料用对比色线。

3. 面料的强度决定缝纫线的强度

为了防止服装被撕破，缝线强度为面料强度的60%即可。

4. 面料的材质决定缝纫线的材质

一般选择与面料相同或相近材质的缝纫线，以保证其缩率、色牢度、耐化学试剂性、耐热性等相适应，具体见表8-18-1。

表8-18-1　　常见材质面料的缝纫线选用表

面料材质	纯棉、纯麻	纯毛料	真丝	棉、麻与化纤混纺、交织	化纤
缝纫线材质	纯棉缝纫线 涤棉缝纫线	真丝缝纫线 涤纶缝纫线	真丝缝纫线 涤纶缝纫线	涤棉缝纫线 涤纶缝纫线	涤纶缝纫线 锦纶缝纫线

5. 服装的用途、穿着环境和保养方式决定缝纫线的选择

例如，弹力服装需用富有弹性的缝纫线，消防服需要耐高温和阻燃的缝纫线。

另外，还要考虑所缝制服装的部位和面料的价格。不同缝纫目的应选择不同的缝纫线。例如，明线、暗线、锁边、锁眼、钉扣等对缝纫线的要求均有所不同；缝纫线的价格、档次应与服装的档次相适应。

二、纽扣的品种与选配原则

（一）纽扣的品种

纽扣最初专门用于服装的连接， 现在除了连接功能还具有装饰与美化功能。最初的纽扣主要是石纽扣、木纽扣、贝壳纽扣。现代的纽扣的种类繁多，有不同的分类方法。根据纽扣的取材特点，纽扣可分为合成材料纽扣、天然材料纽扣、金属纽扣和组合纽扣等。

1. 合成材料纽扣

该类纽扣是目前世界纽扣市场上数量最大、品种最多、最为流行的一类，与人们的日常生活关系最为密切。合成材料纽扣的特点是色泽鲜艳、造型丰富、价廉物美、可成批生产。缺点是耐高温性能不及天然材料纽扣好，并且由于它是合成高分子材料，容易污染环境。合成材料纽扣常用品种、特点与用途见表8-18-2。

表8-18-2　　合成材料纽扣常用品种、特点与用途

品种	特点与用途	图片
树脂纽扣	它是用聚酯为原料经一系列加工而制成。它耐磨性好，花色多样，品种繁多，色泽鲜艳，仿真性强，有良好的染色性，可以电镀。它的主要品种有磁白、平面珠光、玻璃珠光、条纹、刻字、工艺、数码纽扣等。树脂纽扣用途广泛，可以用于衬衫、男女正装、休闲装等中高档服装	
尼龙纽扣	用聚酰胺注塑而成。该纽扣韧性好、机械强度高，有良好的染色性，耐化学性优良，主要用于女性时装。以尼龙纽扣为底材，在其喷上仿皮涂料，即制成仿皮尼龙纽扣	
其他纽扣	ABS电镀纽扣：它是一种热塑性材料，它成型性好，具有良好的电镀性，电镀后的纽扣高雅大方，以金色为主，一般以组合纽扣的方式用于女式服装上 电玉纽扣：用尿醛树脂制成，它耐热性好，硬度高，耐磨划性好，耐有机溶剂，可以经受干洗剂的侵蚀而不破坏。主要用于中高档西服、休闲服和军服 塑料纽扣：如有机玻璃纽扣、透明塑料纽扣、胶木纽扣等	

2. 天然材料纽扣

天然材料纽扣是最古老的纽扣，具有悠久的历史。目前，市场上常见的天然材料纽扣有真贝纽扣、木材纽扣、坚果类纽扣、椰子壳纽扣、石纽扣、宝石纽扣、真皮纽扣等。天然材料纽扣不仅具有合成材料无法达到的优点，且迎合了现代人们崇尚自然、回归自然的心理需求。天然材料纽扣常用品种、特点与用途见表8-18-3。

表8-18-3　　天然材料纽扣常用品种、特点与用途

品种	特点	用途	图片
真贝纽扣	即贝壳纽扣，这类纽扣具有健康时尚、质感高雅、光泽诱人的特色，并且人们总将贝壳和珠宝联系在一起，所以真贝纽扣使服装有高贵感	它主要用在各种高档服装、真丝服装、高档衬衫、T恤衫和女式休闲服装上。很多国际著名品牌的时装，也都广泛使用各种贝壳纽扣	

续表

品种	特点	用途	图片
木和竹纽扣	它们都是植物类茎秆加工而成的纽扣。其特点具有天然性、粗放、耐有机溶剂。主要缺点是色泽不一和易吸水膨胀	这类纽扣主要适用于麻类面料和素色的休闲服装	
椰子壳和坚果纽扣	这类纽扣取材于植物的果实。椰子壳纽扣的颜色呈浅褐色或深褐色，正反面的色泽不同，表面有斑点或丝状的脉络，质地坚硬，缺点是吸水性强 坚果纽扣在纽扣行业称之为植物仿象牙纽扣，因为南美产的这种坚果切开后，切面的颜色与纹理与象牙很相似。这种坚果纽扣色泽柔和、纯朴，纹路清晰，造型高雅	主要用于休闲服装。坚果纽扣是高档服装的理想配饰	
真皮纽扣	采用天然的牛皮、猪皮、羊皮等原料加工而成，表面具有天然皮革的纹路质感，色彩丰富，档次较高	特别适合于高档皮衣、西服和休闲服	
其他纽扣	中式盘扣、石头纽扣、宝石纽扣等造型古典、雅致，档次较高	适用于带有中式元素的服装	

3. 金属纽扣

金属纽扣由黄铜、镍、钢与铝等材料制成，如图8-18-6a所示。常用的是电化铝纽扣，铝的表面经电氧化处理，类似黄铜扣。这种扣子质轻且不易变色，并可在其上冲压花纹和制衣厂家名称标志，因此常用于牛仔服及有专门标志的职业服装。但不适用于轻薄并常洗的服装，易使服装受损。应该说明，现在不少纽扣外观与金属扣无异，实际是在塑料扣上镀铬或镀铜。这种金属膜层扣质轻而美观，且有富丽而有闪烁感，使用中不易损伤服装，是目前常用的纽扣之一。除了金属制作的常用纽扣外，还有金属制作的腰围裤钩（图8–18–6b）、领吊、调节扣、雌雄扣、四件扣等，分别作为裤钩与领钩。

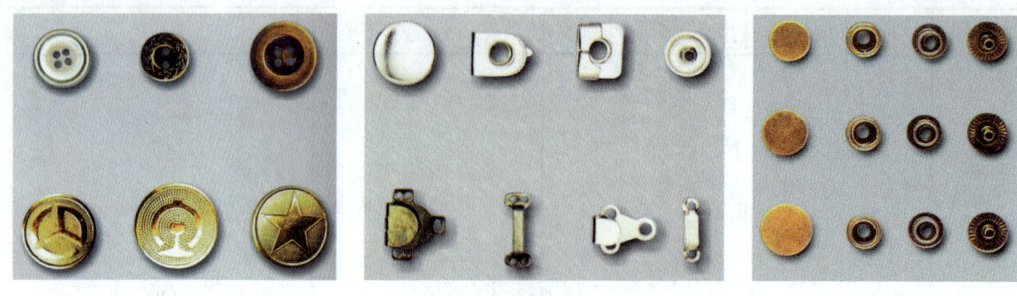

a) 金属纽扣　　b) 裤钩　　c) 四件扣

图8–18–6　金属纽扣、裤钩和四件扣

4. 组合纽扣

组合纽扣指由两种或两种以上不同材料通过一定的方式组合而成的纽扣，如图8–18–7所示。组合纽扣能满足时装界追求个性的要求。组合纽扣主要有树脂—ABS内组合或外组合纽扣，ABS电镀或金属—环氧树脂滴胶组合纽扣，以及金属件—ABS组合、金属—水钻组合、树脂—人造珍珠组合等。组合纽扣品种繁多，质量档次千差万别，既可以用在高档耐用服装，也可用于职业服装和童装上；既能用于中厚面料服装，也可用于轻薄面料服装。

图8–18–7　组合纽扣

5. 免缝纽扣和功能纽扣

免缝纽扣是指不用线缝而直接由纽扣上所带的某些附加装置连接在服装上的纽扣。例如，四件扣是由金属材料外表镀铸或锚的上下四件的结构组成，如图8–18–6c所示。这种纽扣是通过上下锹合连接在服装上的，使用时只需按合或拉开，合启方便，坚牢耐用，可作为羽绒服、夹克衫等服装的纽扣。功能纽扣是一类比较新潮的纽扣，除具备服装的连接功能外，还结合一些特殊的、与纽扣的实用功能毫无联系的功能，如香味纽扣、药剂纽扣、发光纽扣等。

（二）纽扣的规格

纽扣的规格常用Lignes来表示，缩写为“L”。纽扣的型号与纽扣外径尺寸的关系是：纽扣外径1 L=0.625 mm。纽扣最小的型号为12 L，即纽扣外径7.5 mm；最大的型号为64 L，即纽扣外径40 mm；型号从小到大依次为12、13、14、15、16、17、18、20、22、

24、26、28、30、32、34、36、38、40、42、44、48、54、60和64，共计24个型号。

（三）纽扣的选用

选配纽扣时，必须考虑服装所用的面料、服装款式和服装的档次。在选择时既要考察纽扣的外观是否合适， 也要考察其颜色、造型、质量、大小、性能、做工质量以及价格等是否与服装面料相配。

1. 面料色泽决定纽扣的颜色与光泽

纽扣应与面料的色彩、图案相协调，同色、近色或采用对比色、金银色以突出装饰效果；纽扣的材质、轻重应与面料的质地、厚薄、图案、肌理相匹配。如图8–18–8所示，牛仔裤多采用有一定份量、外观质朴的金属扣；衬衫一般用同色扣，浅色衬衫也可用白色纽扣；冬季深色厚服装可用黑色扣，而轻薄、细腻的丝绸面料则配以质地较轻的塑料纽扣或有机玻璃纽扣、包布扣等。

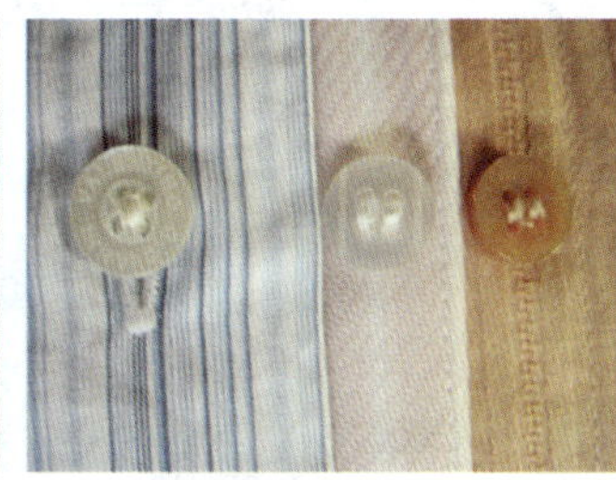
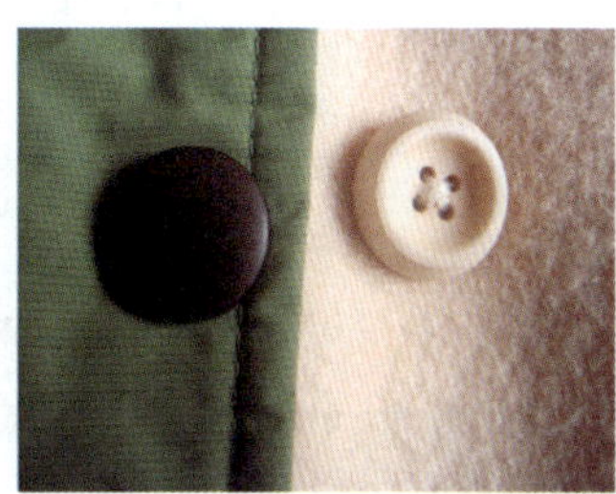

图8–18–8　面料颜色与纽扣色泽的关系

2. 服装款式决定选配纽扣的大小、外形、风格和数量

纽扣除了起连接作用外，还能够与服装款式相呼应，起点缀与装饰的作用。如图8–18–9所示，西服袖扣是款式所必需的，用较小的纽扣；时装口袋处的纽扣起装饰作用，用颜色鲜艳、中等大小的纽扣；冬季粗花呢大衣的纽扣采用较大的黑色纽扣；内衣的纽扣就尽量用得少且小。

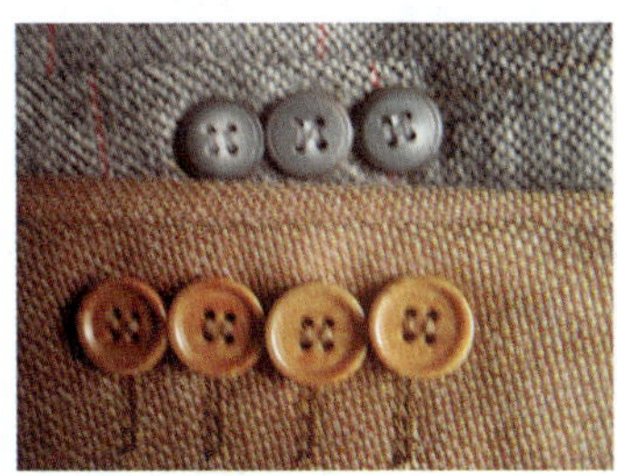

西服袖口

时装口袋的装饰纽扣

冬季粗花呢大衣的纽扣

图8–18–9　服装款式与纽扣的大小

3. 纽扣档次与价值要与服装档次相适应

一般，高档面料的服装选配高档次的纽扣，即材质高档、造型美观、色彩漂亮、耐用性好的纽扣。

直径小于10 mm的薄纽扣，可作为钉纽扣时的背面垫扣，以保证钉扣坚牢与服装平整。同时，在服装的里料上常缀有备用纽扣，这是在设计高档服装时应注意的。

三、拉链的品种与选配原则

拉链用于服装的扣紧时，操作方便，又简化了服装加工工艺。

（一）拉链的品种

拉链是由两条能互为啮合的柔性牙链带及其可使其重复进行拉开、拉合的拉头等部件组成的连接件。拉链是由拉链带、链牙、拉头、上止等主要部件和下止、插座(方块)、插销、贴胶等多种部件经适当组合而成的，如图8-18-10所示。按其结构形态可分为闭尾拉链和开尾拉链，拉链在拉开时，两边牙链带不能完全分离的称为闭尾拉链，能完全分离的称为开尾拉链，如图8-18-10所示。拉链可按构成拉链牙的材料分成金属拉链、注塑拉链和尼龙拉链，见表8-18-4。拉链用于服装的扣紧时，操作方便，又简化了服装加工工艺，而且还可用于装饰，因而使用广泛。

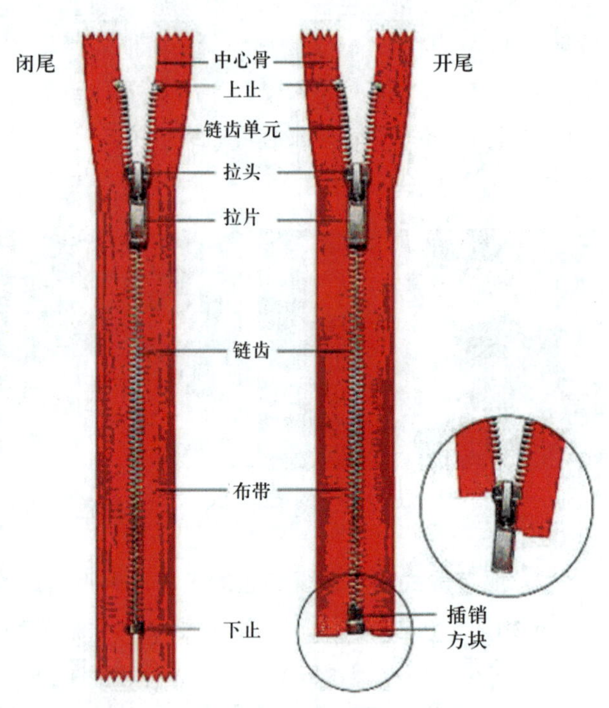

图8-18-10　拉链的结构

表8-18-4　　拉链按链牙的原料分类

种类	特点	用途
金属拉链	其链牙用铜、铝、锌合金制成的拉链。金属拉链颜色受限制，但很耐用 金属闭尾拉链	主要用于厚实的制服、军服、防护服、皮衣和牛仔服上

续表

种类	特点	用途
注塑拉链	其链牙由胶料注塑而成。塑胶质地坚韧，耐水洗，而且可染成各种颜色，较金属拉链手感柔软，牙齿不易脱落 注塑开尾拉链	是运动服、夹克衫、针织外衣、羽绒服、工作服等普遍采用的拉链
尼龙拉链	其链牙由聚酯或尼龙丝制成。它分为普通型、隐形、双骨、编织和针织拉链 尼龙闭尾拉链	尼龙拉链轻巧、耐磨而富有弹性，主要用于轻薄的服装和童装，其中的隐形拉链和双骨拉链是旗袍、女裙和裤的首选，编织拉链是高档西服裤的首选

（二）拉链的选择和使用

拉链应随着服装面料材质和款式的变化，以及服装多种功能的要求来选配。所以拉链的选择要考虑如下四个方面因素。

1. 考虑拉链的型号

拉链的型号是指一个尺寸区间内拉链规格所对应的序号。拉链规格用两个链牙啮合后的宽度来表示，见表8-18-5。一般而言，型号数大的拉链，由于链牙啮合后的宽度宽，其所能承受的强力大，所以厚的面料和服装要用大型号的拉链。表8-18-6为常见服装所用拉链型号表。

表8-18-5　　拉链的规格型号表

型号	2	3	4	5	6	7	8	9
规格(mm)	2.5～3.85	3.9～4.8	4.9～5.4	5.5～6.2	6.3～7.0	7.2～8.0	8.7～9.2	10.0～10.6

表8-18-6　　常见服装所用拉链型号表

常见服装	拉链的型号范围	常见服装	拉链的型号范围
女内衣、裤、裙	2、3	工作服、牛仔裤、夹克	5、6、7
西裤、童装、帽	3、4	滑雪衫、羽绒服	4、5、6、7、8
女罩衫、休闲服	4、5	呢大衣、皮大衣	5、6、7、8、9

2. 考虑链牙与链带的材质

金属、注塑和尼龙材质的链牙在表8-18-4中已介绍清楚。而拉链布带的材质有纯棉与化纤两类。应该考虑链带材质要与服装面料的缩水率、厚薄相适应。

3. 考虑面料的色泽、性能以及服装使用拉链的部位

这些应该与拉链的颜色、长度、拉头的功能等相配合，以取得与服装面料之间的相容性、和谐性、装饰艺术性和经济实用性。如图8-18-11所示，西裤和夹克衫采用与面料同色的拉链，而牛仔裤采用拉链主要考虑配合牛仔布的粗犷外观，因此不论链牙还是链带色泽都不相同。

图8-18-11　服装款式颜色与拉链的颜色

4. 考虑服装设计与款式的要求

为了适应服装尤其是时装的需求，拉链在链牙、拉链头等方面有了许多新的变化，出现了钻石链牙、银色链牙、电镀七彩链牙、印花链牙、透明链牙、双色链牙等，拉链头的形状更是千变万化、各种花色层出不穷。为此，要依据服装设计内涵与形式的要求，科学合理地选择拉链，使拉链在起到连接作用的同时，能更好地起到点缀与装饰功能，满足服装设计与款式的需要。

 任务实施

西服上衣需要前身扣、袖扣、里袋扣，西服裤子需要选择的裤扣、裤后袋扣、裤腰的调节扣、裤挂钩以及裤子门襟拉链。

一、缝纫线的选配

根据缝纫线的选配依据是面料的厚薄、颜色、材质以及服装的使用环境等。缝纫线的细度由面料的厚度决定；缝纫线的色泽由面料的色泽决定，一般选择与面料相同或相近色泽的缝纫线；缝纫线的材质是由面料的材质决定，一般选择与面料相同或相近材质的缝纫线。为此，我们可选用与面料同色泽的涤纶缝纫线或涤棉缝纫线为宜，如图8-18-12所示。

图8-18-12　西服的缝纫线颜色与上衣扣大小与颜色

二、纽扣的选配

纽扣选配的依据是面料材质、服装款式和服装的档次。面料色泽决定了纽扣的颜色与光泽，西服纽扣应与面料的色泽同色或近色；纽扣的材质、轻重应与面料的质地相匹配；纽扣的大小、外形也要与服装整体相统一，同时考虑到是正装西服套装。为此，可以选配同面料色泽相同或相近的树脂圆形四眼纽扣，前身扣大小可以是30号、32号或34号扣；袖扣、里袋扣、裤扣小一些，大小是22号或24号，如图8-18-13所示。

图8-18-13　西服的袖扣、内袋扣、裤扣的大小与颜色

三、拉链与挂钩的选配

西裤可以用拉链。考虑西裤门襟不需要承受较大的力，拉链下端不需要打开，不需要起到装饰作用，所以可以选择质量好的、与面料色泽相同或相近、厚度适宜的尼龙闭尾拉链。挂钩选用质量优良的金属裤挂钩，如图8-18-14所示。

图8-18-14　西裤拉链与钩的大小与颜色

知识拓展

带类织物品种繁多，一般将宽度在0.3～30 cm的狭条状或管状的织物称为带织物。

一、松紧带

滚绳松紧带是松紧带中最普通的一类，为纵长绳状，通常穿到抽带管中。另一类松紧带是织有弹性材料的扁平状带织物，此外还有松紧罗纹，用在休闲夹克装的袖口和腰带处。松紧带有如下几种。

松紧腰头：打褶后垫在腰部作成腰头，其橡皮筋用来收紧衣服。

滚绳松紧带：质地坚牢耐用，编织后的滚绳松紧带具有不同的宽度。

弹性针织罗纹镶边：手感柔软的针织松紧带。可根据需要裁成不同宽度，用于袖口和腰头。

花边松紧带：质地柔软，伸缩性大，用于外套和内衣。

榴裥松紧带：具有装饰性和实用性，用于内衣和服装边缘抽紧。

抽带松紧带：一根束带可穿入到松紧带的中心，用于运动服和休闲裤的腰部。

钮孔松紧带：间隔 2.5 cm 有一个锁钮孔狭缝，用来调节孕妇装和童装的腰部松紧。

缝线松紧带：机织带，具有数排松紧线，形成裙裥，可用于袖口、裤口、腰带等处，其他还有弹性胸罩带、高级女装内衣装饰带、芭蕾舞袜带、头饰带、游泳带等。

二、贴边带

贴边带对服装的不同部位起到挺括、牢固和支撑的作用，常隐藏在衣服的里面。纯棉和斜纹的贴边带可加固缝迹，使之失去弹性。贴边带有如下几种。

吊带背：这是一种用熨烫法将吊带的背面黏合在织物表面的贴边带，有各种宽度，并具有耐磨性。

纯棉贴边带：机织带，缝在面料表面，用来加固、稳定贴边和线缝。

塑料衬带：起到定型和支撑的作用。

尼龙带：用来加到衣服的抽带管中。

门襟带：供羊毛衫、针织内衣等门襟贴衬用的带织物。门襟带有粘胶/丝门襟带和夹丝门襟带，宽度规格有 1.3 cm 、1.9 cm 、2.2 cm 、2.5 cm 、 2.7 cm 、 3.1 cm 、3.2 cm。

三、镶边带及饰带

镶边主要是为了保证服装的使用（如修整原始的布边和加固缝线），也有装饰作用。饰带大多华丽、考究，常在织物上缉明线或系成立体花结，还可用于女式工艺外套(窄条)。镶边带及饰带有如下几种。

缎纹斜裁镶边带：该种滚边使得服装下摆和缝线放余量处很光洁。

宽斜裁贴边带：用在折边贴边，具有不同的宽度，最宽有5 cm。

金属丝边的饰带：金属丝边有助于饰带在形成一定形状的定位。

缎纹饰带：以装饰功能为主，颜色丰富，具有单面缎纹和双面缎纹。

机织提花饰带：具有多种图案，用于装饰性的饰边。

机织金银饰带：对热和蒸汽敏感，应在冷、干的情况下整理。

丝绒带：用丝绒制成的装饰性条带。缝制时要注意其方向与丝绒绒毛的朝向相同。

练一练

一、填空题（请将正确答案填在空白处）

1. 服装连接件主要有________、________、________、________和________。
2. 常用缝纫线的品种有________、________、________、________和________。
3. 常见的合成材料纽扣有________、________、________、________和________。
4. 目前市场上常见的天然材料纽扣有________、________、________ 、________、

________、________、________和________等。

5. 根据纽扣的取材特点，纽扣可分为________、________、________、________和________等。

6. 拉链按其结构形态可分为________和________；拉链可按构成拉链牙的材料分成________、________和________。

二、单项选择题（请在下列选项中选择一个正确答案并填在括号中）

1. 如果制作深灰色正装全毛西服，一般选用缝纫线是（　　）。

A. 深灰色涤纶缝纫线　B. 银色涤纶缝纫线　C. 深灰色全棉缝纫线　D. 银色全棉缝纫线

2. 牛仔裤一般选用的缝纫线、纽扣和拉链是（　　）。

A. 与面料同色缝纫线、金属纽扣和塑料拉链

B. 与面料不同色缝纫线、金属纽扣和金属铜拉链

C. 与面料同色缝纫线、天然材料纽扣和尼龙拉链

D. 与面料不同色缝纫线、天然材料纽扣和尼龙拉链

3. 目前日常休闲服装用得最多的纽扣是（　　）。

A. 合成材料纽扣　B. 天然材料纽扣　C. 金属纽扣　D. 组合纽扣

三、判断题（判断正误并在括号内填"√"或"×"）

1. 越轻薄的面料所需缝纫线越细，较粗的缝纫线只能用于厚重的面料。（　　）

2. 一般选择与面料相同或相近色泽的缝纫线，也有依据服装的设计，选择对比色和其他色泽的缝纫线，以起装饰作用。（　　）

四、实训题

1. 为题图8-18 -1所示的西服套装选配所有的连接件辅料。

2. 为题图8-18-2所示的保暖服选配所有的连接件辅料。

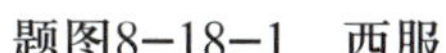

题图8-18-1　西服

题图8-18-2　保暖服

任务十九　选配保暖服填料

知识点： 填料的作用、种类和选配原则

技能点： 针对冬季各类保暖服装，依据冬季保暖服装的款式、品质、面料的材质，运用服装辅料的相关知识，合理地选配填料。

任务描述

某高速公路总公司为高速公路收费员和驾驶员制作冬季工作防寒服装，如图8-19-1所示。面料用涤纶75D×150D，144F 或 288F；148×100斜纹桃皮绒，要求面料防水和PU内涂层，里料采用尼丝纺或用涤丝纺。为其选配保暖填料。

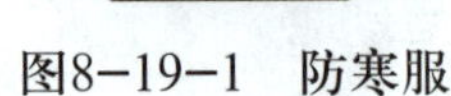

图8-19-1　防寒服

任务分析

为了达到保暖的目的，冬季保暖服装一般都需要保暖材料的填料。由于图8-19-1所示的防寒服是高速公路收费员和驾驶员冬季长时间在户外穿着，因此必须具备比较强的保暖、抗寒功能，其中的填充料起到关键作用。因此，要根据保暖服的穿着环境和耐寒要求，在掌握填料的分类、品种和特点及其应用的基础上，正确运用选配原则，为其挑选合适的保暖填料。

相关知识

填料是填充于面料与里料之间的材料。在服装面料、里料之间填充填料的目的首先是保持人体的温度，即保暖作用；其次是赋予服装的特殊功能，如防辐射、卫生保健功能；然后，要求冬季保暖服装在具备一定保暖性的基础上，穿着轻便，具有美感，而且易于打理。

目前，填料既有天然填料又有合成填料，品种繁多，性能各有特点。按照形态，填料可分为絮类填料和材料类填料。

一、絮类填料

絮类填料是指未经纺织、松散的、呈絮状的纤维或羽绒等材料。这种填料没有一定

形状，充填后需绗缝*固定，并且要求面料、里料有一定防穿透性能，从而防止絮类填料泄漏。例如，高密度的面（里）料或经过涂层处理的面（里）料。絮类填料主要有棉絮、丝棉、羽绒、驼绒等。

（一）棉絮

静止的空气是最保暖的物质，所以新棉絮和暴晒后的蓬松棉絮因充满静止的空气而十分保暖。由于棉属于天然物质且舒适柔软，因而大多用于婴幼、儿童服装。但棉絮弹性差，受压后弹性与保暖性降低，水洗后难于干燥且易变形，充填也麻烦。它在工业化的服装生产中难以得到广泛应用。图8−19−2所示为棉絮与棉絮片。

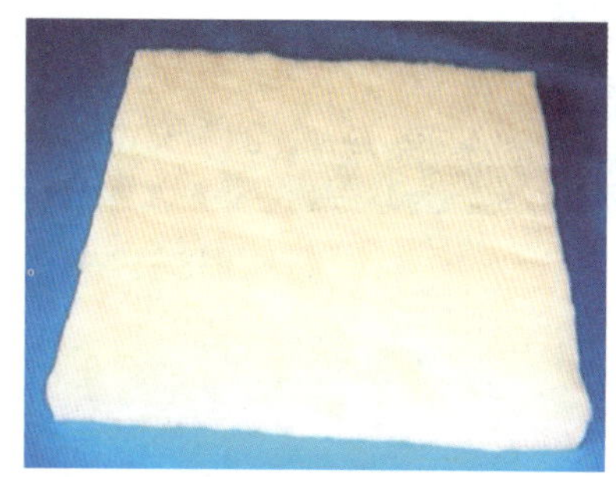

图8−19−2　棉絮与棉絮片

（二）丝棉

由蚕丝直接缫出的丝棉是冬季丝绸服装的高档絮填料，如图8−19−3所示。由于丝棉光滑而柔软，质量轻且保暖，因而用于服装时穿着舒适；但是由于其价格高，只用于高档丝绸服装。丝棉也有透过服装面料或里料外扎的问题，因而在絮填丝棉时，应在面料和里料内加一层纱布。

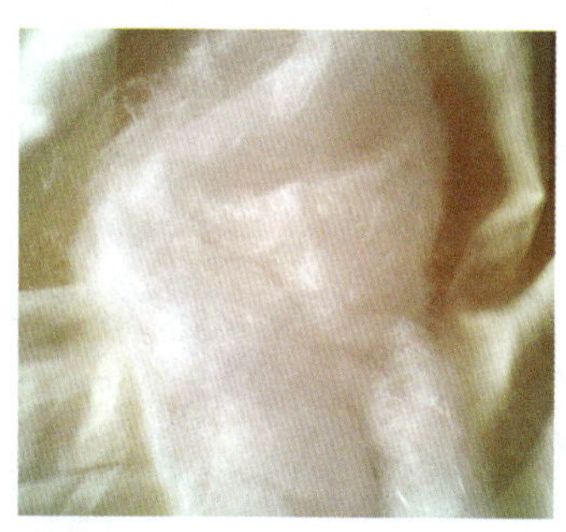

图8−19−3　丝棉

（三）羽绒

羽绒主要是鸭绒（图8−19−4），也有鹅、鸡、雁等毛绒。羽绒由于很轻而热导率很

*绗缝是用长针缝制有夹层的织物，使里面填充料固定。绗缝技术在秋冬季保暖服装上常用。

低，蓬松性好，是人们喜爱的防寒絮填料之一。使用羽绒絮料时，要注意羽绒的洗净与消毒处理。同时服装面料、里料及羽绒的包覆材料要紧密，以防羽绒毛梗外扎。在设计和加工时，须防止羽毛泄漏而影响服装的造型和使用。由于羽绒来源受限制， 而且含绒率高的羽绒服价格昂贵，所以羽绒只用于中高档服装。由于羽绒价格高，现多采用50%的羽绒和50%的细旦涤纶混合使用，既提高保暖性又降低成本。

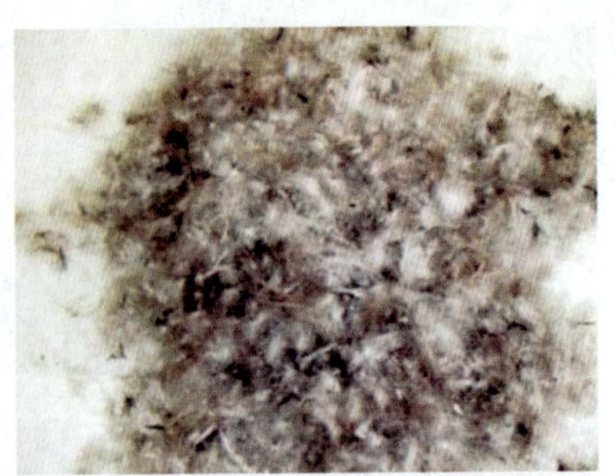

图8–19–4　白鸭绒和灰鸭绒

（四）驼绒

驼绒（图8–19–5）具有蓬松、柔软、弹性好的特点，其保暖性优于棉花，次于羽绒。它具有经常翻晒即可保持其蓬松性的特点，既轻又保暖，是制作高档棉衣的理想絮类填料。为了降低成本和提高保暖性，现多采用70%的驼绒和30%的腈纶混合的絮填料。

图8–19–5　驼绒

二、材料类填料

材料类填料是指由纤维经特定的纺织工艺制成絮片的填料，其有固定的形状，可以根据需要裁剪使用。它包括绒衬、人造毛皮、长毛绒、泡沫塑料以及各类合成絮片，其中发展迅速和广泛使用的服装保暖填料是合成絮片。合成絮片是由纺织纤维制成的蓬松柔软而富有弹性的片状材料，属于非织造布类。合成絮片具有材料丰富，规格参数容易控制，易裁剪、易缝纫、易保养并且价廉物美的特点，因此得到服装企业的广泛使用。

（一）热熔絮片

热熔絮片是一种以涤纶为主，用热熔黏合工艺加工而成的絮片，如图8–19–6所示。它比棉絮轻软且弹性好，并具有良好的抗拉强度，保暖性在材料类填料中较好，适宜裁剪、缝纫，并能洗涤，常用于服装的保暖填料。规格为：克重80～350 g/m^2，幅宽1～2.2 m。

图8–19–6　热熔絮片

（二）喷胶棉絮片

喷胶棉絮片又称为喷胶棉，如图8-19-7所示。它是以中空或卷曲的涤纶短纤维为主要原料，经梳理成网，然后将洒在蓬松的纤维层的两面，再经过烘燥、固化而制成，是与热熔絮片类似的新型保暖材料。它比热熔絮片更具有蓬松性，保暖性优于棉絮，在材料类填料中较好。它防霉、防蛀、不受潮，质量轻，可以洗涤，属于普通型的保暖材料，常用于服装的滑雪衫、登山服的保暖填料。规格为：克重80～350 g/m^2，幅宽1～2.2 m。

图8-19-7 喷胶棉絮片

（三）金属镀膜絮片

金属镀膜絮片俗称太空棉、宇航棉、金属棉，是以纤维絮片、金属镀膜为主体原料，经复合加工而成的复合絮片，如图8-19-8所示。这是一种超轻、超薄、高效保暖材料，在防寒、保温、抗热等性能方面远远超过传统的棉絮、羽绒、丝棉等材料，具有“轻、薄、软、挺、美、牢”的优点，适宜裁剪、缝纫，并能洗涤，是冬季抗寒的理想产品，也是抗热和防辐射不可多得的产品。金属镀膜絮片保暖性在材料类填料中较好，常用于制作夹克衫、滑雪衫、棉衣、紧身背心、风衣、大衣等，还可以用于制作炼钢、采煤、油田、交通、邮电、警察、军队等特种职业服。

图8-19-8 金属棉、太空棉

（四）毛型复合絮片

毛型复合絮片是以毛或毛与其他纤维混合材料为絮层原料，以单层或多层薄型材料为复合基，采用特殊工艺复合而成。其产品因原料、结构及加工工艺不同而有多种类型，如羊毛复合絮片、毛涤复合絮片、驼绒复合絮片等，如图8-19-9所示。毛型复合絮片保暖性好于一般的材料类絮片，价格高，适合制作高档的保暖衬衣、棉衣、防寒服。

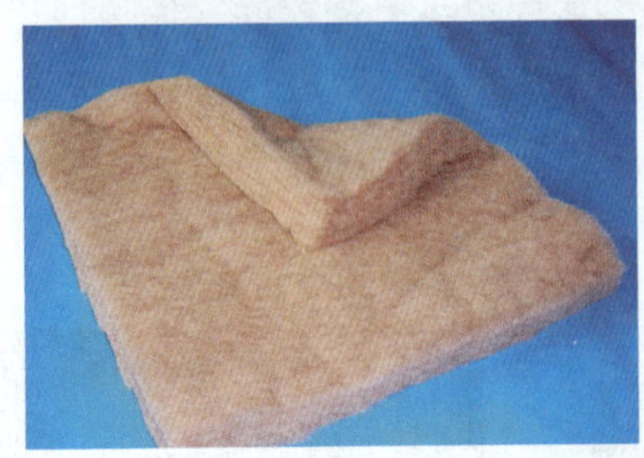

图8-19-9　驼绒复合絮片和羊绒絮片

（五）远红外絮片

远红外絮片是以远红外纤维等功能性纤维为基本原料制成的新一代保暖絮片材料。这种絮片具有高效的吸湿、透湿、透气、抗菌、除臭等性能。远红外絮片保暖性好于一般的材料类絮片，价格偏贵，可用于制作各类较高档保暖衬衣、棉衣、防寒服。不同种类的保暖絮片性能比较见表8-19-1。

表8-19-1　保暖絮片性能比较

保暖絮料	保暖性	透湿性	透气性	强力	耐洗性	缩水性	应用范围	原料来源	价格
热熔絮片	较好	好	好	一般	差	差	少	多	低
喷胶棉絮片	较好	好	好	一般	一般	差	少	多	稍低
金属镀膜絮片	好	差	差	好	差	差	较多	少	稍贵
毛型复合絮片	好	好	一般	好	差	差	多	较少	贵
远红外絮片	好	好	好	好	好	好	多	少	稍贵

 任务实施

高速公路收费员防寒服装，面料为涤纶，里料为尼丝纺或涤丝纺，属于典型的寒冷季节的室外工作服。其填充料首选喷胶棉或热熔棉，可选用中等篷松、经济型的100%涤纶的喷胶棉，采用厚度17 mm，克重为150 g/m^2，新雪丽G型保暖填料。

练一练

一、填空题（请将正确答案填在空白处）

1. 按照形态，填料可分为絮类填料和材料类填料。絮类填料有________、________、________和________等。

2. 材料类填料主要是合成絮片，常见的合成絮片有________、________、________、________和________等。

二、简答题

分别为题图8-19-1所示的普通羽绒服和军用防火冬季保暖服，选配服装填料。

题图8-19-1　普通羽绒服与军用防火冬季保暖服

任务二十　选配服装装饰件和标志件

知识点： 1. 花边、珠花等装饰件的作用、种类和选配原则。

2. 标签与吊牌等标志件的作用、种类和选配原则。

技能点： 对于妇女或儿童衬衫或其他服装，能选配花边等装饰件；对于各类服装，能掌握其标志件的种类和作用。

任务描述

为图8-20-1所示女式衬衫选配花边等装饰件；并在该款服装上市销售之前，为其搭配带有厂家和服装品牌的标签、吊牌等标志件。

图8-20-1　女式花边衬衫

图8-20-2　服装标志件

任务分析

1. 女装上装饰适当花边、珠花、水钻、流苏、烫片等，能增强服装美感和整体协调性，增加服装的时尚性和款式多样性，并使服装更加华丽美观。但要科学合理地选配各种装饰件，首先必须掌握它们的分类、品种与特点。

2. 标志件分为标签和吊牌。它们用于标明服装的商标和品牌。服装的标签和吊牌等标志件均为委托外加工，直接使用即可，但标志种类和内涵必须由服装生产企业自己确定。图8-20-2所示为各种常见的标志件。

要完成上述辅料的选择，必须掌握装饰件和标志件的分类、品种、材质、特点和选配原则。

相关知识

一、装饰件的类别、品种与选配原则。

装饰件属于服饰性辅料，是指专用于装饰服装的附件。过去，服饰性辅料一般用于礼服、戏服和少数民族服装上。现已广泛用于时装、职业装、舞台装和运动服等服装，装饰件用得最多的是女装、童装、内衣和少数民族服装。装饰件按其使用性能分为花边、珠花、水钻、流苏、烫片等。

（一）花边

花边是女装上重要装饰件，从外套到内衣都可用花边，是深受女性喜爱的服装辅料，许多舞台装也采用花边装饰。花边的主要品种有编织、机织、刺绣、经编花边四大类。

1. 编织花边

编织花边是以棉纱为经纱，以棉纱、粘胶丝或金银线等为纬纱，编织成各种各样色彩鲜艳的花边，如图8-20-3左图所示。编织花边是目前花边品种中较高档次的一类，常用于时装、内衣、衬衫、羊毛衫、童装、披巾等。

2. 机织花边

机织花边由提花织机织成，如图8-20-3中图所示。花边质地紧密，色彩绚丽，图案多样，富有艺术感和立体感等特点，适用于各种服装与其他织物制品的边沿装饰。按所用原料不同，机织花边有棉线、粘胶丝、锦纶丝、涤纶丝花边等多种。机织花边常用于各类女时装外衣、裙装、童装及披巾、围巾等。

编织花边

机织花边

刺绣花边

图8-20-3　编织花边、机织花边和刺绣花边

3. 刺绣花边

刺绣花边由手工或电脑绣花机按设计图案直接绣在服装所需的部位，形成花边。刺绣花边色彩艳丽，美观高雅，如图8-20-3右图所示，但受条件限制使用不多。

水溶性花边是由电脑绣花机用粘胶长丝按设计图案刺绣在水溶性非织造布基布上，经热水处理，使水溶性非织造布溶化后留下刺绣花边。水溶性花边图案活泼多样、立体感强，价格便宜，使用方便，广泛应用于各类服装及装饰用品。

4. 经编花边

经编花边是利用针织的方法在经编机上织制而成，也称针织花边或蕾丝花边，如图8-20-4所示。经编花边由经编机编织，一般花边组织较稀疏。由于花边有孔眼，因此透明感强，外观轻盈素雅，柔软有弹性。花边大多以锦纶丝、涤纶丝、粘胶丝为原料，俗称尼龙花边，多用于女装、童装和装饰品上。

图8-20-4　经编花边（蕾丝花边）

（二）珠花与珠片

女装上用珠子串制的花饰称为珠花（图8-20-5左图）。一般有珍珠的光泽、金属的炫耀。珠片是用PVC等材料制成的各种形状和色彩的亮片（图8-20-5右图），珠片通过热烫、镶嵌、铆接、缝制等工艺固定在服装上，主要用于女装、民族服装和舞台服装上。它的类型有银底珠片、实色、乳色、彩石、透明、磨砂、镭射等珠片系列。

珠花　　珠片

图8-20-5　珠花与珠片

（三）流苏、烫片、水钻

流苏是一种下垂的以五彩毛或丝线等制成的穗子，常用于舞台服装裙边和下摆处，现在女装、女鞋等设计中也常见。图8-20-5a所示为流苏挂饰。

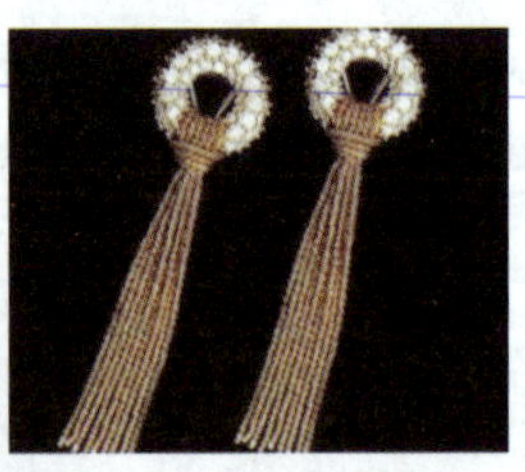

a)流苏挂饰

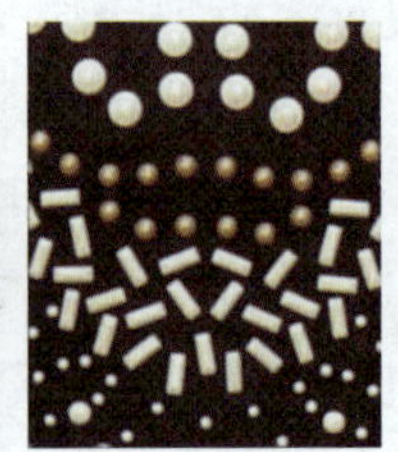

b) 烫片服装和各种形状的烫片

c)贴有水钻的服装和水钻

图8-20-6　流苏、烫片和水钻

烫片是通过黏合剂烫贴在服装上的饰品，如图8-20-6b中所示。

水钻是用水晶玻璃切割成钻石刻面而得到的一种饰品，如图8-20-6c所示。它既具有水晶般的华贵，又经济实惠。它可以镶嵌在纽扣、拉链上，还可以烫贴在服装上。

二、标志件的品种与选配原则

服装的标志件是用来说明服装的性质、用途、来源及使用方法等一系列指导性的文字或图案。正确认识和理解服装标志的种类及意义，对于引导消费、刺激消费、提高服装企业知名度和满足消费者心理需求，都具有重要的意义。

按国际上通常的做法，服装标志件包括：商标及纸吊牌、纤维成分标志、原产地（国）标志、规格标志、洗涤熨烫标志、条形码、安全、环保标志。

（一）商标及纸吊牌

商标俗称布标、织唛，主要用于领标或其他装饰，如世界知名品牌服装彪马在旗下所有服装的领子上缝制的商标，如图8-20-7所示。商标是商品生产者、经销者为使自己生产、制造、加工、拣选或经销的商品区别于其他生产者、经销者的商品而置于商品表面或包装上的一个特殊标志。

图8-20-7　彪马服装的领标

1. 商标的形式

商标有表示商品出处、保证商品质量和广告宣传作用。服装上的商标，通常以优质丝线通过电脑提花织机织成，具有色彩鲜艳、图案线条精细、豪华典雅、耐久性好的特点。商标可以热切、超声切和激光切加工为各种宽度（1～20 cm），也可以加金银丝，使商标随光线变化产生效果。

2. 商标的内容和种类

（1）商标的内容

商标可以用文字、图形、记号及其相互组合构成。很多商标往往把企业的LOGO标志包含在其中，如图8-20-8所示为常用于服装领口处的商标式样。服装标志为品牌、企业无形资产的一种表达

图8-20-8　商标式样

方式，是企业让消费者识别品牌所做的标志性记号或图案。

（2）常见种类

1）商标带。用纤维织成的商标带上，除了标明服装的商标牌号外，有的还标示面料、里料的纤维成分、规格、号型及洗涤整烫标志等，西服套装上除有主商标（俗称“主唛”）外，还有袖标（俗称“袖唛”）和下装的裤标（俗称“裤唛”），也都分别缝制在服装规定的显著位置上。

2）吊牌。除了商标带外，现在普遍使用的还有悬挂在服装正面第二颗纽扣上各种颜色的纸吊牌。吊牌也称牌仔、纸牌。吊牌多为纸类印刷制品，也有丝网印刷的塑料制品等。吊牌的制作材料大多为纸质，也有塑料、金属、纤维织品等材料。另外，近年还出现了用全息防伪材料制成的新型吊牌。从造型上看，有长条形、对折形、圆形、三角形、插袋式以及其他特殊造型。服装吊牌的设计、印制往往很精美，而且内涵也很广泛。尽管每个服装企业的吊牌各具特色，但大多在吊牌上印有厂名、厂址、电话、邮编、徽标等。图8-20-9为纸吊牌的正面图案示例。

图8-20-9 吊牌式样

（二）服装材料的纤维成分标志

服装材料的纤维成分标识（图8-20-10）表示的是使用了何种纤维及用量多少，为消费者在购买商品时提供该商品价格是否合适和有哪些优缺点的判断依据，同时方便当前国外海关对进口产品作为征税依据和外贸公司申请出口配额的需要。对于如何统一使用纤维名称、使用比例，以及出具标志厂家的名称等，在法律上均有所规定。

1. 纤维名称的统一文字

若任意表达纤维的名称会引起混乱，所以一般要按规定使用统一的名称。

例如：棉——cotton，COTTON

毛——wool，WOOL

丝——silk，SILK

对于无法明确纤维的种类或混合率（比例）不足5%时，可统一使用“其他纤维”或“其他”来表述。

图8-20-10 服装材料的纤维成分标志

2. 混用比例的标记

混用比例是用产品纤维重量的百分比来标记的，并从混用比例大的纤维开始，依次排列。服装材料的纤维成分标志如图8-20-10所示。

（三）服装规格标志

每一个国家和地区对服装的规格都有相应的标准，我国称之为服装号型。“号”指高度，以厘米表示人体的身高，是设计服装长度的依据；“型”指围度，以厘米表示人体胸围或腰围，是设计服装围度的依据。人体体形也属于“型”的范围，以胸腰落差为依据把人体划分成Y、A、B、C四种体形，具体见表8-20-1。按照《服装号型》（GB/

T 1335—2008）规定，在服装上必须标明号型，号与型之间用斜线分开，后接体形分类代号。例如，标志中160/84A，其中160表示身高为160 cm；84表示净体胸围为84 cm；体形分类代号“A”。

表8–20–1　体形分类代号的含义　（cm）

分类代号	胸围、腰围落差	
	男子	女子
Y	22 ~ 17	24 ~ 14
A	16 ~ 12	18 ~ 14
B	11 ~ 7	13 ~ 9
C	6 ~ 2	8 ~ 4

规格标志通常在领口商标上，并且常与保养标志、吊牌甚至商标结合在一起。服装多处增加规格标志，便于消费者查对服装规格。

习惯上，西服、毛衫、羽绒服等服装除标明号型外，还相应注明其适穿的规格档次：小号“small size”或英文缩写“S”（155~160 mm）、中号“M”（160~165 mm）、大号“L”（165~170 mm），以及特小号“XS”（155 mm）、特大号“XL”（170~175 mm）、超特大号“XXL”（175~180 mm）等；男式衬衫一般以领围来表示规格大小（如38，39，……，42等）。

（四）服装原产地（国）标志

产地和生产单位，一般放置于商标（牌）画面底部或用标签标明。在国际贸易中，多数国家之间订有不同的互惠协定，大多数服装须按配额进口，标明国别可使进口国根据不同的互惠原则，规定不同税率。

也有不使用产地标志的，称中性包装，它是指商品的内外标志以及包装材料无任何产地以及暗示产地的一种包装方式，是一种符合国际惯例的通行做法。

（五）服装洗涤、熨烫等保养标志

为了让消费者了解服装在使用和洗涤、熨烫、晾晒、储存等保养的正确方法，避免服装面、辅料在使用、保养过程中受到损坏，服装厂家一般会在服装后领中、后腰中主商标下面或旁边，或者是侧缝的位置，缝上洗涤熨烫等保养标志。

洗涤熨烫等保养标志主要标注衣服的面料成分和正确的洗涤方法（比如干洗、机洗、手洗，是否可以漂白）、晾干方法、熨烫温度要求等。洗涤、熨烫等保养标志大致有五个方面：槽形图案的水洗标志、圆圈图案的干洗标志、三角形或锥形瓶图案的漂白标志、衣服图案的晾晒标志、熨斗图案的熨烫标志，具体见表8–20–2。

表8–20–2　洗涤熨烫等保养标志类型

标志类型	示例及含义	标志类型	示例及含义
水洗标志	只能手工洗涤	干洗标志	A 可以使用所有类型干洗剂进行干洗

续表

标志类型	示例及含义	标志类型	示例及含义
漂白标志	可以使用含氯洗涤剂或用漂白剂	晾晒标志	脱水后吊挂晾干
熨烫标志	120℃ 可熨烫，温度不超过120℃		

(六) 条形码

图8-20-11 条形码

EAN商品条形码亦称通用商品条形码（简称条形码），由国际物品编码协会制定，通用于世界各地，是目前国际上使用最广泛的一种商品条形码。我国目前在国内推行使用的也是这种商品条形码。EAN商品条形码分为EAN—13（标准版）和EAN—8（缩短版）两种。EAN—13通用商品条形码一般由前缀部分、制造厂商代码、商品代码和校验码组成。其数字标准式有13位数字，其构成为：国别代号（3位数字）、厂家代号（4位数字）、产品代号（5位数字）和校验号（1位数字）。

以条形码 6936983800013 为例，此条形码分为4个部分，从左到右分别为：

1～3位：共3位，对应该条码的693，是中国的国家代码之一。（690～695都是中国的代码，由国际上分配）；

4～8位：共5位，对应该条码的69838，代表着生产厂商代码，由厂商申请，国家分配；

9～12位：共4位，对应该条码的0001，代表着厂内商品代码，由厂商自行确定；

第13位：共1位，对应该条码的3，是校验码，依据一定的算法，由前面12位数字计算而得到。

条形码是一组粗细和间隔不等的线条所组成的条码，其结构和作用是通过电子扫描，将产品符号的内容及信息库存的数据相结合，在销售服装时，立即计算出价格，同时为销售单位提供必要的进、销、存等营业资料，如图8-20-11所示。

商品条形码的编码遵循唯一性原则，以保证商品条形码在全世界范围内不重复，即一个商品项目只能有一个代码，或者说一个代码只能标识一种商品项目。不同规格、不同包装、不同品种、不同价格、不同颜色的商品只能使用不同的商品代码。

（七）安全、环保标志

随着科学技术的进步和人类对环境保护的深入认识，消费者越来越注意保护有限的自然资源与生态环境。特制是通过对各个行业生产进行有效控制，减少对自然界及社会的污染。在服装行业中，也建立了一些与环境保护相关的标准、规定等，特别是制定了一些被特别认证的标志，如反映产品质量保证的ISO 9001／9002、环保ISO 14000、全棉标志、纯羊毛标志、欧洲绿色标签Oeko-TexStandardl00、欧洲生态标签E-co-label。我国2003年制定了强制性国家标准《国家纺织产品基本安全技术规范》要求，明确规定没有取得相关安全标志的服装禁止销售。《国家纺织产品基本安全技术规范》将纺织产品分为 A、B、C三大类，A类为婴幼儿用品，B类为直接接触皮肤的产品，C类则为非直接接触皮肤的产品。纺织商品的吊牌上应直接注明产品安全类别，或标明“安全等级：GB 18401—2003 A类”字样，这样才属于合格产品。如果服装吊牌上只写明“A类”或“B类”字样，属于标志不规范产品，而无任何安全标志的产品肯定属于不合格产品。

（八）服装标志实例

图8-20-12所示为某服装品牌下的篮球系列服装——短袖T恤的标志牌。从该标志牌上可以看到：服装号型，S号，160/84A，表示这个T恤为小号，适合身高160 mm、胸围84 mm、体形为A型的人穿着；安全标志，执行标准GB 18401—2003，产品安全技术分类为B类，表示T恤属于直接接触皮肤的产品类别；条形码，6901604636319；面料，棉63%，涤纶37%，罗纹（里料），棉85%，涤纶15%；洗涤标志，表示在30℃的水中常规洗涤，不可漂洗，熨斗熨烫温度150℃，悬挂晾晒。

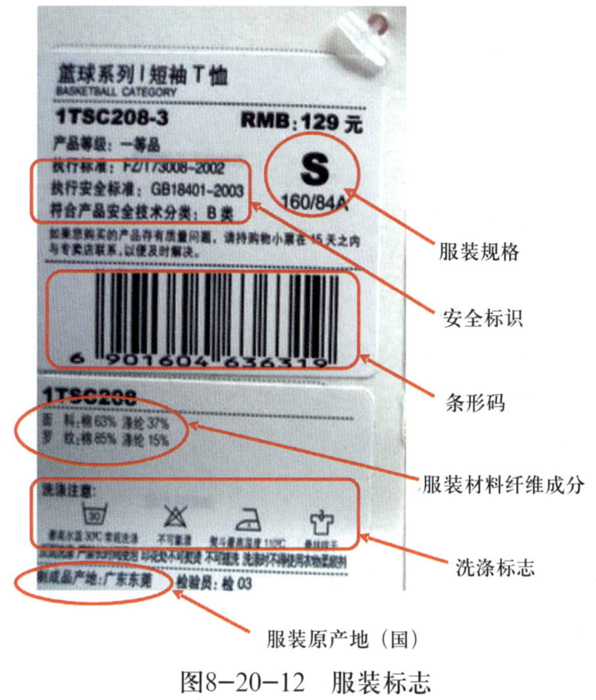

图8-20-12 服装标志

 任务实施

图8-20-1所示女式衬衫为棉质衬衫，花边分别用在袖口、下摆和前胸。由于衬衫的面料是棉质的，所以，花边的材质可以选棉纱，也可以选粘胶丝、锦纶丝和涤纶丝；

可以选择编织花边，也可以选机织花边、刺绣花边、经编花边。由图8-20-1中可见，衬衫的袖子和下摆采用的蕾丝花边，胸前应该是棉质的机织花边。

由于女式短袖衬衫为夏季穿着，而且服装款式为休闲装，因此可以只在衬衫领口后方缝制带有厂家出品的该系列服装的品牌领标，在胸前悬挂吊牌（包含成分、价格、商标、条码等内容），如图8-20-13所示。

图8-20-13　领标与服装吊牌

练一练

一、填空题（请将正确答案填在空白处）

1. 花边的主要品种有四大类，它们是________花边、________花边、________花边和________花边。

2. 除花边外，装饰件按其使用性能还有________、________、________、和________等。

3. 按国际上通常的做法，服装标志件包括 ________、________、________、________、________、________和________。

二、简答题

1. 分别说出题图8-20-1、题图8-20-2所示的标志件的类别及所标示的内容。

2. 题图8-20-3所示为舞台服装，指出它们所用的装饰件，并更换、增加其所用的装饰件。

三、实训题

收集所喜欢的一个品牌服装的所有标志件。并挑出不同材质（如棉、麻、丝、毛）服装标志件，予以说明。

题图8-20-1　西服内袋标和衬衫领标

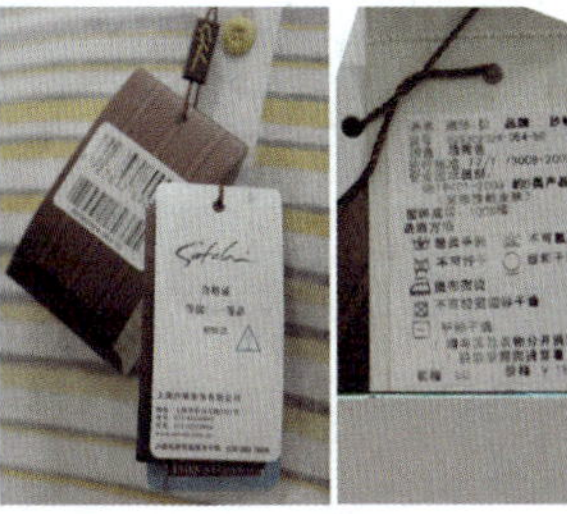

题图8-20-2　服装标志

题图8-20-3　舞台服装

课题九　服装新材料

任务二十一　认识服装新材料及应用

知识点： 1. 生态服装材料。

2. 功能服装材料。

3. 智能服装材料。

技能点： 通过网络搜索生态服装材料、新功能服装材料和智能服装材料，并初步了解这些新服装材料的种类、服用性能及其应用。

引入

在我国“神七”宇航飞船在太空环绕地球过程中，宇航员走出船舱在太空漫步。舱外航天服(图9−21−1)为航天员出舱活动提供适当的大气压力、足够的氧气、适宜的温湿度，以保障航天员的生命活动需要；航天服具有足够的强度，防止辐射、微流星和空间碎片对航天员的伤害，保证航天员的工作能力；航天服还能提供可靠工效保障及遥测通信保障等。舱外航天服的材料、制作都运用了我国现代最先进的科技。它是现代服装新技术的集中体现。本任务要了解服装新材料及其主要品种、服用性能和服装应用。

分析

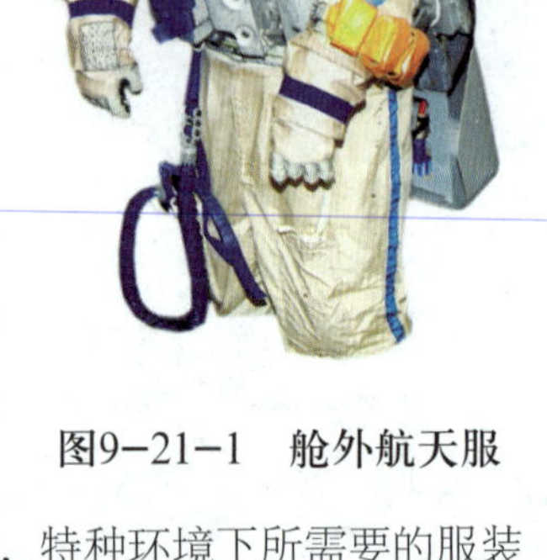

图9−21−1　舱外航天服

服装材料是服装的三要素之一，服装行业已进入以材取胜的时代。随着科学技术进步、人们生活水平的不断提高和人类环保意识的加强，人们要求服装不仅具有实用功能、美化功能，还需要生态环保和更多的功能。其中，生态服装材料已成为服装材料选择的依据之一。另外，随着科技的发展，特种环境下所需要的服装必须具体保护人体的多种功能，甚至是智能的功能。舱外航天服是典型的功能型服装。

近年来，服装新材料层出不穷，归纳起来主要可以分为生态服装材料、功能服装材料和智能服装材料。本任务介绍这三类服装新材料的种类、服用性能特点及其应用。

相关知识

一、生态服装材料的种类、服用性能及应用

生态服装材料分为生态天然纤维和生态化学纤维而制成的服装材料。

（一）生态天然纤维

1. 彩色棉

天然彩色棉花简称“彩棉”。它是利用现代生物工程技术选育出的一种棉花，在吐絮时棉纤维就具有红、黄、绿、棕、灰、紫等天然彩色。用这种棉花织成的布不需染色、无化学染料毒素，因此又被称为更高层次的生态棉，国际上称之为零污染（Zero pollution，国际标准化组织已颁布了零污染ISO 14000认证体系，即纺织品和服装通过环保认证）。彩色棉服装质地柔软而富有弹性，制成的服装经洗涤和风吹日晒也不变色。因不需要染色，所以可降低纺织成本，也防止了普通棉织品对环境的污染。图9-21-2所示为彩色棉和彩色棉裤子。

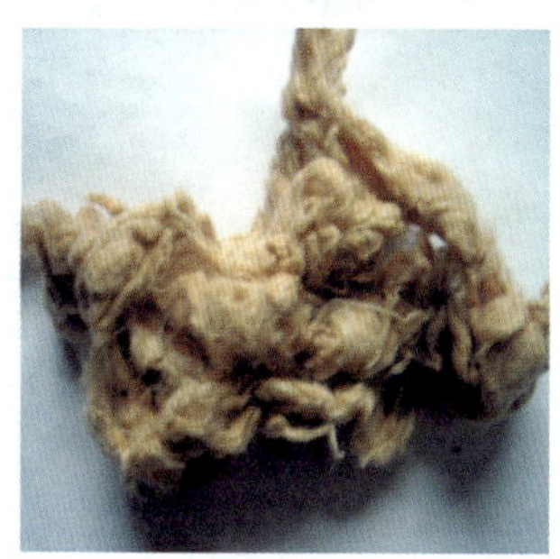

图9-21-2　彩色棉和彩色棉裤子

2. 有机棉

有机棉是在农业生产中，以有机肥、生物防治病虫害、不使用化学制品，从种子到农产品全天然、无污染情况下生产的棉花，并以WTO/FAO（世界贸易组织/联合国粮食及农业组织）颁布的《农产品安全质量标准》为衡量尺度，棉花中农药、重金属、硝酸盐、有害生物含量控制在标准规定的限量范围内，并获得认证的商品棉花。用这种棉生产的服装称之为有机棉服装，如图9-21-3所示为有机棉面料和有机棉线衣。

图9-21-3　有机棉面料和有机棉线衣

3. 彩色毛

彩色毛有彩色兔毛与彩色羊毛。彩色兔是美国加州动物专家经20多年选育，利用DNA转基因技术培育成的新毛兔品种，毛色有黑、褐、黄、灰、棕五种，如图9-21-4所示。俄罗斯畜牧专家研究发现，给绵羊饲喂不同的微量金属元素，能够改变绵羊毛的毛色，如铁元素可使绵羊毛变成浅红色，铜元素可使它变成浅蓝色等。他们最近研究出具有浅红色、浅蓝色、金黄色及浅灰色等奇异颜色的彩色绵羊毛。彩色毛纤维纺织成天然彩色毛型面料，与彩棉相类似，可制作成环保的服装。

图9-21-4 彩色兔

4. 新品种麻纤维服装材料

应用生物技术对麻纤维进行处理，使大麻、黄麻等纤维柔软，织制的服装面料穿着挺括、透气、舒适。大麻布能100%阻挡强紫外线的辐射。罗布麻是我国近年来新开发的天然纤维的麻型面料。它不仅具有优良的服用性能，而且还具有良好的医疗保健功能，对金黄葡萄菌、绿脓杆菌、大肠杆菌等有不同程度的抑菌作用。它还具有防霉、防臭、活血降压等功能。

（二）生态化学纤维

1. 天丝纤维

因天丝纤维在生产过程中使用的有机溶剂NMMO在生产密封系统中回收率达99%以上，且易于生物降解，焚烧也不会产生有害气体，因此不会污染环境，所以天丝纤维是一种符合环保要求的再生纤维素纤维。由天丝纤维开发出各种高附加值的服装面料，具有吸湿性好、悬垂性好、强力高、抗静电性强、缩水率低和触感柔滑等特点。如图9-21-5所示，为天丝面料及制品。

图9-21-5 天丝面料及制品

2. 大豆蛋白纤维

大豆蛋白纤维也是一种“绿色纤维”。它是以榨过油的大豆豆粕为原料，利用生物工程新技术，提取球蛋白，通过一系列处理制成纺织用高档纤维。大豆蛋白纤维制成的服装面料既能满足人们对穿着舒适性、美观性的追求，又符合服装免烫的需求。图9-21-6所示为大豆蛋白纤维毛毯与汗布及大豆蛋白纤维服装。

大豆蛋白纤维毛毯与汗布

大豆蛋白纤维服装

图9-21-6 大豆蛋白纤维应用

3. 聚乳酸纤维

聚乳酸纤维的原料全部来自植物，其生产过程无毒，燃烧不会产生有毒有害物质，且可以生物降解生成二氧化碳和水，所以它是一种理想的环保型服装新材料。用它制成的面料有丝质般的光泽和亮度，悬垂性、滑爽性、抗皱性、耐用性良好，穿着舒适。可用于内外衣、运动服等。如图9-21-7所示为聚乳酸纤维制作的服装与用品。

二、功能性服装材料的种类、服用性能及应用

（一）保健服装材料

1. 微元生化服装材料

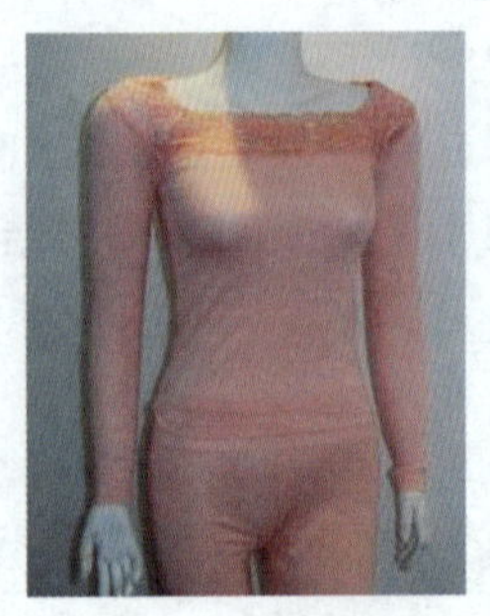

图9-21-7　聚乳酸纤维制作的服装与用品

微元生化服装材料利用高科技技术，能持久地发射人体吸收的远红外波，消化人体细胞，改善人体微循环，能有效消除肿块，具有抗菌保健的功效。微元生化纤维是20世纪90年代高科技产品。该纤维是采用以铝、硅、钛、锆等元素与聚酯共混纺制成。微元生化纤维与人体肌肤接触后能在短时间内激发人体生物微元活化，从而使人体产生特殊的生理效应，促进血液循环和新陈代谢，加速血乳酸分解，消除肌肉疼痛及疲劳，达到防病强身功能。

2. 远红外线保温保健服装材料

该材料能高效率地放射出波长为8～14 μm的远红外线，除具有保温功能外，还具有抑菌、防臭，促进血液循环等功能，是理想的保暖健身纺织品。远红外线服装的功能有：

（1）使服装内的温度比普通织物要高，具有保暖功能。

（2）穿这种服装，有轻松、舒适的感觉，具有消除疲劳、恢复体力的功能。

（3）对神经痛、肌肉痛等疼痛症状具有缓解的功能。

（4）对关节炎、肩周炎、气管炎、前列腺炎等炎症具有消炎的功能。

（5）对肿瘤、冠心病、糖尿病、脑血管病等常见病具有一定的辅助医疗功能。

（6）具有抗菌、防臭和美容的功能。

由于远红外织物具有上述这些保健功能，所以常用于制作绒衣、绒裤、内衣、内裤、护颈、护肩、护腹、护膝、袜品、坐垫、被褥、床罩等，对于体弱多病的人起到防病保健的作用。

3. 利用药物和植物香料制成的保健服装材料

该材料是把药物或芳香型微粒织入织物中而制成的保健服装材料。其不仅具有一般服装材料防护、保暖和美观的功能，还增添了嗅觉上的享受。利用香味调节人的心理、生理机能，改变人的精神状态，同时具有杀菌和净化环境、医疗保健作用，在心血管病、高血压、气管炎、哮喘、神经衰弱、失明等病症治疗上都有独特的预防和治疗功效。

4. 甲壳素纤维制作的具有保健功能的服装材料

甲壳素纤维制作的纺织品具有抑菌、镇痛、吸湿、止痒等功能，被称为甲壳素保健纺织品。所以甲壳素纤维是一种绿色功能纤维。在医用方面，主要用于甲壳素缝线和人造皮肤。以甲壳素纤维与超级淀粉吸水剂结合制成的妇女卫生巾、婴儿尿不湿等具有卫生和舒适的功效。采用甲壳素纤维与棉、毛、化纤混纺织成的高级服装面料，具有坚挺、不皱不缩、色泽鲜艳、吸汗性能好，且不透色等特点。

（二）安全防护服装材料

1. 防辐射服装材料

1998年，世界卫生组织指出：电磁波辐射污染已成为继污水、废气和噪声污染之后的第四大污染，是世界公认的“隐形杀手”。电磁波辐射被联合国人类环境会议列为必须控制的污染源。

目前的防辐射纤维有抗紫外线纤维、防X射线纤维、防微波辐射纤维、防中子辐射纤维。用含量小于20%、直径小于10 μm的金属纤维与棉等混纺可制成防辐射织物。图9-21-8所示是防电磁辐射的马夹。

图9-21-8　防电磁辐射的马夹

2. 耐热、阻燃、防静电服装材料

耐高温防火面料采用国际最新高科技纤维纺织而成。具有高强、耐热、抗热辐射、防电弧等优异性能。其耐热温度在260℃以上，离火自熄，无熔化收缩，色牢度好，强度大，多应用于军队、冶金、航空航天的耐高温防火服及防护材料。例如，图9-21-9左图所示的阻燃焊工服，其面料由棉与强力尼龙混纺而成，舒适透气，经阻燃处理后具有优良的阻燃、防静电、抗电弧、耐磨性能；用阻燃线缝制，裤前膝有两块贴布，内有隔热棉，可保护膝盖关节部位。

图9-21-9　阻燃连身服与防弹服

3. 防弹服装材料

开夫拉纤维的强度为钢丝的5～6倍，而质量仅为钢线的1/5；它和“蛛丝”广泛应用于防弹衣、特种帆布等产品中；利用遗传工程改良蚕，吐出“蛛丝”，其强度比蚕丝大10倍。防弹衣就是这些高强度纤维材料制成。防弹衣一般由防弹层和衣套制成。防弹层用开夫拉、金属、玻璃钢、陶瓷、尼龙、等硬质和软质材料单一或复合制作，使弹头、弹片弹开或嵌入，消释冲击动能，起到防护作用。图9-21-9右图所示的防弹服就是利用上述防弹材料制成的，具有一定的防弹丸直射和防弹片击伤的能力，对人体胸、腹部有良好的防护作用。

4. 完全反光材料

在普通的化学纤维生产过程中加入发光物质，以使服装材料能够在夜间发光。利用

反光材料制作夜间发光的安全帽、安全背心。还有利用黄色而发光的涂层织物，制成背心、帽子或路标，以保证交通安全，如图9-21-10所示。

图9-21-10 反光背心

5. 高防水、高透气、高防风服装材料

过去的防水透气面料曾经采用高密防水整理和微孔涂层整理，现已用层压复合来达到高防水、高透气、高防风的目的，其层压薄膜是由聚四氟乙烯制成（ePTFE），其上的微孔比水分小2万倍，比水蒸气分子大700倍，确保了面料的防水、透气。层压面料已广泛用于运动服、休闲服、军服等。

（三）吸湿、保暖或凉爽舒适等功能服装材料

1. 保暖服装材料

用羊毛制成的“太阳绒”保暖性大大提高，复合材料制成的“太空棉”“弹力棉”有很好的防寒性。

2. 防暑凉爽材料

杜邦公司的“凉爽棉”“冰帽”和用微胶囊技术生产的凉爽裤袜已批量生产问世。

3. 竹炭纤维制成的多功能服装材料

竹炭纤维以粘胶为载体，在纺丝过程中将采用高科技手段制成的纳米级竹炭微粒均匀分布到粘胶纤维中制成，是一种新型功能性纺织原料，如图9-21-11所示。用它制成的服装材料具有如下功能：

（1）超强吸附能力：竹炭内部特殊的超细微孔结构使其具有强劲的吸附能力，能吸附和分解掉空气中甲醛、苯、甲苯、氨等有害物质，并消除不良异味，它的消除异味的效率比一般的普通粘胶材料高三倍。

（2）特殊的保健功能：负离子浓度高达6 000个/cm^3，相当于郊外田野的负离子浓度含量，使人体倍感清新舒适。

图9-21-11 从竹到竹炭纱线

（3）蓄热保暖功能：远红外发射率高达0.87，能蓄热保暖，日照温升速度快于普通面料。

（4）调节湿度平衡功能：竹炭的微多孔结构具有良好的吸放湿功能，环境湿度大时能快速吸收并储藏水分，环境湿度小时能迅速释放水分，从而自动调节人体湿度平衡。

三、智能型服装材料的种类、功能特点及应用

智能型服装材料有保温、防水、防寒、透气服装材料，其功能作用原理如图9−21−12所示。液晶变色服装材料：是利用微胶囊技术、涂层技术和液晶材料制造的变色服装材料，目前是各国纺织服装界研究的目标；其他智能性服装材料，如太阳能服装材料，随着高科技的迅速发展也即将问世。

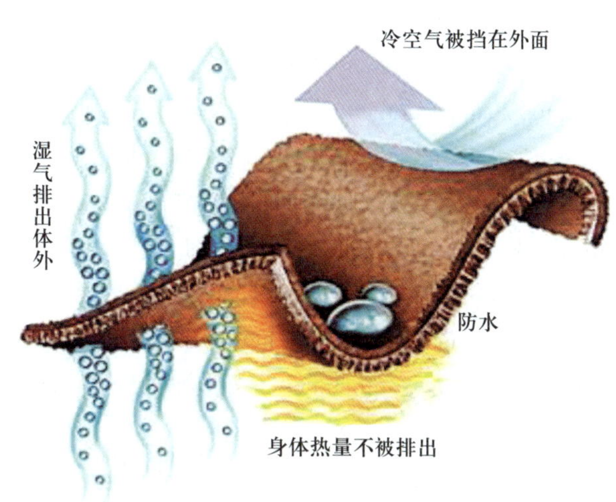

图9−21−12　保温、防水、防寒又透气服装材料原理示意图

知识拓展

1. 神舟七号载人舱外航天服简介

神舟七号载人舱外航天服由国家主席胡锦涛亲笔题写“飞天”之名。“飞天”舱外航天服单件重量达120 kg，其造价约3 000万元人民币，当之无愧地步入了目前世界上最昂贵服装之列。

我国从2004年7月28日开始自研舱外服。“飞天号”舱外航天服的面料采用高级混合纤维制造而成，具有高强度、耐高温、抗撞击、防辐射等特性，可以使在舱外活动的航天员在受到太空微流星体撞击时免受伤害。

“飞天号”航天服还具有不可思议的功能。在面向太阳的一面经受200°C以上高温炙烤，而背着太阳的一面要经受−120°C的低温冰冻。特殊的材料及防护层不仅能够应对这种骤冷、骤热的变化，还能过滤一定程度的辐射，而且航天服里有风扇或水冷式的布料去除过多的热量。由于面料的创新，此次制造出来的新航天服面料“柔和”，它强大的功能不但适合太空行走，穿着还非常舒服。

航天服上的2个安全挂钩上的绳子一长一短，一根3 m，一根1 m。1 m的绳子承重1 t，由于比较短可以防止缠绕，它呈折叠状，一旦在外力作用下展开，就表明航天员已经离开飞船。另一根3 m长的绳是弹簧绳，可拉长，也能承受1 t重。

2. 新型服装材料参考资料

彩棉：http://baike.baidu.com/view/47070.html。

有机棉：http://baike.baidu.com/view/560265.html。

天丝纤维：http://baike.baidu.com/view/959133.html?wtp=tt。

大豆蛋白纤维：http://baike.baidu.com/view/702624.html。

聚乳酸纤维：http://baike.baidu.com/view/1065468.html。

微元生化纤维：http://baike.baidu.com/view/331208.html。

甲壳素纤维：http://baike.baidu.com/view/1066126.html。

防辐射布料：http://baike.baidu.com/view/488346.html。

阻燃面料：http://baike.baidu.com/view/1267138.html。

防静电服装：http://baike.baidu.com/view/1198372.html。

防弹衣：http://baike.baidu.com/view/37509.html。

反光材料：http://baike.baidu.com/view/297313.html。

防水透气面料：http://baike.baidu.com/view/3173195.html。

舱外航天服参见http://www.southcn.net/nfjx/200809250046.asp。

练一练

一、填空题（请将正确答案填在空白处）

1. 服装新材料层出不穷，归纳起来主要可以分为______服装材料、______服装材料和______服装材料。

2. 绿色生态服装材料主要有______、______和______等。

3. 安全防护服装材料主要有______、______ 和______等。

二、实训题

利用网络收集如下资料：纳米纤维及服装材料、负离子纤维及服装材料、珍珠纤维及面料、竹纤维及面料、PTT纤维及面料的服用性能特点。

附录1

服装面料市场调研指导书

一、目的

巩固所学前六个课题的知识与技能，充分认识四类机织面料。具体目的有三个方面：一是能根据面料的外观风格特征，分出棉型面料、麻型面料、丝绸面料和毛型面料，并初步判别纤维种类；二是依据面料的纤维种类与含量，分析或简易测试它们的服用性能；三是根据它们的服用性能，指出它们可以制作的服装种类。

二、 教学安排

调研活动建议安排在课题五之后，地点可选择当地面料市场或合作的服装企业。

三、学时安排

共计4学时。

1. 2个学时调研。在教师带领下到面料市场或企业现场教学点，分组完成。

2. 2个学时交流。在班级，每组的分项目学生填写××××面料的服用性能调研表（见附表2）后，教师安排每组学生在班级介绍调研面料，并在班级展示。

四、调研项目与分组

在任课教师的统一指导下，安排如下，见附表1。

附表1　　服装面料市场调研项目与分组安排

项目名称	学生数	分项目名称	学生数	调研要求	说明
棉型面料	9～12名，推荐组长1名	纯棉面料	3～4	2块面料	每块面料不小于10 cm^2，毛料可以是精纺或粗纺任一种即可
		棉混纺或交织面料	3～4	2块面料	
		化纤仿棉面料	3～4	1块面料	
麻型面料	9～12名，推荐组长1名	纯苎麻、亚麻面料	3～4	2块面料	
		麻混纺或交织面料	3～4	2块面料	
		化纤仿麻面料	3～4	1块面料	
丝绸面料	9～12名，推荐组长1名	真丝面料	3～4	2块面料	
		交织面料	3～4	2块面料	
		化纤仿丝面料	3～4	2块面料	
毛型面料	9～12名，推荐组长1名	纯毛面料	3～4	2块面料	
		毛混纺面料	3～4	2块面料	
		化纤仿毛面料	3～4	2块面料	

五、调研报告

每个分项目组填写调研报告，具体格式如附表2。

附表2 ____________面料的服用性能调研表

面料名称			实物图*
面料规格或编号			
外观	光泽		
	表面结构与悬垂		
	抗起球		
	抗皱与免烫性		
舒适	通透性		
	吸湿性与静电		
	手感与保暖		
耐用	抗强性（拉、撕、顶）、耐磨		
	抗污与防污		
	染色与色牢度		
	尺寸稳定性（收缩）		
保养	洗涤、晾晒		
	熨烫、储存		
面料与成衣价格			
适宜制作的服装			
调研学生			

*报告中可以提供面料照片或者面料的样布。　　　　年　月　日

附录2

服装市场面料使用调研指导书

一、目的

巩固所学课题一～课题八的知识与技能，从服装的角度再认识服装面料的应用、服装辅料的应用，同时强化对针织服装与面料、毛皮与毛皮服装、皮革与皮革服装的感性认识。具体目的有三个方面：一是认识服装面料的种类、材质和纤维种类；二是观察服装使用哪些辅料、种类；三是观察服装的洗涤保养标识等；四是画出服装款式图或拍摄调研服装的照片。

二、教学安排

活动安排课题八之后，地点选择服装商店集中的商业区或服装批发市场。

三、学时安排

共计4学时。

1. 2个学时调研，在教师带领下到服装商店或批发市场，分组完成。

2. 2学时交流，在班级，每组的分项目学生填写××××服装使用的服装材料调研表（见附表4）后，教师安排每组学生在班级介绍调研的服装所用的服装材料，并在班级展示。

四、 调研项目与分组

在任课教师的统一指导下，安排如下，见附表3。

附表3　　服装市场面料使用调研项目与分组安排

项目名称	学生数	分项目名称	学生数	调研要求	说明
衬衫面料	4～6名，推荐组长1名	男式衬衫	2～3	2款衬衫	实际操作时应根据教学安排的具体季节与时间，灵活安排调研的服装种类，分项目学生人数也可增减
		女式衬衫	2～3	2款衬衫	
夹克或外套	4～6名，推荐组长1名	夹克	2～3	2款服装	
		其他外套	2～3	2款服装	
西服套装	4～6名，推荐组长1名	男式西服	2～3	2款西服	
		女式西服	2～3	2款西服	
裤子与裙子	4～6名，推荐组长1名	裤子	2～3	2款裤子	
		裙子	2～3	2款裙子	
针织服装	4～6名，推荐组长1名	内衣	2～3	2种内衣	
		运动衣	2～3	2种运动服	

续表

项目名称	学生数	分项目名称	学生数	调研要求	说明
保暖服装	4～6名，推荐组长1名	羽绒服装	2～3	2款	
		其他保暖服	2～3	2款	
毛皮与皮革服装	4～6名，推荐组长1名	毛皮	2～3	2款	
		皮革	2～3	2款	
时装	4～6名，推荐组长1名	各类时装	2～3	2款时装	
			2～3	2款时装	

五、调研报告

每个分项目组填写调研报告，具体格式附表4。

附表4　　　　________________服装所用服装材料调研表

调研服装款式			款式图或照片
面料分析	类别		
	纤维种类与比例或材质		
	面料制作服装优、缺点分析（从服用性方面）		
	该面料还适合制作的服装分析		
辅料分析	缝纫线的种类与色泽		
	纽扣的种类、颜色与大小		
	拉链的种类、颜色与大小		
	里料的材质与颜色		
	衬料的种类		
	其他辅料的使用情况		
服装标志	洗涤保养标志（画出）		
	检验执行标准		
	服装号型		
	领标或袖标情况		
	其他标志		
价格与品牌分析			
调研学生			

年　月　日

六、调研总结

写出对服装材料、服装款式、服装色彩或图案、服装制作工艺等方面的感悟（要求300字左右）。